森林色彩研究

史久西 贾娜 张喆 郯光发 等 著

中国林业出版社
China Forestry Publishing House

本书著者

史久西	贾娜	张喆	郗光发	格日乐图
张龙	秦一心	徐珍珍	王冬雪	王秋月
郭欣欣	张祺祺	高佳	石佳鹭	刘宇

图书在版编目（CIP）数据

森林色彩研究 / 史久西等著. -- 北京：中国林业出版社，2022.10
ISBN 978-7-5219-1784-0

Ⅰ．①森… Ⅱ．①史… Ⅲ．①森林—色彩学—研究 Ⅳ．①S718.5

中国版本图书馆CIP数据核字(2022)第130429号

责任编辑：王越 李敏　　　　电　　话：(010) 83143628　83143575

出　　版：中国林业出版社（100009　北京西城区刘海胡同7号）
网　　址：http://www.forestry.gov.cn/lycb.html
发　　行：中国林业出版社
印　　刷：北京中科印刷有限公司
版　　次：2022年10月第1版
印　　次：2022年10月第1次
开　　本：787mm×1092mm　1/16
印　　张：16
字　　数：410千字
定　　价：180.00元

前　言

　　色彩是森林形式美的重要构景因素。当今时代，森林色彩的审美价值备受关注，资源利用的范围和场所不断拓展。笔者及其团队有幸从"十二五"开始参加国家科技攻关项目，从事城市森林色彩研究，积累了系列成果，也被森林色彩这一独特而有趣的现象深深吸引。本书在总结团队研究工作的基础上，也对本领域相应的研究进展进行关联介绍，力求对森林色彩研究的理论、方法与应用有一个全面系统的阐述。全书内容共分9章，按照森林色彩产生、变化、传播、接收、利用的过程编排。第1章论述了森林色彩的特性、主要研究任务与研究方法；第2章研究论述了森林色彩产生的生物机制、色素代谢的遗传与环境影响；第3章研究阐述了森林色彩信息的采集方式及其数据转换；第4章研究阐述了森林色彩的量化及其空间分布特征；第5章研究阐述了森林色彩的季相与地域变化规律；第6章研究阐述了森林色彩的传播与透视效应；第7章至第8章研究阐述了森林色彩引发的人的生理、情绪及心理效应；最后第9章介绍了森林色彩景观营建的相关技术。

　　森林色彩的载体具有丰富的层次结构，本书以森林色彩研究为题，内容涵盖了植物器官、个体和群体三个层次，为简化问题，便于阅读，文中常不严格区分，使用上位概念阐述。

　　本书由史久西设计章节结构并统稿。第1章由史久西撰写；第2章由王冬雪撰写；第3章至第4章由贾娜撰写；第5章由王秋月、张祺祺和贾娜共同撰写；

1

第6章由秦一心和高佳撰写；第7章由张喆、郄光发和刘宇撰写；第8章由秦一心和贾娜撰写；第9章由史久西、徐珍珍和石佳鹭撰写。

　　本书在基础研究中，有赖"十二五"农村领域国家科技计划课题"林业生态科技工程"、林业公益性行业科研专项"美丽城镇森林景观的构建技术研究与示范"、浙江省与中国林业科学研究院省院合作项目"钱江源国家公园和黄公望森林公园森林康养资源及保健效应"等基金项目的支持，得到国家林业和草原局城市森林研究中心王成研究员及其团队、中国林业科学研究院亚热带林业研究所周本智研究员、李纪元研究员、施翔博士、孙海菁博士的指导帮助，在此衷心致谢！由于作者水平有限，书中难免存在不足之处，敬请读者批评指正。

史久西

2022年6月

目　录

第1章

绪 论

　　色彩是森林形式美的重要构景因素，也是最活跃、最敏感的景观因子，人在欣赏森林美景时，色彩是最先引发视觉感知的，吸引了大部分注意力，直至一段时间后，色彩和形体对人的感知才趋于平衡（Shuttlreorth S，1980）。植物色彩的审美价值很早就被发现和利用，从原始人类利用植物色彩装饰器物、点缀环境开始，已有数千年的历史。人们歌咏青山红树、绿竹黄橘，栽种植物以供观赏，欣赏、利用植物色彩资源的自觉性不断提高，但始终囿于个人意识，庭院、园林等小范围应用。今天，人们对美好生活环境提出了更高的标准。建设生态文明和美丽中国成为一项基本国策，"森林城市""美丽大花园"惠及千家万户，彩色森林景观建设作为国土空间绿化的升级版受到各级政府、人民群众的青睐和重视。新时期工程实践的需要、理论技术的进步推动森林色彩研究迅速发展。在植物色彩传达及其对公众影响方面，主要涵盖了审美、心理和生理影响等三个层面及植物器官、个体和群体三个尺度；在植物色彩形成方面，深入到了植物色素代谢、基因调控与分子机制；在森林色彩的变化方面，涵盖形成、传播到接收的全过程，光、温、水、气、土等环境因子的影响；在植物色彩景观应用方面，涉及到色彩配置和营造林等相关技术。本书以推进森林色彩理论探索和实践指导为宗旨，就上述方面择要选择关键专题进行实验研究，形成对森林色彩现象的系统解析。

1.1　人类认识色彩的历程

　　纵观历史，艺术家、科学家和哲学家都曾在努力诠释色彩。色彩作为认知世界的一把钥匙经历一个漫长过程，其研究从文化艺术领域的定性研究到工业领域的定量研究，均在各自的领域形成相应的研究体系和成果。林木作为森林景观的重要载体，其色彩是最具观赏价值的特征，对打造高质量森林景观具有重要作用。

　　植物色彩研究是在色彩学的基础上发展起来的，结合色彩学发展的历史关键节点以及1900—2016年的文献统计数据（外文文献数据获取自 Web of Science 的 SCIE 数据库，关键词："plant color""forest color""community color"；中文文献数据获取自 CNKI 数据库，关键词："植物色彩""森林色彩""群落色彩"），将植物色彩研究的发展历程分为萌芽期、形成期、发展期和繁荣期（图 1-1）。

　　（1）萌芽期：17 世纪 50 年代以前。这一时期，人类对植物色彩的认知从懵懂的直觉开始，逐渐形成了对色彩的情感意识。他们从大自然中提取缤纷的色彩，装饰环境，美化生活。原始人类使用骨针从林木汁液提取天然的不溶性燃料，在身体上刺画鲜明的图腾纹身，来证明自己的力量和勇气或作为原始信仰和护身（徐碧珺等，2020）；古埃及人将色彩作为符号服务于宗教和

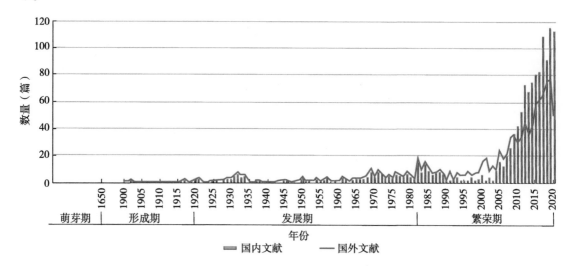

图 1-1　国内外植物色彩研究文献数量统计

政治，将树木作绿色、草作浅绿色，谷物作黄色，体现了林木色彩最原始的符号性；先秦时期开始，人们从林木叶片、花、枝干等部位提取颜色作为染料，制作出具有政治、宗教等级象征的服饰；《诗经》中记载利用茜草染成的赤、绛等色，栀子花开后的果实可作为黄色染料（肖世孟，2020）。园林景观设计更加注重色彩配色的运用，在古埃及皇室府邸的庭院壁画上，庭院中种植有悬铃木，呈现朦胧而热烈的色调。中国皇家园林以高明度、高彩度的暖色为主，色彩多为邻近色、类似色，凸显出帝王的威严与皇家的尊贵。私家园林主要以低彩度的冷色调为主，色彩多为相互映衬、呼应、用色含而不露，凸显色调和谐一致（黄兵桥，2015）。植物是文人寄情山水的介质，是精神的寄托，而植物色彩是其创作过程中最为丰富而直白的灵感来源，对情感抒发提供明确的倾向，"一年好景君须记，最是橙黄橘绿时""红树青山日欲斜，长郊草色绿无涯"，古往今来，以咏色为题的诗篇比比皆是。该阶段人们利用色彩来传达强烈的主观意愿，但对色彩的产生、变化缺乏科学的解释。

（2）形成期：17世纪60年代至20世纪20年代。这一时期是色彩理论研究的开端，研究内容包括色彩的形成、色彩视觉理论、色彩调和理论和色彩分类等多角度，林木色彩的量化也涵盖其中。17世纪后半叶，牛顿在1666年发现日光的七色组成（Sparavigna A C，2014），是近现代色彩学科形成的开端（郭雨红等，2010）。之后大量色彩理论相继产生，从色彩视觉感受模型研究，到三色学说、四色学说，不断壮大色彩理论体系，但这些理论不能全部解释所有的视觉问题（刘浩学，2014）。

与此同时，许多科学家、哲学家、画家等相继设计了多种严谨清晰的色谱和色相图，并对色彩进行分类，应用于艺术及科学等不同领域。这些色谱图和色相图通过罗列不同颜色，用于辨认、复制颜色，并为色彩的标准化做尝试（亚历山德拉·洛斯克，2010）。

20世纪初期，孟塞尔（Munsell）和奥斯特瓦尔德（Ostwald）的色彩调和理论先后出现，奠定了定量化色彩研究的根基（郑晓红，2013）。这一系列色彩调和理论和表色系统，大都以科学、系统、分类、完整的量化色谱形式呈现，提高了当今人类对于人眼的色彩属性的理解和认识，并给出了凭肉眼观测标定颜色的技术和方法，色彩研究正式进入定量研究的转折时期，开始形成光与色彩形成、色彩视觉现象、色彩调和理论等多个研究分支，植物色彩的量化也涵盖其中。

（3）发展期：20世纪初至20世纪80年代。色彩量化技术发展的新阶段，在物理领域，《色度学》的出现，将人类的色彩视觉活动法则、色彩测量的基本理论和应用技术研究推向深入（陈夏洁等，2001）。自 1931 年起，国际照明委员会（International Commissionon Illumination）先后制定了 CIE1931-RGB、CIE1931-XYZ、CIE1964 补色色度、CIE1976-Lab 和 CIE1976-Luv 等多种色彩系统（汤顺清，1990），经不断修正，更加均衡的色彩空间已经发展成为定量描述视觉色彩的一个国际通用标准，从而促进了植物色彩研究的技术定量化和科学发展。在化学与印刷领域中，对色彩的染色和颜料的分子结构、色彩定着、载色剂以及合成染色的调合的研究蓬勃兴起；色彩校准与色彩显示控制、专业色卡的运用渐趋成熟。这一时期，学者们已经开始积极尝试借助现代化色彩量化的技术手段，对林木基因、林木生长与色彩变化等问题开展了深入的研究，其中林木生理是该阶段林木色彩研究的主要领域（Asen S et al.，1972）。

（4）繁荣期：20 世纪 80 年代至今。这一时期林木色彩量化研究得到迅猛发展，国内外学者开始尝试借鉴色彩学、色度学、色彩构成学、色彩心理学等色彩理论并应用到林木色彩领域，带动林木色彩研究的发展。从研究深度上，学者们开始尝试探索植物色彩产生的生物机制、环境影响因素及其与色彩视觉传达的关系，在林木色彩的呈现机理（Han Q et al.，2003；王冬雪，2017）、林木色彩的季相变化（杨阳等，2018）、林木呈色与气候的关系（洪丽等，2010）、林木色彩的量化与标定、林木色彩的分类（Karin F A，1996；郑瑶等，2014）、林分结构与色彩表现（Biggam C P et al.，2011）、色彩斑块效应（毛斌等，2015）等方面开展深入研究。从研究广度上，从早期基于色彩调和理论和定性描述发展到定量化研究，开始出现植物色彩社会属性等方面的研究（Whitfield T W A et al.，2015），涉及植物景观美景度评价（Frank S et al.，2013）、植物园艺疗法（郄光发等，2011；Jang H S et al.，2014）、森林色彩心理学（Buechner V L et al.，2015）等多个方面，人们从植株、森林等不同尺度，借助心理物理学方法建立色彩物理刺激与心理反馈的量化关系，通过医学检测方法，寻找血压、心率、脑电波等人体生理反馈的植物关键色彩指标（李霞，2012），森林色彩研究朝着多学科交叉融合、系统化、专业化方向发展。

1.2 森林色彩的特性

色彩是引起我们共同的视觉审美愉悦、最为敏感、最具表现力的形式要素之一。世界有三个基本色，森林植物的绿色、海洋和天空的蓝色、冰山雪帽的白色。森林色彩是以绿色为主导色，拥有斑斓的花色、叶色和果色，层次丰富，富有变化，可以营造出绚丽多姿的视觉效果，有愉悦心情的作用（Holton T A et al.，1995）。森林植物的色彩不是一成不变的，在光线、气温、气流等气象因素作用下，随时间、地点变化而呈现千变万化的奇观。森林色彩的特点，可从它的自然特性、生命特性、季相特性和地域特性几个方面加以分析。

1.2.1 自然特性

森林色彩的自然特性表现为载体形态的自然性。植物是自然生命体，有着丰富而复杂的自然形态，不同物种、不同个体之间，从叶子的大小、形状、枝干的粗细、弯曲、疏密到树冠的形状、叶幕的厚薄、缘线的粗糙光滑等存在巨大差异，甚至在个体内组成部分之间也存在或大或小的差异，我们无法在同一棵树上找到完全相同的两片树叶。

森林色彩的自然特性表现为载体质地的多样性。粗大、革质、多毛多刺的叶片，粗大、稀疏

的枝干，斑驳、皱裂的树皮，尖锐的树冠，质感粗糙，反之则显得精细。植物相对于水体更硬朗，相对于山石更柔软；相对于浮云更稳实，而相对于房舍更轻盈，而这种自然质感最终通过植物色彩来表达。

森林色彩的自然特性表现为丰富的层次结构。从叶、花、果、干等器官到树木单株、林分群落，系统结构、色彩组成渐趋复杂。但其观赏感受随视距和视域尺度的变化而变化。近距离时，看到的主要是枝叶花果的色彩及其大小、形状、多少、所占空间等所产生的效果，远看则细节消失，色彩成了植物整体所产生的效果。

森林色彩的自然特性还表现为色彩的异质性。无论哪一种层次，色彩组成都是多样的、不均匀的，是由无数色斑色点组成的，正如"点彩派"的画作。"点彩派"或称新印象主义（neo-impressionism），主张不用轮廓线划分形象，也不在调色板上调色，而是用点状的小笔触和太阳光的七种纯色作画，通过光色并置，让无数小色点在观者视觉中（一定距离观看）混合，从而构成画面形象。

因此，森林色彩的观赏要依赖人眼的色彩混合与再创作。森林彩色是以树木为基本色彩单元构成的，构成单元是有形状的，包括以圆形、近圆形为主的垂直投影形状，卵形、伞形、塔形等侧面投影形状，而这种形状是非规则的、自然多变的。在较大尺度，色彩单元集合成不同大小和形状的斑块。天然林大多以群团状为主，人工林以块状、带状和线状居多。斑块在景观基底中的不同分布形成森林色彩格局，不同的色彩分布格局信息特征不同，其空间异质性也会有较大的变化（闫海冰等，2010；蒲婷婷，2016），会产生不同的观赏效应。

此外，森林色彩的呈现还受到其他自然环境条件的影响。强烈的光线使植物的明暗对比加强，色彩变得明亮鲜艳；反之，柔和的光线使植物的明暗对比减弱，色彩趋于暗淡而均匀。空气能见度高，显色充分，细部相对清晰；反之，色彩灰暗而模糊。高郁闭导致森林的透光度差，林内色彩明度低；反之，林内色彩明亮。

人工色彩如颜料、建筑、绘画、服饰、器物等，多属于静态色彩，由于其载体物理性质稳定，色彩表现也较为明确、规则且均匀，因此对人工色彩的设计和把控较为容易。森林色彩是自然物本身具有并表现出来的色彩，与天空、云彩、山川等大自然原有的色彩较为相似（雷维群，2011），其以自然为载体，随着环境变迁，呈现动态变化特性，色彩成分复杂，过渡色丰富，异质性高，从植物形态的描述、建模（如分形系统、粒子系统、L-系统）开始，到色彩的认识、采样、评价、组织，都要困难得多。

1.2.2 生命特性

各种色彩对光线的吸收和反射率是不同的，一般认为，反射率在60%以上的色彩，容易使人产生刺目的感觉，而红色的反射率是61%，黄色为65%，绿色为47%，青色为36%，故绿色和青色的光线的反射率适中，人们对绿色的感觉是比较柔和，置身于森林环境中容易感到舒适和愉快（赵绍鸿，2009）。看到红色的叶片、花朵、果实，使人感受到生命的温暖热情、执着坚定和灿烂辉煌。看到黄色的叶片、花朵、果实，人们就联想到生命的宁静、高贵和含蓄。

作为一种生命色彩，植物色彩的特性将随着机体活力的变化而变化。活有机体的色彩滋润、鲜活、饱满、有光泽，携有生命之气息。但当花、果和叶从有机体归结到无生命的混沌状态时，其色彩表现为干瘪、枯寂、灰暗无光、失去活力。以南北常见典型森林植物枫香（*Liquidambar formosana*)、卫矛（*Euonymus alatus*)、银杏（*Ginkgo biloba*) 为例（图 1-2、图 1-3），有生命的植物色彩与无生命色彩的差异主要表现为彩度、明度的不同。无生命色彩彩度、明度低于有生命色彩，彩度、明度值均小于 50，普遍在 20 ~ 45（表 1-1）。若在 RGB 空间比较，则表现为有生命色彩的 R、G、B 三要素值差异大，色彩鲜艳饱满；无生命色彩的三要素趋向接近或相等，生命系统熵值增大而趋于混沌。由于内含色素等生物物质失水死亡，机体留下的主要物质变成了碳，色彩趋向灰褐色，灰暗而干枯。

图 1-2　枫香秋叶与枯叶　　　　　图 1-3　银杏秋叶与枯叶

表 1-1　植物有生命与无生命色彩三要素对比

植物名称	状态	H	S	V	R	G	B
枫香	有生命	43	78	71	181	141	40
	无生命	39	24	46	60	61	50
卫矛	有生命	357	61	64	163	64	64
	无生命	28	29	45	119	97	81
银杏（北）	有生命	44	91	82	209	158	19
	无生命	40	41	49	125	108	74
银杏（南）	有生命	42	68	91	232	185	74
	无生命	36	40	35	89	75	54

生命之色柔弱、灵动、自然、协和。人类在与自然界、生活环境长期交互的过程中，演化形成了固有的色彩审美经验和情感，将某些色彩与生命现象联系在一起，如由绿色联想到植物和生长，并能透过色彩的特性和质感精妙区分其生命属性，比如区分鲜切花与塑料花的不同。

1.2.3　季相特性

林木色彩作为一类具有生命特质的动态色彩，有着自然的呈现规律，甚至有着自然造物的情感，在某个时间绽放，又在某个时间褪去。林木色彩在植物体生命周期内逐渐变化，发芽、生长、开花、结果、枯亡，植物体壮大，叶片与色彩量增加，花果从无到有；不但如此，色彩特性也会变化，如部分栎类树种苗期叶片呈红色，幼龄、成熟期逐渐转黄。植物色彩在一日之内，早中晚各有差异，"朝而往，暮而归，四时之景不同，而乐亦无穷"。但最为显著的还是季相变化，这种物候现象体现的是生命的节律，引发出诸多情感联想（朱学敏等，2009）。

"终日寻春入醉乡，不知何处寻春光，风条舞绿水杨柳，雨点飞红山海棠。"春天来临之际，随着气温上升，树液在体内加快流动，促使叶芽展现，桃李花开。春尽夏临，叶色碧绿，相比初春，绿意浓浓，随着气温升高，阳光充足，森林的各种颜色也变得更加浓郁深重。夏去秋来，叶色随变，渐呈红黄之艳。入秋，红叶灿烂，果实累累，遍地辉煌，"山杨胜火焰，柞树披红纱，松涛绿浪滚，白桦穿金甲……"。冬天，大部分树木停止生长，落叶归根，枯干秃枝，深沉厚重，尽显苍凉之美（图1-4）。

即使常绿树种的绿，也会随着季节的不同出现由浅变深的过程。春季，植物发出的新叶呈嫩绿、鹅黄色，给人轻盈、柔嫩的质感，夏秋季，叶片呈现墨绿、深绿等色，则给人以厚重、粗犷之感。

图1-4　森林季相变化

1.2.4　地域特性

地球上不同的地域分布着不同的植物带，赋予森林色彩不同的地域性特征（Levyadun S，2016），由于气候环境因素的地域差异，同一种树木也会发生不同的色彩变化。我国幅员辽阔、自然地理环境复杂，孕育了种类繁多的植物物种，森林植物色彩表现形式丰富。

1.2.4.1　热带森林

中国的热带森林包括热带雨林和季雨林，主要分布在北回归线以南的海南岛、南海诸岛、台湾岛和云南南部。这里热量充足，雨量充沛，年平均气温为21～25.5℃，年降水量为1200～2200mm。森林植物生长繁茂，组成丰富，结构复杂，常出现板状根、气根、老茎生花、滴水叶尖等热带植物形态特征以及大量的藤本植物、绞杀植物、附生植物等热带植物生活型特征。热带雨林一年四季保持常青，叶色变化不丰富，但观花树种丰富，如凤凰木（*Delonix regia*）、木棉树（*Gossampinus malabaricum*）、蓝花楹（*Jacaranda mimosifolia*）、刺桐（*Erythrina variegata*）、合欢（*Albizia julibrissin*）、紫荆（*Bauhinia blakeana*）、大叶紫薇（*Lagerstroemia speciosa*）、三角梅（*Bougainvillea spectabilis*）、旅人蕉（*Ravenala madagascariensis*）、贝叶棕（*Corypha umbraculifera*）、等，其中不乏高大乔木，是构成彩色森林色的基本材料。热带森林色彩尤以花色变化为主，其形态各异、色彩斑斓，花开季节有如"空中花园"（图1-5）。

热带雨林　　　　　　　　　　亚热带竹林

小兴安岭红松林　　　　　　　大兴安岭樟子松林

图1-5　森林色彩的地域特性

1.2.4.2　亚热带森林

中国的亚热带位于秦岭、淮河以南，雷州半岛以北，横断山脉以东（22°～34°N，98°E）的广大地区，是世界上南北两半球同纬度地区唯一的湿润亚热带，这里气候温热多雨，无霜期长达 240～300 天，年平均气温为 14～21℃，年降水量 1000～1800mm。生物资源丰富，森林类型以常绿阔叶林最为典型，包括针叶林、针阔混交林、落叶阔叶林、常绿 – 落叶阔叶混交林。亚热带夏季气候与热带相似，但冬季明显比热带冷，因此亚热带森林拥有丰富的叶、花、果色，彩色森林类型为多样，但相较热带森林花色种类较少，特别是观花乔木不丰；相较于温带森林，叶色鲜艳度较低，绿色仍是基调色彩，叶色比例较低，变色季节色彩量小且不集中；观干树种少而干色不突出，但挂叶挂果时间持久。因此在亚热带，彩色森林类型丰富，观叶、观花、观果、观干林均有发展，但以观叶、观果林为主（图 1–5）。

1.2.4.3　暖温带、中温带森林

中国的暖、中温带森林主要位于东北、华北地区，包括东北东部山地，华北山地，山东、辽东丘陵山地，黄土高原东南部，华北平原和关中平原等地。森林类型以暖温带针阔叶混交林和落叶阔叶林为主，代表性的有油松（*Pinus tabuliformis*）林、红松（*Pinus koraiensis*）林、白皮松（*Pinus bungeana*）林、侧柏（*Platycladus orientalis*）林以及麻栎（*Quercus acutissima*）林，其次有山杨（*Populus davidiana*）、白桦（*Betula platyphylla*）、水曲柳（*Fraxinus mandshurica*）、核桃楸（*Juglans mandshurica*）等组成的中温带针阔叶混交林，森林色彩以亮白、褐黄的干色、火红的秋叶色彩为主。温带森林秋叶变色充分且集中，色彩纯粹而鲜艳，相较亚热带森林，挂叶时间短，色彩丰富度较低（图 1–5）。

1.2.4.4　寒温带森林

我国的寒带森林主要位于大兴安岭以北，属于东西伯利亚南部落叶针叶林沿山地向南的延续部分。这里气候特别干旱、寒冷，年平均温度为 –1.2～5℃，无霜期 70～100 天，年降水量 400～600mm，由于气温低，空气相对湿度较大。植被有明显的垂直分带现象，最具代表性的是樟子松（*Pinus sylvestris* var. *mongolica*）林，落叶松（*Larix gmelinii*）林和白桦（*Betula platyphylla*）林，褐黄、淡黄（松）、亮白（白桦）的干色，成为常年可观的森林色彩。秋叶变色充分集中，万山红遍，层林尽染，视觉冲击强烈。观花林以杜鹃（*Rhododendron simsii*）、越橘（*Vaccinium vitis-idaea*）、山杏（*Armeniaca sibirica*）等灌木、小乔木林为主，体小量少，不是本地区的主体色彩景观（图 1–5）。

1.3　森林色彩研究的主要任务

森林色彩研究是一个多学科交错的领域，与植物学、色彩学、环境科学、信息学等密切相关，从森林色彩自身角度，研究任务主要包括其产生、特性、变化、传播到接收、量化、应用等环节。

1.3.1　森林色彩的产生

①植物的呈色器官

②植物色素与植物着色的生理机制
③植物着色素的代谢的基因与分子机制

1.3.2　森林色彩的特性

①森林色彩的自然特性
②森林色彩的生命特性
③森林色彩的层次特性

1.3.3　森林色彩的变化

①植物物候与色彩季相
②森林色彩受环境（光照、大气、温度、水分、土壤）的影响变化
③森林色彩地理

1.3.4　森林色彩的传播

①森林色彩传播过程
②森林色彩特性与色彩传播
③森林色彩传播与大气环境
④森林色彩传播的时空变化

1.3.5　森林色彩的接收

①森林色彩与人的生理响应
②森林色彩与人的情绪响应
③森林色彩与人的审美响应
④森林色彩与社会响应

1.3.6　森林色彩的量化

①森林色彩标定、森林色彩空间与分析
②森林色彩数字图像处理
③森林色彩特征统计与分布
④森林色彩的转换

1.3.7　森林色彩的应用

①彩色植物材料创制
②彩色植物材料选择
③森林彩色景观营造

1.4 森林色彩研究的相关理论与方法

森林色彩研究是在色彩学、色度学、色彩心理学等学科基础上发展起来的，既要应用色彩学、植物学等原理研究森林色彩的产生，应用 CIE、色彩体系的标定方法进行森林色彩色相、彩度、明度的分析，同时也要从视觉生理及心理的角度研究森林色彩的美学特性与观赏效应。

1.4.1 色彩学（Color science）理论与方法

色彩学是研究色彩的产生、接受及其应用规律的科学。色彩从根本上说是光的一种表现形式。不同频率的光可以引起人眼不同的颜色感觉，由此引发出颜色的分类、特性、混合等科学问题，在牛顿的日光 – 棱镜折射实验和开普勒奠定的近代实验光学理论基础上研究解决。色彩通过视觉器官被感知。视觉器官人眼主要由棒体和锥体感受器对光发生视觉反应，产生色彩视觉。由这个基本过程出发，引发出颜色视觉中的对比、常性、辨色能力等问题，要依赖生理学、心理物理学、感知心理学的方法加以研究。色彩会因不同观者、不同条件而有不同的观赏感受，因此引发出色感、好恶、色彩的意义、联觉等问题。这部分主要研究在特定条件下色彩与观者的感受、情感的关系。它以个性心理学的研究为基础。最后，彩色学要研究物象的色彩类别、透视、材料等，进而讨论色彩在生活中的应用问题。

森林作为一种有生命的色彩载体，与通用色彩学研究对象形成特殊与一般的关系，森林色彩研究要依赖色彩学的理论成果和研究方法开展。目前，色彩美学理论，如色彩的对比与调和理论、色彩搭配、色彩构成原理等应用与森林色彩美学评价已取得初步成果。学者们从审美角度出发，探索两种或多种色彩之间的关系，研究人对色彩的认知规律（Edwards G，1997），进行色彩景观优化（关媛元等，2013；吕林蔚等，2015），分析景观视域中不同色彩的视觉功能（主色、辅助色、点缀色等）（贾娜等，2021），研究色彩景观中的完形法则、图底关系（李小娟等，2014）、不同色彩景观格局的观赏效应（贾娜等，2021）等。

1.4.2 色度学（Colorimetry）理论与方法

光色原理揭示出色彩本质的客观性，不以人的视觉和感觉为转移，但色彩的效果是从客观现象到主观感受的一个复杂过程，无法用一般的量值来衡量。色度学是对颜色刺激进行度量、计算和评价的一门学科，它研究证明人眼感知色彩的三大基本条件是物体、光源及视觉，并通过实验将光能传递产生的视觉刺激转化为色相、明度、彩度三个量值，称其为色彩三属性。从色彩的三属性出发，我们可以准确描述一种颜色的表象。

基于色度学光谱理论，国际照明委员会（CIE）制订了标准色度学系统，建立了一系列色彩空间如 CIE–RGB、XYZ、Lab 色彩空间，并经过试验建立其色彩空间之间相互转换的公式，使颜色可以进行测量、计算和评价。除此之外，国内外先后制定了多种色彩系统，目前国际上常用的颜色系统有孟塞尔系统（Munsell）、自然颜色系统 NCS（Nature Coloe System）、奥斯特瓦尔德系统（Ostwald）、中国颜色体系、日本色彩研究体系 PCCS（Practical Color Coordinate System）、德国工业标准颜色体系（DIN）、美国光学学会均匀色体系（OSA–UCS）、日本实用颜色坐标体系（PCCS）。而在实际运用中，孟塞尔、NCS 色立体以其清晰、直观的风格和良好的使用性，为色彩研究者所推崇，也是本研究所采用的主要色彩系统。

1.4.3 色彩生理实验与情绪标识

色彩的视觉感觉是通过眼、脑作用而获得的，属于生理现象，但是这种生理作用逐步冲击到人的情绪，影响人的身心健康，从而促进了色彩疗法、生理实验的兴起（陈福国，2020）。研究表明，不同的颜色对人产生的生理反应是不同的。灰青色降低血液循环，反之，红橙色有刺激感，使血液循环增快（郭秀艳，2004）。当人眼注视彩色图片时，其脉搏、呼吸、脑电波等均会因色彩的不同而出现不同的变化，如红色会让人兴奋或警觉，脉搏跳动加快，呼吸急促；而蓝色则让人平静、脉搏跳动减慢、呼吸减慢、脑电波呈现冷静和放松状态（朱慧等，2008）。

情绪是人们在面对不同刺激时产生的本能反应，积极的情绪能够提高人的生活质量，而消极的情绪会对人的身心健康造成恶劣影响。因此，情绪的监测和识别对于人类的发展具有重要意义。情绪通常可以分为三个部分：主观体验，生理唤醒以及外部表现（陆怡菲，2017）。传统的情绪识别研究方法采用人的面部表情（Azcarate A et al.，2005）、身体姿态和语音等外在特征（Calvo R A et al.，2010）。这些信号容易获取，不需要佩戴传感器或通过仪器检测，但不足以代表人类丰富的情感，而生理变化受到人的中枢神经系统支配，能够更加客观地反映人的情绪状态（Chanelg et al.，2011）。目前，通常采用的生理信号包括电图（EEG）、肌电图（EMG）、皮肤电反应（GSR）、眼电（EOG）、心电图（ECG）、血压、血容量脉冲（BVP）、表皮温度、眼动信号等，基此进行情绪识别的研究（Picard R W et al.，2001；Partala T et al.，2003；Duan R N et al.，2012；Calvo M G et al.，2004；Verma G K et al.，2014），应用于建筑（陈炳锟等，2001）、景观（康宁等，2008）、植物环境（王艳英等，2010；高娜，2013）、视频网站（桂东东，2018）等众多领域，也是植物色彩生理心理效应研究的重要方法（李霞，2010；陈燕，2014；方嘉淋，2021）。

1.4.4 心理物理学方法（Psychophysics）

色彩心理学主要研究色彩现象与人类心理意识的关系。早期有关色彩心理的研究多基于主观感觉的定性描述（张长江，2009），直到心理物理学方法应用于色彩心理实验，色彩心理、情感等研究才进入量化的和更为科学的阶段。视觉心理物理实验主要分为以下三类：①阈值实验法，主要用于测量刺激的微小变化与视觉感受性之间的关系，用于测量视觉刺激的灵敏度，如极限法、调整法、常定刺激法和信号检测论测定阈限的方法；②匹配实验，用来测定刺激的恰可察觉的变化，得到的是观察者对于刺激变化量的感知性，如记忆匹配法、非对称匹配法；③分度实验，用以测量知觉的大小与物理刺激间的量化关系，如三刺激值 X、Y、Z 与知觉量明度、彩度和色调之间的关系，包括名义分度、顺序分度、间隔分度、比例分度等不同实验检测方式。通过实验，取得自变量（对有机体发生影响、由实验者操纵、掌握的判断题）、因变量（由实验者观察或记录的变量），同时控制实验条件（使部分自变量保持恒定），对视觉刺激和它引起的感觉进计量并建立两者之间的数量关系。心理物理学实验是色度学研究的基础方法，也是色彩应用研究中开展植物色彩观赏效应、植物色彩美景度等评价研究的重要手段。

1.4.5 数字图像工程技术（Digital image engineering）

数字图像工程是一个系统研究各种图像理论，开发各种图像技术和方法，以及研制和使用各种图像设备的综合学科，主要研究内容包括图像获取、图像处理、图像分析和图像理解（章毓晋，

1995）。图像获取是利用各种辐射传感器把照射量变为电压，再转变为数字信号的过程，同时解决信号表达及存储，包括可见光成像技术、红外成像技术、高光谱成像技术、X 射线成像技术和核磁共振成像技术等，数码相机、摄像机、扫描仪、色差仪等是获取可见光数字图像和色值的常见设备（张卫正，2015）。图像处理通过图像压缩，增强和复原，匹配、描述和识别等算法处理使结果比原始图像更适合于特定应用；图像分析则是通过模式识别和人工智能等方法对物景进行分析、描述、分类和解释的技术，又称景物分析或图像理解。经过几十年的发展，图像工程整个学科走向成熟，实际应用飞速发展，在通讯、导航、遥感、测绘、医学成像、视频传播等多种领域广泛应用（卢文峰等，2017），在植物长势监测、森林火灾预警、农林产品品质检测与分级、树木图像分割、树木叶片分类等农林领域的应用也十分成功（蔡世捷，2006；贺航等，2021；陈鸿钢，2021）。

图像色彩信息的提取和利用主要有两大类：一是基于色彩属性信息，提取和构造特征统计量，最常见的是颜色矩（Color moment），如色彩分量的均值（Mean）、方差（Viarance）、偏度（Skewness）、峰度（Kurtosis）等，用于色彩评价、图像识别、分类、检索（邢强等，2002；员伟康等，2016；卢洪胜等，2021）等；二是基于色彩属性与空间全部信息，用于诸如图像信号处理、空间分析、光谱分析等。

1.4.6　植物学与林学实验

森林色彩可归为植物学、林学研究的一个分支领域，相关研究离不开上级学科的支撑。例如，为揭示森林色彩形成的生物机制，有赖于植物生理实验（王冬雪，2017）、分子植物学分析；为了解立地环境对林木呈色变化的影响，需要开展环境控制试验；为认识林木色彩的时空变化，可结合物候学、植物地理学观察分析（张祺祺，2020）。在植物材料选择、色彩景观营造过程中，则要借助彩色树木良种选育、林木配置、森林培育与经营方面的技术，科学运用。

1.4.7　植物景观模拟与评价

森林色彩研究的客体对象是森林植物，传统研究一般从其实体场景或影像中取样，随着信息技术、虚拟现实技术的发展，基于植物模拟景观开展设计方案比选、生理、心理响应测试等研究开始兴起。三维虚拟校园设计（陈春伟等，2020；陈莹莹等，2022）、公园景观等建模（戴茜等，2019），均取得了比较好的实时性、交互性与视觉效果。植物视觉景观模拟过程中，植物建模是核心技术环节，也是当前研究的热点和难点。植物建模的出发点大致可分为两类，一类从生物学研究的需求出发，采用一定的数字化模型模拟植物的生长和植物群落的发展，如分形系统、粒子系统、L 系统等。这类模型虽然可以解释植物的内在生长机理，却难以生成细节逼真自然的几何模型。另一类从视觉模拟的角度出发，着重于逼真重现自然界植被场景（韩秀珍等，2012），主要是通过软件工具进行视觉模拟，徐珍珍等组合应用 CAD、SpeedTree、Lumion 等软件工具，构建含有测树学数据的枫香林模拟景观，开展胸径、密度与景观美景度关系的双因素控制性试验，代替田间试验（徐珍珍等，2017），为开展植物群体景观评价提供了新的思路。但在模型参数的精确控制与场景的真实呈现两方面，现有技术还不足以完美实现所有目标。

第2章

林木色彩的产生

"色彩很神秘，很难界定。它是一种主观经验、一种大脑的感觉，取决于三项相关要素：光、物体、视者。"有光才有色，在黑暗中，我们是看不到任何色彩和形状的；有物才有色，色彩依附于物质载体而存在，本质上，物质载体为光线的发生、反射与折射提供介质；有人才有色彩，色彩的感知需要经过光—眼—神经的过程才能见到色彩。

2.1　色彩产生的物理基础

光是一种电磁辐射。可见光是能刺激人眼并能引起明亮视觉的那部分电磁辐射，其波长范围为 380～780nm，波长小于 380nm 的有紫外线、x 射线等；波长大于 780nm 的有红外线、无线电波等等。可见光因波长不同呈现不同颜色：红色 660nm、橙色 610nm、黄色 570nm、绿色 550nm、蓝色 460 nm、靛色 440nm、紫色 410nm。人的眼睛大概可以辨别 750 万种色彩（图 2-1、表 2-1）。

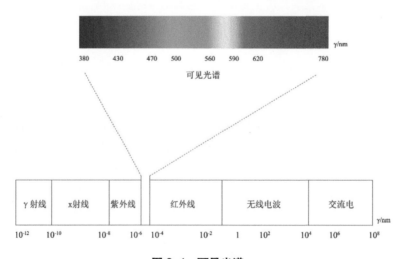

图 2-1　可见光谱

当光谱中的七色光混合在一起时为白光。两种以上的光混合在一起，反射光线增加，光的亮度会提高，混合色的总亮度等于相混各色光亮度之总和，这就是光的加法合成。而色料是通过吸收过滤白光中的一部分光线、反射一部分光线而呈现颜色，色料的三原色就是吸收了 RGB 色光后呈现的青（C）、品红（M）和黄（Y），因此，颜料的混合使反射光减少，亮度变暗，称为减法合成。在一定空间中两种或多种并置的颜色在进入人眼前没有发生混合，通过观看在人眼内发生混合，这种生理混合现象叫中性混合或空间混合。

表 2-1　常见色光与波长对应关系

色光	波长（nm）	代表波长（nm）
红色	780～630	700
橙	630～590	620
黄	590～560	580
绿	560～500	546
青色	500～470	500
蓝	470～430	436
紫	430～380	420

　　光具有三维特征：波长、纯度与振幅。与此相对应的有三维心理特征：不同波长引起人们不同的色调的感觉；纯度是光波成分的复杂程度，它引起的视觉反应是饱和度；振幅是光的强度或能量单位，它引起的视觉维度是明度（徐海松，2005）。

　　色彩感觉的产生，必须具备 4 个条件：光源、彩色物体、人眼和大脑，其过程可分为 3 个阶段。

　　第一个阶段为物体的选择性吸收阶段。光源照射在彩色物体上，彩色物体对照在其上的光进行选择性吸收，并反射或透射剩余的光线，这是一个受物理法则支配的物理学系统，不受人的影响。第二个阶段为视觉感受阶段。眼睛接收到反射或透射的光后，通过自身光学系统将光聚焦到视网膜上刺激椎体细胞和杆体细胞引起兴奋，在兴奋过程中将刺激信息能量转换成生物电能和神经冲动并发出。由感受器发出的神经冲动，通过视神经传导，最后透到大脑皮层。第三个阶段为色彩识别阶段。大脑皮层接收到神经冲动后，引起大脑皮层的活动，再结合以往的记忆和综合分析，将人眼感受到的光刺激转化为知觉，从而完成色彩感知的过程（胡涛等，2014）。可见，色彩是人眼接收光刺激后，先刺激视网膜上的视觉细胞产生神经冲动，并传到大脑皮层，经过大脑皮层加工后就获得了色彩感觉。

2.2　林木的呈色器官

　　林木作为彩色物体，是由根、干、枝、芽、叶、花、果和种子等器官组成的，不同器官随着生长发育过程、树木种类的不同呈现不同的颜色。

　　植物的芽可分为叶芽、花芽、混合芽三类，颜色十分丰富，大部分呈嫩绿色、嫩黄色、黄绿色，也不乏红色的（元宝枫、石榴、红叶石楠），还有粉红（玫瑰、紫藤）、紫色（香椿、紫叶李）的。芽一般经过冬季休眠，到翌年春季展开，随着生长进展，芽的颜色转变为、花、干、枝的颜色。

　　叶是树木的同化器官，一般是绿色的，但有些植物的叶常年或季节性呈现红、橙、黄等非绿色彩，称为彩色叶。根据呈色时间与混色情况，可将彩色叶分为常色叶、春色叶类、秋色叶类和斑色叶和双色叶类等（张启翔等，1998；苏雪痕，2015；李霞，2012）。常色叶是指整个生长期内叶片均表现非绿色，如红枫（*Acer palmatum* 'Atropurpureum'）、金叶榆（*Ulmus pumila* 'Jinye'）、紫叶李（*Prunus cerasifera* 'Atropurpurea'）等；春色叶树种是指春季新生幼叶表现非绿色的树种，如七叶树（*Aesculus chinensis*）、栾树（*Koelreuteria paniculata*）、黄连木（*Pistacia chinensis*）等；秋色叶树种是指秋季叶色呈现异色叶，变色期较长，具备一定观赏价值的树种，如枫香（*Liquidambar formosana*）、乌桕（*Sapium sebiferum*）、鹅掌楸（*Liriodendron chinense*）等。双色叶类为叶表和叶背和叶背的颜色显著不同，富有变化，常见的双色叶有银白杨（*Populus alba*）、胡颓子（*Elaeagnus pungens*）等。斑色叶类为绿色叶片上有其他颜色的斑点或条纹，或叶缘呈现异色，常见于灌木、藤本和地被植物，如斑叶锦带（*Weigela florida* 'Goldrush'）、变叶木（*Codiaeum variegatum* 'Pictum'）、金边黄杨（*Euonymus japonicus* 'Aureo-pictus'）等。

花的颜色更是异彩纷呈，据统计花有八色（谷志龙，2014），最主要的是红、黄、蓝、白色。红色系的有桃（*Amygdalus persica*）、杏（*Armeniaca vulgaris*）、梅（*Armeniaca mume*）、山茶（*Camellia japonica*）、杜鹃（*Rhododendron simsii*）、木棉（*Bombax ceiba*）等；黄色系的有迎春（*Jasminum nudiflorum*）、木樨（*Osmanthus fragrans*）、蜡梅（*Chimonanthus praecox*）等；蓝色系的有紫丁香（*Syringa oblata*）、毛泡桐（*Paulownia tomentosa*）等；白色系有白丁香（*Syringa oblata* 'Alba'）、山梅花（*Philadelphus incanus*）、玉兰（*Yulania denudata*）等。

常见果色主要分为红色果、蓝紫色果、白色果、黄色果和黑色果。常见植物有黑色的小叶女贞（*Ligustrum quihoui*）、黄色的文冠果（*Xanthoceras sorbifolium*）、胡桃楸（*Juglans mandshurica*）、白桦（*Betula platyphylla*）、红色的蒙桑（*Morus mongolica*）、山荆子（*Malus baccata*）、山楂（*Crataegus pinnatifida*）、卫矛（*Euonymus alatus*）、毛樱桃（*Cerasus tomentosa*）等，蓝紫色的稠李属植物、白色的银杏（*Ginkgo biloba*）果等。

树干是树体的支撑器官，其组织属于次生结构，最外层由木栓层和死掉的皮层细胞所组成，内部不再含有活性色素，所以树皮大多呈现褐色，导致观干树种相对较少。但也有例外，如白桦，在褐色的木栓层外还含有少量的木栓质组织，这些组织的细胞中含有白色的白桦脂和软木脂，因而树皮便成为白色的了。一般具有高明度特征的树皮颜色均能成为观干色彩，以明亮、光滑的白、银、黄、绿、褐色为佳，如白桦、杨树、光皮树、柠檬桉、青桐、紫薇、悬铃木等。

2.3 林木器官着色的生理机制

基因是决定植物呈色器官色素组成与变化呈现多样化色彩的内因。在林木生长过程中，与色素合成、发育、降解等过程相关的酶也会发生一系列变化，其叶片、花瓣、果皮内部色素种类、色素含量、细胞结构、会发生变化（陈璇等，2021），正是这些变化导致植物器官形成了丰富的色彩。树木叶、花、果中含有不同色素，会吸收不同波长的可见光，最后反射不被吸收的色光从而呈现对应的颜色。

叶绿素、类胡萝卜素以及类黄酮类色素（花色素苷）是植物细胞的主要色素（罗雪梅等，2011）。叶绿素和类胡萝卜素主要位于叶绿体中，具有亲脂性。其中叶绿素 a 为蓝绿色，叶绿素 b 为黄绿色，类胡萝卜素则为橙黄色，叶黄素为黄色；花色素苷主要分布于液泡中，具有亲水性（Han Q et al.，2003）。花色素苷在不同环境下会呈现不同的颜色，比如在碱性条件下表现为蓝色，而酸性环境中则呈现红色。通常，由于叶片中叶绿素含量较多，因此叶片呈绿色。但叶片在受到胁迫或衰老过程中叶绿素会发生降解，从而导致叶片出现失绿现象（Ougham H et al.，2008）。而作为光合合成的辅助色素类胡萝卜素在这个过程中降解较慢，因此叶片会逐渐呈现黄色（Hormaetxe K et al.，2004）。花色素苷大量分布在液泡中，主要起到保护光合细胞器的作用，同时也能提高植物的抗逆性（姜卫兵等，2009）。

目前关于叶绿素以及花色素苷在植物体内的合成途径已经有了详细的研究，合成途径已经明确（Porra R J et al.，1997）。叶绿素的合成过程为谷氨酸（Glutamate）→ δ - 氨基酮戊酸（ δ -Aminolevulinic acid）→胆色素原（Porphobilinogen）→尿卟啉原Ⅲ（Uroorphyrinogen Ⅲ）→原卟啉 Ⅸ（Protoporphyrin Ⅸ）→ 镁原卟啉 Ⅸ（Mg-Protoporphyrin Ⅸ）→ 原叶绿素酸（Protochlorophyll）→叶绿素 a（Chlorophyll a）→叶绿素 b（Chlorophyll b）。这些过程中的任何一步受到干扰，均将导致叶绿素合成的受阻（喻敏，2000）。花色素苷除了会使植物器官呈现不同颜色外，也能提高植物适应环境的能力（余敏等，2006）。花色素苷的合成主要经过 3 个过程（李利霞，2015）。

类胡萝卜素在质体中经异戊二烯途径合成。在高等植物体内，类胡萝卜素的合成以乙酰辅酶 A（CoA）和甘油醛 -3- 磷酸为底物，经过一系列酶促反应生成异戊烯基二磷酸（IPP）和二磷酸二甲基烯丙酯（DMAPP），1 分子 IPP 与 3 分子 DMAPP 在异戊烯基二磷酸 δ - 异构酶（IDI）、法尼基二磷酸合酶（FDPS）和香叶基香叶基二磷酸合酶（GGPS）的催化下，生成前体牻牛儿基焦磷酸（GGPP）。GGPP 经过多种酶的催化生成胡萝卜素和叶黄素（王紫璇等，2021）。而酶的表达受到多种转录因子的调控，如八氢番茄红素合酶（PSY）作出为光敏色素（PIFs）的拮抗因子，通过直接与启动子的 G-box 区结合来促进 PSY 转录，从而在光和温度因子的诱导下促进类胡萝卜素的积累（Toledo-Ortiz G et al.，2014;McCormac A C et al.，2001）。

花青素属于次生代谢产生的黄酮类物质，以糖式（花青甙）的形式存在于植物细胞液中。花色苷的生物合成途径是类黄酮代谢途径的重要分支（Zhao D et al.，2015），从苯丙氨酸氨解酶（PAL）催化苯丙氨酸转化为 4- 香豆酰辅酶开始，再被查尔酮合酶（CHS）等催化，将 4- 香豆酰基辅酶 A 转化为无色花色苷，无色花色苷在花色苷合酶（ANS）等催化下产生花青素。花青素合成过程中，结构基因直接编码花色苷合成代谢途径中所需的酶，控制花青素代谢途径，MYB、bHLH 和 WD40 三类转录因子通过与启动子中相应顺式作用元件结合来调控结构基因的转录（商彩丽等，2021）。

通常叶绿素合成如果受到抑制，将会导致叶绿体的结构改变和色素缺乏。如大叶黄杨体内合成叶琳的酶活跃会导致叶绿素合成失败，因而其叶片会出现白色叶斑（Tatsunt M et al.，1996）。此外，林木叶片可溶性糖含量、蛋白质组分等的改变也会影响叶色变化（史俊通等，1998；胡静静等，2010；张敏等，2015）。

林木叶片呈色还可能与叶片结构特征有关（王振兴等，2016；Fooshee W C et al.，1990；Tsukaya H et al.，2004；Sheue C R et al.，2012）。研究证实，彩色叶片在表皮细胞微结构以及栅栏组织细胞形状等方面与绿色叶片相比有显著差异（Gorton H L et al.，1996；Lee D W et al.，2000；Konoplyova A et al.，2008；Zhang Y et al.，2008）。如叶片呈现白色或黄色可能是因为植物叶肉细胞畸形发育会导致大量气室存在于栅栏组织细胞间，但此时叶脉依然会表现为绿色。突变体拟南芥（Arabidopsis thaliana）叶绿体主要表现为缺损或退化（Sakamoto W et al.，2009；虎舌红（Ardisia mamillata）细胞中只含白色质体或有色体（钟娟，2008）。由于细胞结构发生变异及气室的存在还会导致叶片的吸收以及反射光谱的改变，从而使叶片呈现不同颜色。如细胞结构的改变导致部分热带雨林植物的叶片反射光谱发生改变从而出现蓝晕色表型。

决定花朵颜色的主要色素有花青素、类胡萝卜素、类黄酮、醌类色素及甜菜色素等，其中最

主要的是花青素和类胡萝卜素。一方面，花瓣中每种色素的绝对含量都会影响花色，另一方面，不同的花色素会产生共色作用导致不同的颜色表达，受到细胞内 pH 值、分子堆积作用、螯合作用以及花瓣表皮细胞形态等条件下的影响。另外，环境因素也会对花色产生影响，光照、土壤养分含量、温度、湿度等都会影响花瓣细胞中的 pH 值、花青素稳定性等，从而使花瓣呈现出不同的颜色。

红色和粉色的花，其花色主要与花青素有关，而花瓣红色的深浅则由花青素的含量来决定，花青素苷在空间和时间离散的积累导致花被片上花纹的生成，形成不同的着色模型（毕蒙蒙等，2021）。花青素苷在内质网上合成后，需从细胞质转运到液泡中才能呈现出粉色、深红色、紫色等（Koes R et al.，2005）。结构基因及转录因子调控花青素苷的合成，而转运蛋白调控花青素苷的积累。

黄色花的形成主要与类黄酮（如查耳酮和噢呀）和类胡萝卜素有关（如叶黄素）。查耳酮合成酶（CHS）、查耳酮异构酶（CHI）是查耳酮（THC）生物合成途径中的限速酶和关键酶，而查耳酮 2′ 葡糖基转移酶（THC2′ GT）能催化 THC 合成黄色花色素 ISP。噢呀合成于液泡内，是类黄酮合成途径中由查耳酮支化产生的一类最终产物，由 THC 或 2′，4′，6′，3，4- 五羟基查耳酮（PHC）氧化产生（Nakayama T，2002），是形成金鱼草和波斯菊等明黄色花的主要色素。叶黄素的合成前体异戊烯焦磷酸（IIPP）经过多种酶反应生成 α - 胡萝卜素和 β - 胡萝卜素，α - 胡萝卜素在 β - 环羟化酶（BCH）和 ε - 环羟化酶（ECH）的共同作用下生成叶黄素（Tian L et al.，2004）。β - 胡萝卜素在 BCH 作用下转变成 β - 隐黄质，进而生成玉米黄质等。

蓝色花的色素苷类型，主要是飞燕草色素苷及其衍生物 3′，5′ - 羟基花色素苷（Honda T et al.，2002），而类黄酮 -3′，-5′羟基化酶（F3′ 5′ H）是合成 3′，5′ - 羟基花色素苷的关键酶，因此 F3′ 5′ H 基因也被称为蓝色基因。创造蓝色花至少满足 3 个条件即翠雀素的合成，黄酮醇辅色素和趋于中性的 pH 值。

白色花不含色素，仅含有极浅的黄酮类（花黄色素），但花瓣组织里充满了无数小气泡，它能够反射所有的太阳光，呈现为白色。

叶绿素主要存在于植物茎叶组织，也有少量存在与花瓣中，使花瓣呈现绿色和青色，如柳树、核桃、枣等。果实中也存在多种色素。叶绿素一般存在于果皮中，有些果实如苹果果肉中也有。叶绿素的消失可以在果实成熟之前（如橙）、之后（如梨）或与成熟同时进行（如香蕉）。在香蕉和梨等果实中叶绿素的消失与叶绿体的解体相联系，而在番茄和柑橘等果实中则主要由于叶绿体转变成有色体，使其中的叶绿素失去了光合能力。氮素、GA、CTK 和生长素均能延缓果实褪绿，而乙烯对多数果实都有加快褪绿的作用。

果实中的类胡萝卜素一般存在于叶绿体中，褪绿时便显现出来。番茄中以番红素和 β - 胡萝卜素为主。香蕉成熟过程中果皮所含有的叶绿素几乎全部消失，但叶黄素和胡萝卜素则维持不变。桃、番茄、红辣椒、柑橘等则经叶绿体转变为有色体而合成新的类胡萝卜素。类胡萝卜素的形成受环境的影响，如黑暗能阻遏柑橘中类胡萝卜素的生成，25℃是番茄和一些葡萄品种中番红素合成的最适温度。

花色素苷是花色素和糖形成的 β - 糖苷。已知结构的花色素苷约 250 种。花色素苷的生物合成与碳水化合物的积累密切相关，如玫瑰露葡萄的含糖量要达到 14% 时才能上色，有利于糖分积累的因素也促进着色。高温往往不利于着色，苹果一般在日平均气温为 12～13℃时着色良好，而在 27℃时着色不良或根本不着色。花色素苷的形成需要光，黑色和红色的葡萄只有在阳光照射下果粒才能显色。光质也与着色有关，在树冠内膛用荧光灯照射，较白炽灯可以更有效地促进苹果花青素的形成，这是由于荧光灯含有更多的蓝紫光辐射。

此外果实内还存在着多种酚类化合物，如黄酮素、酪氨酸、苯多酚、儿茶素以及单宁等。一定条件下有些酚被氧化生成褐黑色的醌类物质，如荔枝、龙眼、栗子等成熟时果皮变成褐色；而苹果、梨、香蕉、桃、杏、李等，在遭受冷害、药害、机械创伤或病虫侵扰后也会出现褐变现象。

2.4　影响林木叶色变化的环境因子

林木叶片的色彩变化受外部环境和遗传因子共同作用而定（晁月文等，2008）。一方面，基因决定着林木叶片器官色素（Gamon J A et al.，1999；Sims D A et al.，2002；荣立苹等，2014），是林木叶片呈色的根本原因；另一方面，外在因素如光照（孙小玲等，2010）、温度与温差（Deal D L et al.，1990）、湿度（Marin A et al.，2015）、土壤条件（侯元凯，2010）等在一定条件下可以作为独立因子影响植物叶片、花、果内色素组成，从而导致色彩差异。外因通过内因而起作用（Box E O et al.，1996；Yamaguchi T et al.，2001；丁廷发等，2006；Ranathunge C et al.，2018）。

植物进行生理活动的主要器官是叶片并且其颜色具有高可塑性（蒋艾平等，2016），对环境有较高适应能力的器官通常也具有较高的可塑性（Vendramini F et al.，2002）。外部因子会影响叶片形态及内部结构，可诱导植物叶片产生相应信号，促使相关基因开始表达，发生一系列生理生化反应，从而使叶片呈现不同的颜色。

光是植物进行光合作用的关键因素之一，影响叶绿素、花青素的合成。许多研究表明不同光照强度、光周期都会影响林木叶片色素含量和种类（张超，2011；张水木等，2016）。较大光照强度有利于色素合成和光合作用，而日本晚樱和元宝枫等对光照强度不敏感（梁峰等，2009）。全光照下紫叶小檗等植物的叶片有最佳的色彩（于晓南等，2000）。但花叶一叶兰在强光照下彩斑会消退，只有在较弱的光照强度下才能较好地呈色（晁月文等，2008）。光照强度对植物呈色的影响主要是直接改变了 3 种色素之间的比例并通过调节与色素代谢相关酶活性来影响林木的呈色（Stamps R H et al.，1995）。

不同光质的单色光能影响植物生长发育也能显著影响彩叶树种呈色。红光能促进叶绿素合成由 Withrow 等人首次报道（鲁燕舞，2014）。此后大量的研究也得到相似结论（张琰等，2008；占丽英，2016）。也有研究表明红光和蓝光都能有利于叶绿素的合成（赵占娟等，2009）。但也有学者得出相反结论，蓝光不利于叶绿素合成。William 等研究指出，蓝光和紫外光有利于叶片中花色素苷的产生，但这种效果因植物种类不同而不同，如蓝光处理后，芙菁花青素含量没有显著增加。同时也与处理时间有关。光质主要通过诱导相关调控基因表达来促进花色素苷的合成（William A H et al.，2000）。

此外光照时间也能影响植物着色，如植物花色素苷的积累受光照时间长短的影响。通常花色素苷的积累与光照时间呈正相关关系。如紫叶李叶片中苯丙氨酸解氨酶活性随着光照时间的增加而显著提高，从而使叶色转变为红色（史宝胜，2006）。但蔡葛平的研究则得出相反的结论（蔡葛平等，2008）。

温度是影响植物叶片颜色的外界因素之一，影响叶绿素和花青素苷的合成。低温能诱导花色素苷在叶片中产生积累，自然界中大部分秋色叶植物在秋冬季叶色变化，也进一步证实低温在诱导花色素苷产生中起到的作用。许多研究也证实了低温地区植物体内花色素苷含量要高于高温地区（Pietrini F et al.，1998；Solecka D et al.，1999）。而将彩叶树种从北方移植到南方，其叶色也会受到显著影响（Deal DL et al.，1990）。也有学者研究表明，花色素苷含量与积温有关。温度会影响调控花色素合成基因的表达。如低温时，PAL、CHS 等相关基因的转录水平较高，从而使叶片中花色素苷含量增加（Islam MS et al.，2005）。但也有些植物，如黄金榕等需要高温时才能有更好的色彩表现（文祥凤等，2003）。研究表明，温度对花色素苷的合成影响还与酶的稳定性有关，这种效果与植物种类和处理时间有关（Mori K et al.，2007）。

通常在秋冬季林木叶绿素会显著减少，而花青素、类胡萝卜素含量会增加。叶片颜色的变化过程也是一个叶片衰老的过程，而光照、水分、温度等外界因子的变化又加速了叶片衰老的过程，可通过改变调控色素合成基因的表达以及相关酶活性，从而使得叶片体内色素种类、含量以及分布上都发生变化，导致叶片呈现不同颜色。

影响植物变色的重要环境因子还包括水分。王秋姣（2013）研究表明，叶绿素 a 和叶绿素总量在轻度或中度水分胁迫下较对照有下降的趋势，而类胡萝卜素含量则有相反的表现，这可能与许多林木喜高湿环境有关（侯鸣，2008）。但也有研究表明，植物叶片中花色素苷含量的增加与一定程度的干旱有关（许丽颖等，2007），王斐（2013）的研究结果也得到相似结论。

酸性环境有利于多肉植物月影（*Echeveria elegans*）花色素苷的合成，而碱性环境下叶色表达效果差（廖月，2019）；一定光强下，氮肥含量越高，金银花（*Lonicera japonica*）的金色花叶越不明显（Sul J H et al.，1990）；氮素缺乏时，氨基酸形成受阻，本应转化为氨基酸的糖类合成了花色素苷，使切花月季叶片呈紫红色（杨进等，2014）；钾元素可以促进糖的合成和运输，在一定范围内提高钾离子浓度，可以促进红叶石楠红叶色的呈现（苏娓娓，2011）。

为探讨遗传与环境两方面因素对林木器官着色的影响，下面以枫香叶色变化为例进行控制性试验研究。

2.5   种源与环境因子对枫香叶色变化的影响

枫香是我国南方林区主要森林树种之一。目前国内在枫香种子生物学特性（高捍东等，2000；汪森等，2004）、枫香幼苗生长规律（陈登雄等，1998；杨柳青等，2001）、枫香人工林和天然林的群落特征及其生长的差异（王利等，2004）、枫香育苗技术以及造林技术（徐高福等，2000；徐道旺等，1993）等方面做了大量系统的研究。同时在枫香遗传育种方面，南京林业大学等单位也做了大量工作（黄勇来，2004）。然而由于枫香种源多，分布广，因此在育种过程中，依然有许多不完善的问题。由于枫香是一种多用途生态树种，许多学者还在枫香耐瘠薄（冷华妮等，2010）、枫香植物体中的化学成分（刘志林等，2009）等方面开展了研究，取得了一定的进展。

在枫香叶色变化方面也有大量研究。大部分工作集中在探讨枫香在秋冬季转色期其叶色的变化与环境之间的关系（胡敬志等，2007；李效文等，2011），同时也观察了枫香叶片的解剖结构（王荣等，2007）。研究表明，枫香叶色变化与环境有显著相关，并且在我们前期大量的野外观测中，也发现在秋冬季如果温度较高，枫香叶色变化不明显，但单株之间差异较大。尽管如此，目前关于枫香叶色的研究还不系统。因此本文尝试对不同遗传材料在不同环境条件下叶片色素含量变化及其呈色响应开展试验研究，内容包括枫香家系在不同环境下的叶色变化、温度对枫香叶片呈色的影响及不同光质对枫香叶片呈色的影响三个方面。

2.5.1　试验材料与方法

2.5.1.1　试验材料

试验所用枫香种子分别采集自湖北武汉（6 号家系）、贵州惠水（10 号家系）、贵州南明（14 号家系）和湖南慈利（17 号家系）。种子于 2015 年和 2016 年分别育苗，采用自动喷雾浇水，待幼苗出土后，适量喷洒营养液以供给生长。

2.5.1.2　试验方法

选择温度、光照等主要环境因子，通过控制实验，研究枫香不同种源家系在不同环境条件下各种生理物质的含量变化及其对叶片呈色的影响，揭示遗传因子与环境条件对枫香叶片呈色的控制规律，两者不同组合引起的呈色差异，以期为枫香彩色林良种培育与立地环境选择提供参考依据。

（1）枫香家系在不同环境下的叶色变化

2015 年 12 月 7 日，选取生长一致（苗高 30cm）的无纺布容器幼苗进行试验。试验在杭州市富阳区中国林业科学研究院亚热带林业研究所（简称亚林所）内进行，选择温度、湿度、光照等环境条件不同的 4 个地点布置试验，其具体情况见表 2-2。其中 4 个试验点试验期的平均温度、最低温度、最高温度、平均昼夜温差和最低湿度差异显著（$p < 0.05$）。

试验采用盆栽法，装土量为每盆 2 kg。土体表面距盆口保持一定距离，以便浇水。供试红壤采集自富阳，取自表土层（0 ~ 30cm）。

试验采用完全随机设计。每个试验点包含 4 个家系，每个家系设置 3 个重复，每个重复包括 10 株枫香幼苗，每个家系共 30 株苗。采样时间为 2015 年 12 月 7 ~ 28 日，每 7 天取样一次，共取样 4 次，叶片采集后进行光合色素和可溶性糖含量的测定。

表 2-2　各试验点位置及试验期温湿度、光照情况

试验点	位置	平均温度（℃）	最低温度（℃）	最高温度（℃）	平均昼夜温差（℃）	平均（%）	最低湿度（%）	最高湿度（%）	光照时间（h）
1	亚林所实验楼后空旷地带	8.2	-0.1	18.5	6.2	91	41.8	100	8
2	1 号试验点旁的大棚	9.4	0.4	24	3.1	94.5	34.4	100	8
3	亚林所后山	7.2	-1.2	19.3	7.3	90.4	29.3	100	6
4	3 号试验点旁的大棚	9.4	1.5	30.7	3.0	94.1	26.5	100	6

（2）低温对枫香家系生长及叶色变化的影响

根据前期试验结果，选择在转色期叶色变化差异较大的 2 个枫香家系 14 号和 17 号，选取生长健壮，高度一致（苗高约 45cm）的无纺布容器幼苗为供试材料。试验在光照培养箱中进行。试验开始时，温度设置为 25℃，湿度为 80%。植物在培养箱中生长适应一周后，开始逐步调低温度。

当温度统一降至 15℃，分别设置 15℃/10℃（T1）、10℃/6℃（T2）和 6℃/4℃（T3）等 3 个不同温度处理，湿度统一为 75%，光照条件设为一致。同时设置对照处理（温度为 25℃）。试验采用完全随机设计，每个处理设 3 个重复，每个重复包括 9 株枫香幼苗。于 2016 年 7 月 18 日至 8 月 29 日采集并观察枫香叶片，每次观测固定植株和叶片位置，每 7 天取样一次，共取样 6 次，叶片采集后进行色素含量、可溶性糖、类黄酮、苯丙氨酸解氨酶（PAL）、谷氨酸、氮和磷含量的测定。

2.5.1.3　参数测定

（1）试验点温湿度记录

在所观测的试验点，悬置 DL-WS211 温湿度记录仪（杭州尽享科技有限公司），仪器设置为每隔 30min 自动记录 1 次，24 h 不间断记录整个试验过程中试验点的环境温湿度。

（2）光合色素的测定

从每株苗同等部位同一朝向采集 2 片功能叶片，每个重复共 20 片叶片。叶绿素含量采用丙酮法测定。采用 Lichtenthaler F W 等（1983）的公式分别计算叶绿素 a、叶绿素 b 及类胡萝卜素含量。花青素含量采用 1% 盐酸甲醇法测定。

（3）可溶性糖含量的测定

根据赵世杰等（2002）的方法进行可溶性糖含量的测定。

（4）叶色面积测定

采集的所有枫香叶片去离子水洗净后，用双光源扫描仪扫描，图片用 WinRHIZO Pro 2005b（加拿大 Regent 公司）分析软件统计分析叶片变色区域面积，计算叶片变色率（叶片变色部分面积占叶片总面积的百分比）。

（5）谷氨酸含量测定

采用谷氨酸检测试剂盒（南京建成生物工程研究所）进行谷氨酸含量的测定。

（6）类黄酮含量测定

叶片样品烘干至恒重，粉碎，过 40 目筛之后，称取 0.1 g 样品，加入 2.5ml 的 60% 乙醇提取液，用超声波法进行提取，提取 30mim 后，12000 rpm，25℃，离心 10min，取上清液。用提取液定容至 2.5ml，待测。采用植物类黄酮检测试剂盒（南京建成生物工程研究所）进行类黄酮含量的测定。

（7）苯丙氨酸解氨酶（PAL）活力测定

称取植物叶片鲜样 0.1g，液氮研磨后，采用苯丙氨酸解氨酶检测试剂盒（南京建成生物工程研究所）进行 PAL 活力测定。

（8）叶片氮（N）、磷（N）含量测定

枫香叶片冲洗干净，自然风干后置于 105℃ 烘箱中杀青 30min，80℃ 条件下烘干至恒重。叶片氮、磷送中国林科院亚热带林业研究所重点实验室检测。

（9）叶片叶绿素荧光参数测定

每株选取 4 片成熟叶片，采用便携式脉冲调制叶绿素荧光仪 PAM-2500（德国 Walz 公司）测定叶绿素荧光参数。测定前暗适应 30min。参照李庆会等（2015）的方法，分别获得最小荧光（minimal fluorescence, F_0）、最大荧光（maximal fluorescence, F_m）、光化光光强为 400 $\mu mol \cdot m^{-2} \cdot s^{-1}$

下的最大荧光 F_m 和实时荧光（actual fluorescence, F_s）等指标数值。根据上述指标数值可计算获得 PS Ⅱ 最大光化学量子产量 F_v/F_m、光化学淬灭 qP、非光化学淬灭 qN 以及 PS Ⅱ 有效光化学量子产量 Φ_{PSII}。

2.5.1.4　数据分析

试验数据采用统计软件 SPSS V19.0 进行方差分析和差异显著性分析。采用 OriginPro 7.5 软件作图，数据采用平均值 ± 标准误。

2.5.2　不同环境下枫香叶片色素与可溶性糖含量变化

2.5.2.1　叶绿素含量的变化

在秋冬季叶片转色期，4 个枫香家系叶片叶绿素含量变化趋势如图 2-2 所示。4 个家系叶片叶绿素含量在不同试验点基本呈下降趋势。叶片叶绿素含量在 4 个试验点差异显著（$p < 0.05$）。由于 3 号试验点在整个试验期间平均温度最低，同时其平均昼夜温差达到 7.5℃，因此枫香各家系叶片叶绿素含量在 3 号试验点下降幅度最大，显著高于其他 3 个试验点（$p < 0.05$）。每个试验点的家系叶绿素含量同样表现出显著差异（$p < 0.05$）。其中 17 号家系叶绿素含量在各试验点下降幅度均在 40% 以上，显著高于其他家系（$p < 0.05$）。同时 6 号家系叶绿素含量下降明显，平均为 29.7%。而 14 号家系叶绿素含量下降幅度在 4 个试验点均小于其他 3 个家系。在试验期间，叶绿素 a 和叶绿素 b 具有相同的表现趋势。叶绿素含量与平均温度及平均湿度的相关性不显著（表 2-3）。

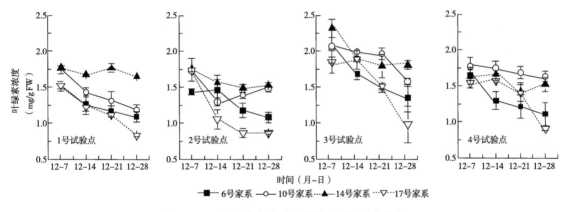

图 2-2　4 个枫香家系叶绿素浓度时间变化趋势

2.5.2.2　类胡萝卜素含量的变化

4 个枫香家系叶片类胡萝卜素含量变化趋势如图 2-3 所示。4 个家系叶片类胡萝卜素含量在 4 个试验点有显著差异（$p < 0.05$）。相同家系类胡萝卜素含量在不同试验点的变化趋势也存在显著差异（$p < 0.05$），其中 6 号家系类胡萝卜素含量在 1 号试验点随着时间推移呈上升趋势，而在其他 3 个试验点则有相反的表现。同时不同家系类胡萝卜素含量在同一试验点的变化趋势也显著不同。其中 3 号试验点的 4 个家系叶片类胡萝卜素含量均呈下降趋势，下降幅度均在 2.9% 以上（$p < 0.05$）。类胡萝卜素含量与平均温度（Pearson $r = 0.293$, $p < 0.03$, N = 48）呈显著正相关，与平均湿度呈正相关但不显著（表 2-3）。

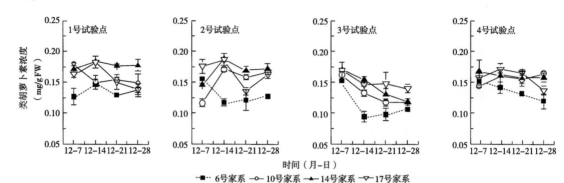

图 2-3　4 个枫香家系类胡萝卜素浓度时间变化趋势

表 2-3　色素含量、可溶性糖含量与环境因子的相关性

指标	叶绿素	类胡萝卜素	花青素	可溶性糖	叶片变色率	平均温度	平均湿度
叶绿素	1.000						
类胡萝卜素	0.055	1.000					
花青素	−0.497**	−0.221	1.000				
可溶性糖	0.009	−0.134	0.333*	1.000			
叶片变色率	−0.619**	−0.230	0.635**	0.191	1.000		
平均温度	−0.026	0.293*	−0.532**	−0.762**	−0.366*	1.000	
平均湿度	−0.039	0.134	−0.297*	−0.143	−0.087	0.489**	1.000

注：*、** 分别表示显著水平 $p < 0.05$、$p < 0.01$。

2.5.2.3　花青素含量的变化

在秋冬季叶片转色期，4 个枫香家系叶片花青素含量变化趋势如图 2-4 所示。随着时间推移 4 个家系叶片花青素含量在 4 个试验点呈上升趋势并表现出显著差异（$p < 0.05$）。其中枫香家系花青素含量在 2 号试验点平均上升幅度最大，为 249.8%，显著高于其他 3 个试验点（$p < 0.05$）。4 号试验点枫香家系花青素含量平均上升幅度最低，为 169.3%。由于 2 号试验点和 4 号试验点在试验期间平均温度较高且昼夜温差相对较小，因此 4 个家系花青素平均含量较其余 2 个试验点低。相同试验点枫香家系叶片花青素含量同样表现出显著差异（$p < 0.05$）。其中 6 号家系和 17 号家系花青素含量显著增加，上升幅度均在 200% 以上，显著高于其他家系（$p < 0.05$）。而 14 号家系花青素含量上升幅度在 4 个试验点均小于其他 3 个家系。花青素含量与叶绿素含量（Pearson $r = -0.497$，$p < 0.01$，N = 48）、平均温度（Pearson $r = -0.532$，$p < 0.01$，N = 48）呈极显著负相关，与

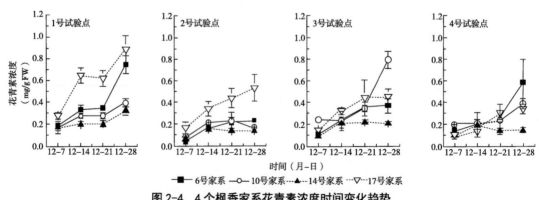

图 2-4　4 个枫香家系花青素浓度时间变化趋势

平均湿度呈显著负相关（Pearson $r = -0.297$, $p < 0.05$, N = 48），而与可溶性糖含量呈显著正相关（Pearson $r = 0.333$, $p < 0.05$, N = 48）（表 2-3）。

2.5.2.4 可溶性糖含量的变化

4 个枫香家系叶片可溶性糖含量变化趋势如图 2-5 所示。试验结束后，4 个家系叶片可溶性糖含量在各试验点均较试验前有不同程度增加（6 号家系和 10 号家系在 2 号试验点除外）。枫香家系叶片可溶性糖含量在 4 个试验点的变化趋势有显著差异（$p < 0.05$），其中 3 号试验点的 4 个家系叶片可溶性糖含量显著增加，增加幅度均在 50% 以上，显著高于其他 3 个试验点（$p < 0.05$），其中 17 号家系叶片可溶性糖含量由 6.8mg/g 增加到 13.8mg/g。可溶性糖含量与平均温度呈极显著负相关（Pearson $r = -0.762$, $p < 0.01$, N = 48），与平均湿度呈负相关但不显著。

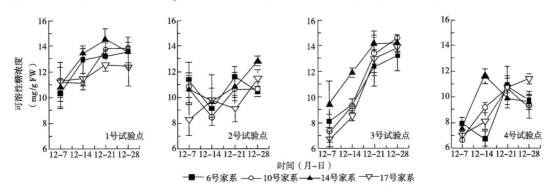

图 2-5　4 个枫香家系可溶性糖浓度时间变化趋势

2.5.2.5 枫香叶片呈色变化

试验期间枫香叶片由绿色逐渐转变为黄色或红色，4 个家系叶片变色率变化趋势如图 2-6 所示。随着时间推移，枫香叶片变色率基本呈上升趋势。试验结束后，枫香各家系叶片变色率较试验前有显著增加，但各家系的增加幅度有显著差异（$p < 0.05$）。试验结束后，17 号家系叶片基本呈红色，甚至鲜红色；14 号家系叶片则主要为黄绿色，部分为紫红色，这与叶绿素和花青素含量的变化一致。同时叶片变色率在各试验点也有显著差异（$p < 0.05$）。叶片变色率与叶绿素含量（Pearson $r = -0.619$, $p < 0.01$, N = 48）呈极显著负相关，与平均温度（Pearson $r = -0.366$, $p < 0.05$, N = 48）呈显著负相关，与花青素含量呈极显著正相关（Pearson $r = 0.635$, $p < 0.01$, N = 48），与可溶性糖含量呈正相关但不显著。

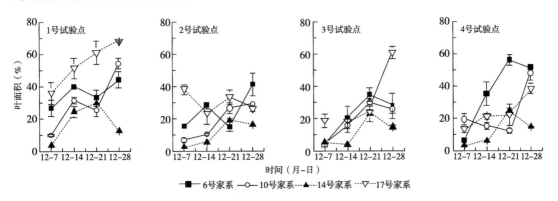

图 2-6　4 个枫香家系红叶面积比例时间变化趋势

2.5.2.6 色素、可溶性糖含量多因素方差分析

表2-4为家系、试验点和时间及其交互效应对枫香叶片色素、可溶性糖及叶片变色率等5个指标的三因素影响方差分析。结果显示，家系、试验点和采样时间三因素对各指标均产生极显著影响（$p < 0.01$）。家系、试验点和采样时间的交互效应对叶绿素和可溶性糖均没有显著影响。除类胡萝卜素外，其他4个指标均以采样时间为主要影响因素。叶绿素、花青素、叶片变色率受三因素的影响有相似趋势，均为时间＞家系＞试验点，其中因素间的交互效应均对花青素和叶片变色率有显著影响（$p < 0.01$）。可溶性糖主要受时间和试验点的影响，家系间差异小。

表2-4 枫香4个家系、4个试验点在叶片转色期5个指标的三因素方差分析

项目	df	叶绿素	类胡萝卜素	花青素	可溶性糖	叶片变色率
家系	3	57.619***	54.066***	34.284***	4.889**	111.854***
试验点	3	49.709***	24.206***	25.564***	37.317***	53.234***
采样时间	3	62.371***	12.352***	57.682***	43.107***	119.015***
家系 × 试验点	9	2.618**	1.793	8.243***	0.629	11.894***
家系 × 采样时间	9	4.251***	2.984**	4.201***	1.227	9.749***
地点 × 采样时间	9	2.193	6.409***	2.513*	5.663***	4.907***
家系 × 试验点 × 采样时间	27	1.625	3.155***	1.854*	1.109	7.582***

注：*、**、***分别表示显著水平$p < 0.05$、$p < 0.01$、$p < 0.001$。

2.5.3 低温对枫香家系生长及叶色变化的影响

2.5.3.1 低温对枫香苗高的影响

试验开始时，各处理枫香苗高在45.2～47.4cm之间（图2-7），方差分析表明，各处理间无显著差异。整个试验期间，低温处理组幼苗高生长几乎停止，仅T1处理苗高分别有3.2cm和3.7cm的增加。而对照组14号家系和17号家系，苗高则分别增加11.6cm和12.1cm，显著高于低温处理组（$p < 0.05$）。方差分析表明2个家系之间无显著差异。

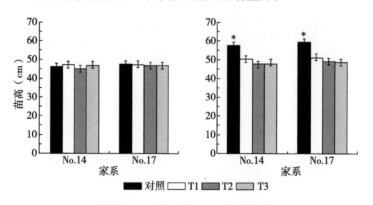

图2-7 不同温度处理下枫香苗高

2.5.3.2 低温处理对叶片叶绿素的影响

枫香叶片叶绿素浓度如图2-8所示。除对照外，低温处理组枫香叶片叶绿素浓度呈逐渐下降

趋势。当温度降至 15℃时，处理组叶片叶绿素浓度开始低于对照组叶片叶绿素浓度（$p < 0.05$），但 2 个家系之间无显著差异。此时对照组与处理组叶片颜色无显著差异。但随着处理组温度继续降低，叶片由绿色逐渐转变为黄色或红色，但不同温度处理下，枫香叶片变色也不同。试验结束时，T1 和 T2 处理组 14 号家系叶片仅部分变为暗红色或红色，因此其叶绿素浓度也较其他处理高，分别为 1.40mg/g 和 1.41mg/g（$p < 0.05$）；而 T3 处理组 14 号家系叶片大部分叶片为暗红色。17 号家系幼苗叶片各处理组都有较好的变色情况，3 个处理组之间无显著差异。其中 T3 处理组的 17 号家系叶片大部分变为红色，甚至是鲜红色，其叶绿素浓度也显著低于其他处理组，仅为0.92mg/g（$p < 0.05$）；方差分析可知，2 个家系叶绿素浓度呈极显著差异（$p < 0.001$）。

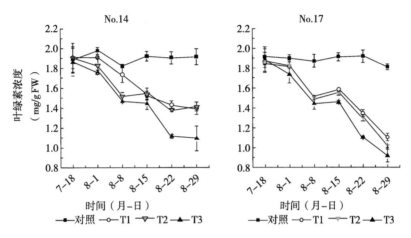

图 2-8　不同温度处理下枫香叶片叶绿素浓度

2.5.3.3　低温处理对叶片类胡萝卜素的影响

整个试验期间，2 个家系叶片类胡萝卜素浓度的变化如图 2-9 所示。类胡萝卜素浓度的变化没有明显的规律。方差分析表明，试验结束后，家系和温度处理之间均无显著差异。

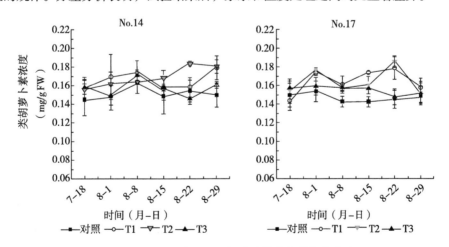

图 2-9　不同温度处理下枫香叶片类胡萝卜素浓度

2.5.3.4　低温处理对叶片花青素的影响

从枫香幼苗接受低温胁迫开始，叶片花青素浓度呈逐渐上升的趋势，特别是在试验后期这种现象更为明显。由图 2-10 可见，2 个家系 T3 处理组叶片花青素含量显著增加，较对照分别增加 0.02mg/g 和 0.03mg/g（$p < 0.05$），这与叶片颜色变化的现象一致。试验结束后，T1 和 T2 处理组各家系叶片花青素也较对照有显著增加。相关分析表明，叶片花青素与温度呈极显著负相关。方差分析结果表明，叶片花青素浓度在家系之间有显著差异，17 号家系花青素浓度要显著高于 14 号家系花青素浓度（$p < 0.05$）。

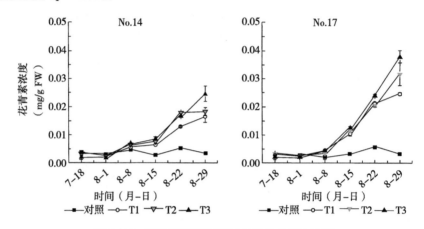

图 2-10　不同温度处理下枫香叶片花青素浓度

2.5.3.5　低温处理对叶片叶绿素荧光参数的影响

试验结果表明，不同低温处理下，2 个枫香家系 14 号和 17 号叶片的 PSⅡ最大光化学量子产量（F_v/F_m）均显著低于对照（图 2-11），这种现象随低温胁迫时间的延长而出现持续下降。但是试验初始阶段，即植物适应温度阶段 2 个家系叶片的 F_v/F_m 值无显著差异。低温胁迫 21 天后，2 个家系叶片 F_v/F_m 值与对照组相比均有显著下降（$p < 0.05$）。同时，对照组 2 个家系的 F_v/F_m 值无显著差异，但不同低温胁迫下，14 号家系叶片 F_v/F_m 值均高于 17 号家系。与对照相比，17 号家系 F_v/F_m 值的下降幅度要显著高于 14 号家系，其中 T3 处理组下降幅度为 22.3%，显著高于其他处理组（$p < 0.05$）。由此可知，低温胁迫对枫香 2 个家系叶片的 PSⅡ反应中心均有不同程度的光抑制作用，其中 17 号家系受到的光抑制作用更明显。

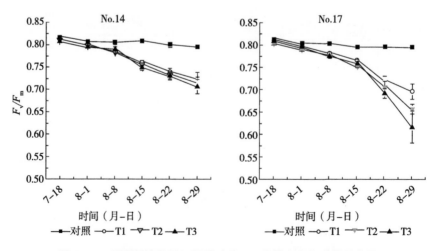

图 2-11　不同温度处理下枫香叶片 PSⅡ最大光化学量子产量

与 PS Ⅱ 最大光化学量子产量（F_v/F_m）的表现相似，2 个家系的有效光化学量子产量也随低温胁迫时间的延长而出现持续下降（图 2-12）。同时有效光化学量子产量在不同温度处理间有显著差异（$p<0.05$），其中 T3 处理组 2 个家系产量值分别较对照下降 20.9% 和 35.0%。方差分析结果也表明产量值在 2 个家系间也有显著差异（$p<0.05$），其中 17 号家系产量值显著低于同处理 14 号家系的产量值。

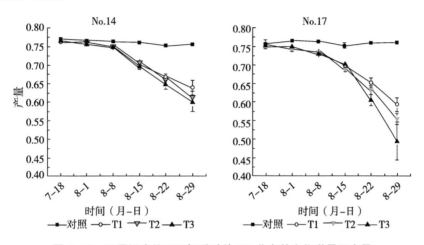

图 2-12　不同温度处理下枫香叶片 PS Ⅱ 有效光化学量子产量

各低温处理 2 个枫香家系 14 号和 17 号的非光化学淬灭系数 qN 均表现为先缓慢下降然后逐渐上升的趋势，而对照则一直表现为缓慢下降（图 2-13）。试验结束后，低温处理组 qN 值均显著高于对照。其中 14 号家系各处理间差异显著，但 17 号家系 T1 和 T2 处理组 qN 值无显著差异。方差分析表明，2 个家系 qN 值无显著差异。

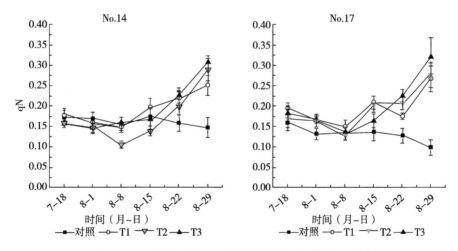

图 2-13　不同温度处理下枫香叶片非光化学淬灭系数

不同温度处理下枫香叶片光化学淬灭系数 qP 值如图 2-14 所示，14 号家系 qP 值在试验初始阶段无显著变化，此后随着低温胁迫时间的增加，其值开始逐渐降低，最终 3 个低温处理组的 qP 值分别为 0.946、0.929 和 0.929，而对照组 qP 值为 0.980。方差分析表明，温度处理间有显著差异（$p<0.05$）。与 14 号家系不同，17 号家系各温度处理组 qP 值在整个试验期间均呈现出先缓

慢上升然后显著下降的趋势。试验结束后 qP 值较对照组分别下降 5.77%、4.78% 和 7.28%，各处理间同样表现为显著差异（$p < 0.05$）。由图还可知，除 T2 处理组外，17 号家系 qP 值要显著低于 14 号家系，表明家系之间也存在显著差异。

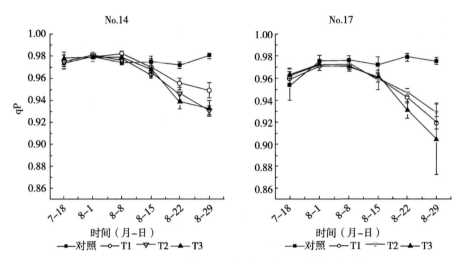

图 2-14　不同温度处理下枫香叶片光化学淬灭系数

2.5.3.6　低温处理对叶片可溶性糖的影响

2 个枫香家系叶片可溶性糖含量均表现为随着低温胁迫时间增加而增加（图 2-15）。在胁迫前 21 天，各低温处理组可溶性糖含量无显著差异。试验结束后，2 个家系可溶性糖含量在不同处理组间均表现为显著差异，其中 T3 处理组可溶性糖含量分别为 14.3mg/g FW 和 14.7mg/g FW，显著高于其他处理组。方差分析同时表明，不同家系在相同处理组也存在显著差异，其中 17 号家系可溶性糖含量要显著高于 14 号家系（$p < 0.05$）。

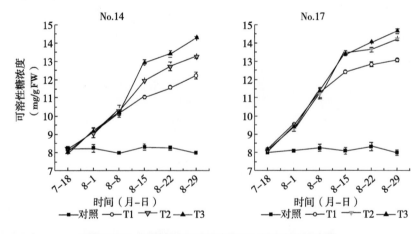

图 2-15　不同温度处理下枫香叶片可溶性糖含量

2.5.3.7　低温处理对叶片类黄酮浓度的影响

不同温度处理下，枫香叶片类黄酮浓度如图 2-16 所示，可见 2 个家系类黄酮含量随胁迫时间的增加而显著上升（$p < 0.05$）。试验结束后，14 号家系类黄酮浓度分别为 2.07mg/g FW、2.43mg/g FW 和 2.49mg/g FW，要显著高于对照组。17 号家系也有相似表现。方差分析表明，T2 和 T3 处理组之

间无显著差异，家系之间则存在显著差异（$p < 0.05$）。相同温度处理下，17 号家系类黄酮含量要显著高于 14 号家系。

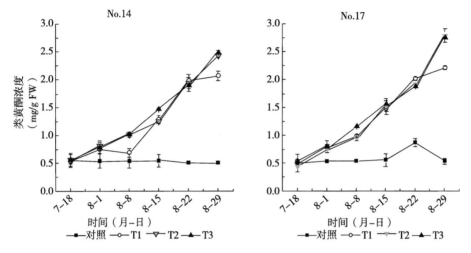

图 2-16　不同温度处理下枫香叶片类黄酮含量

2.5.3.8　低温处理对叶片苯丙氨酸解氨酶活力的影响

由图 2-17 可知，试验期间 2 个枫香家系叶片 PAL 活力均呈上升趋势，但在试验中期，14 号家系 PAL 活力上升缓慢，17 号家系则表现一定程度的下降。试验结束后，2 个家系均为 T3 处理组 PAL 活力最高，分别为 29.9U/g FW 和 33.1U/g FW。方差分析表明，PAL 活力在处理和家系间均存在显著差异（$p < 0.05$）。

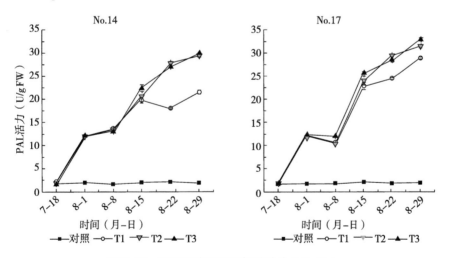

图 2-17　不同温度处理下枫香叶片 PAL 活力

2.5.3.9　低温处理对叶片谷氨酸浓度的影响

与其他指标相似，2 个枫香叶片谷氨酸浓度同样表现出随着低温胁迫时间的增加而增加的趋势（图 2-18）。但在试验中期 T1 处理的 17 号家系叶片谷氨酸含量有个显著的下降过程，这种现象可能是试验过程中取样造成的误差。试验结束后，各低温处理组谷氨酸含量显著高于对照组，而同一处理组 17 号家系谷氨酸含量也要显著高于 14 号家系（$p < 0.05$）。

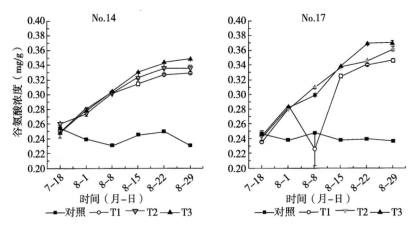

图 2-18　不同温度处理下枫香叶片谷氨酸浓度

2.5.3.10　低温处理对叶片氮、磷浓度的影响

低温胁迫下，枫香叶片氮浓度随时间变化的趋势如图 2-19 所示。随着胁迫时间的增加，叶片中氮浓度逐渐减少。试验结束后，2 个家系叶片氮浓度均显著低于对照组。方差分析表明：每个家系 T1 和 T2 处理组之间均无显著差异，但 2 个家系之间则存在显著差异（$p < 0.05$）。

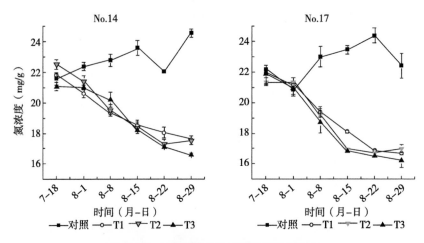

图 2-19　不同温度处理下枫香叶片氮浓度

与氮浓度的变现相似，枫香叶片磷浓度也随低温胁迫时间的增加而逐渐减少（图 2-20）。试验结束后，14 号家系各处理组叶片磷浓度分别为 5.04mg/g、4.99mg/g 和 4.94mg/g，而对照组磷浓度为 5.46mg/g。17 号家系叶片磷浓度则要低于同一处理 14 号家系叶片磷浓度（$p < 0.05$）。试验结束后，其叶片磷浓度分别为 4.85mg/g、4.65mg/g 和 4.60mg/g。

2.5.3.11　各指标方差分析、相关分析以及主成分分析

表 2-5 为家系和处理及其交互效应对枫香叶片色素、可溶性糖、谷氨酸、PAL、类黄酮、氮以及磷等 10 个指标的双因素影响方差分析。结果显示，除类胡萝卜素外，家系和处理双因素对各指标均产生显著（$p < 0.05$）或极显著影响（$p < 0.001$）。除 PAL 和磷外，家系和处理的交互效应对其他指标均没有显著影响。除叶绿素和类胡萝卜素外，其他 8 个指标均以温度处理为主要影响因素。

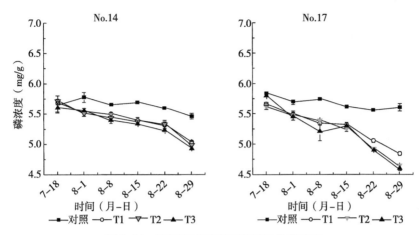

图 2-20　不同温度处理下枫香叶片磷浓度

表 2-5　枫香 2 个家系、4 个温度处理 10 个指标的双因素方差分析

项目	df	叶绿素	类胡萝卜素	花青素	可溶性糖	F_v/F_m	谷氨酸	PAL	类黄酮	氮	磷
家系	1	26.86***	4.127	32.48***	41.492 ***	16.592 ***	83.203 ***	233.128 ***	21.769 **	12.663 *	30.469 ***
处理	3	26.16***	1.543	63.114 ***	1170.315 ***	26.996 ***	923.626 ***	4462.510 ***	502.088 ***	144.7 ***	114.279 ***
家系 × 处理	3	1.946	0.740	4.442	6.337	3.337	4.837	55.440 ***	2.614	2.23	11.497 **

注：*、**、*** 分别表示显著水平 $p < 0.05$、$p < 0.01$、$p < 0.001$。

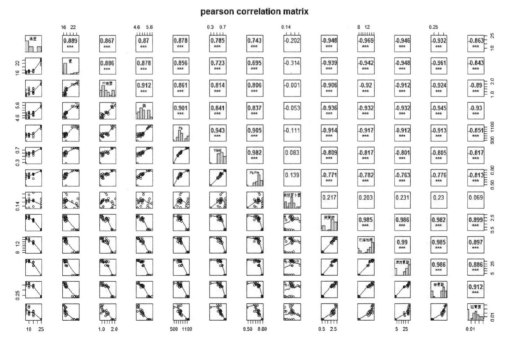

图 2-21　色素含量、次生代谢产物含量、叶绿素荧光参数与温度的相关性

由图 2-21 可知，叶绿素、叶绿素荧光参数以及植物叶片氮、磷与温度呈极显著正相关（$p<$

0.001）。而花青素、PAL、谷氨酸、类黄酮等指标这与温度呈极显著负相关（$p < 0.001$），类胡萝卜素与温度呈负相关，但不显著。叶绿素与花青素之间呈极显著负相关（Pearson $r = -0.890$，$p < 0.001$，N = 24）。

枫香植株性状主成分分析表明（图2-22），前2个主成分的累积贡献率为93.021%。其中第一主成分贡献率高达81.541%，第二主成分的贡献率为11.481%。在第一主成分的特征向量中，特征向量值较高且为负的性状有磷、叶绿素、氮。特征向量值较高且为正的性状有谷氨酸、类黄酮、PAL、可溶性糖、花青素等。说明低温时，植物体内的次生代谢产物会大量产生，从而抵御低温对植物带来的伤害。第一主成分主要为次生代谢产物的因子。第二主成分的特征向量中，向量值较高且为正的性状有类胡萝卜素以及叶绿素荧光参数。第二主成分主要是光合作用相关性状因子。说明低温下，植物光合作用会受到一定程度影响。

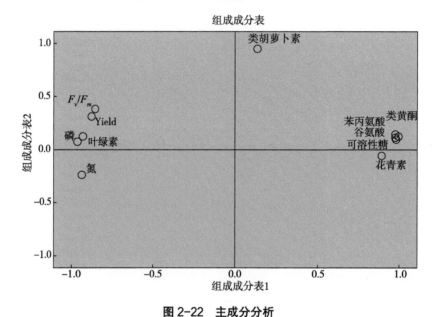

图 2-22　主成分分析

2.5.4　不同光质处理对枫香叶色变化的影响

2.5.4.1　不同光质对叶片叶绿素的影响

不同光质处理前后，枫香叶片叶绿素浓度变化如图2-23所示。由图可知，处理前枫香叶绿素浓度在2.31 ~ 2.44mg/g FW之间。试验结束后，红光和紫光处理组叶绿素含量较试验前有一定程度增加，17号家系对照组叶绿素含量也较试验前有增加。而蓝光处理组叶绿素含量则较试验前有显著减少。同时红光处理组枫香叶绿素浓度要显著高于其他处理组（$p < 0.05$），其次是紫光处理组和白光处理组。而蓝光处理组叶绿素浓度则显著低于其他处理组（$p < 0.05$），2个家系枫香叶片叶绿素分别为2.25mg/g FW和2.22mg/g FW。方差分析也表明，相同光质处理下，2个家系之间也存在显著差异（$p < 0.05$），其中17号家系叶绿素浓度要高于14号家系，表明17号家系受光质影响较大。试验结束后，红光和紫光处理组，2个家系的叶绿素a含量都较试验前显著增加（$p < 0.05$）；而对照组处理和蓝光处理组叶绿素含量在2个家系间有不同的表现，其中17号家系在蓝光处理下，叶绿素a含量由1.45mg/g FW减少到1.38mg/g FW，对照组叶绿素a含量则

由 1.43mg/g FW 增加到 1.53mg/g FW。与 17 号家系不同，14 号家系试验前后叶绿素 a 含量在这 2 个处理组有相反的变化趋势，但变化幅度较 17 号家系小。14 号家系叶绿素 b 含量较试验前有显著减少，而 17 号家系叶绿素 b 含量则较试验前显著增加（蓝光处理组除外）。

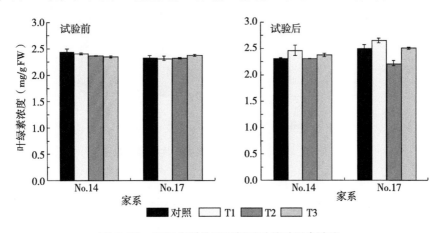

图 2-23　不同光质处理下枫香叶片叶绿素浓度

2.5.4.2　不同光质对叶片类胡萝卜素的影响

不同光质处理前后，枫香叶片类胡萝卜素浓度如图 2-24 所示。由图可知，试验之后不同光质处理组枫香叶片类胡萝卜素浓度有显著差异（$p < 0.05$）。其中蓝光处理对枫香叶片类胡萝卜素浓度的影响最大。试验结束后，蓝光处理组 2 个枫香家系叶片类胡萝卜素浓度较对照组分别提高 0.034mg/g FW 和 0.03mg/g FW。紫光处理能提高 14 号枫香家系类胡萝卜素浓度，但 17 号家系与对照相比则无显著差异。红光处理不能提高叶片类胡萝卜素浓度，但 2 个家系之间无显著差异。

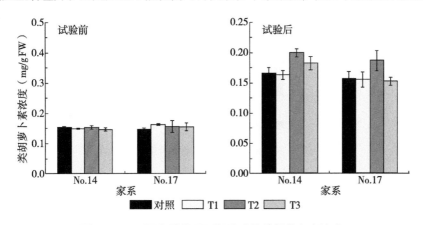

图 2-24　不同光质处理下枫香叶片类胡萝卜素浓度

2.5.4.3　不同光质对叶片花青素的影响

与枫香叶片类胡萝卜素表现相似，4 个处理组的 2 个枫香家系叶片花青素含量较试验前有显著增加（图 2-25）。蓝光处理后，2 个枫香家系叶片花青素浓度较对照有显著提高，同时较处理前也有显著提高（$p < 0.05$）。而红光处理和紫光处理则减少了叶片花青素浓度。方差分析表明，2 个枫香家系之间存在差异，其中 17 号家系叶片花青素在同一处理下要显著高于 14 号家系。

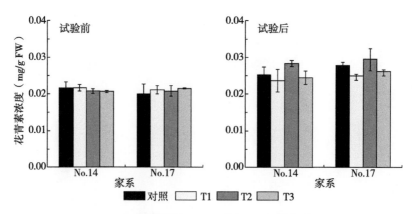

图 2-25　不同光质处理下枫香叶片花青素浓度

2.5.4.4　不同光质对叶片可溶性糖的影响

不同光质处理后，2个枫香家系叶片可溶性糖含量如图2-26所示。2个家系枫香叶片可溶性糖含量在不同处理组较试验前均有显著提高，其中蓝光处理组效果最好。与对照相比，蓝光处理组可溶性糖含量也有显著增加（$p < 0.05$）。而红光处理组2个枫香家系叶片可溶性糖含量则显著低于相应对照组。除蓝光处理组外，其余各处理组17号家系叶片可溶性糖含量要显著高于14号家系（$p < 0.05$）。同时红光和紫光处理组17号家系叶片可溶性糖含量较对照的下降幅度要显著大于14号家系（$p < 0.05$）。

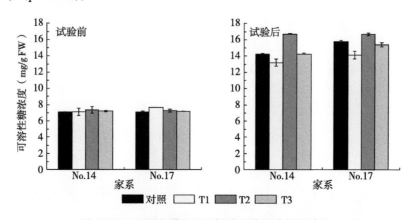

图 2-26　不同光质处理下枫香叶片可溶性糖浓度

2.5.4.5　不同光质对叶片类黄酮的影响

与叶片可溶性糖含量表现相似，试验后2个枫香家系叶片类黄酮含量都较试验前有显著增加（图2-27）。且蓝光处理有最好的效果，其叶片类黄酮含量分别为2.15mg/g FW和2.27mg/g FW，显著高于其他处理组。与对照相比，红光和紫光处理后2个枫香叶片类黄酮含量均有不同程度的下降。方差分析表明，试验之后2个枫香家系之间存在显著差异，同样表现为17号家系叶片类黄酮含量较高。

2.5.4.6　不同光质对叶片苯丙氨酸解氨酶活力的影响

试验结束后，2个家系叶片PAL活力均较试验前有显著提高（图2-28，$p < 0.05$）。与类黄酮含量相似，蓝光处理后，2个枫香家系叶片PAL活力均高于其他处理组。红光处理后，2个家

系枫香叶片 PAL 活力均较对照有下降，其中 17 号家系下降幅度较大。紫光处理组 2 个家系叶片 PAL 活力有不同表现，其中 14 号家系叶片 PAL 活力较对照有增加，而 17 号家系叶片 PAL 活力则较对照有下降，为 25.8 mg/g FW。

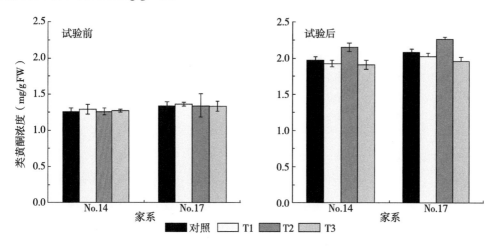

图 2-27 不同光质处理下枫香叶片类黄酮浓度

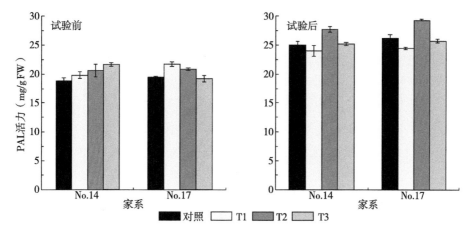

图 2-28 不同光质处理下枫香叶片 PAL 活力

2.5.4.7 各指标方差分析、相关分析以及主成分分析

由表 2-6 可知叶绿素在家系、处理间存在显著差异，但家系和处理的交互效应对叶绿素无显著影响。可溶性糖和类黄酮有相似表现。家系、处理以及家系和处理的交互效应均对类胡萝卜素含量、花青素含量以及 PAL 活力无显著影响。

表 2-6 枫香 2 个家系、4 个光质处理 6 个指标的双因素方差分析

项目	df	叶绿素	类胡萝卜素	花青素	可溶性糖	PAL	类黄酮
家系	1	10.976*	3.807	1.604	23.389**	9.947	44.263*
处理	3	13.982**	4.325	2.201	46.635***	38.679*	67.263*
家系×处理	3	1.957	0.469	0.043	6.337	0.660	0.183

注：*、**、*** 分别表示显著水平 $p < 0.05$、$p < 0.01$、$p < 0.001$。

由表 2-7 可知，叶绿素与其他 5 个指标均呈负相关但不显著（PAL 外）。除叶绿素外，类胡

萝卜素与其他指标均呈正相关但不显著（PAL除外）。花青素则与可溶性糖、类黄酮以及PAL呈显著正相关，这与其他研究结果相似。可溶性糖、类黄酮以及PAL3个之间均呈极显著正相关。

表2-7 色素含量、可溶性糖含量与环境因子的相关性

项目	叶绿素	类胡萝卜素	花青素	可溶性糖	类黄酮	PAL
叶绿素	1.000					
类胡萝卜素	−0.667	1.000				
花青素	−0.205	0.101	1.000			
可溶性糖	−0.473	0.352	0.525**	1.000		
类黄酮	−0.339	0.248	0.471*	0.687**	1.000	
PAL	−0.653**	0.457*	0.406*	0.790**	0.789**	1.000

注：*、**分别表示显著水平$p < 0.05$、$p < 0.01$。

枫香植株性状主成分分析表明（图2-29），各指标的信息主要集中在前2个主成分，其累积贡献率为77.88%。其中第一主成分贡献率为57.92%，第二主成分的贡献率为19.96%。在第一主成分的特征向量中，特征向量值较高且为负的性状有叶绿素。特征向量值较高且为正的性状有类黄酮、PAL、可溶性糖等。第一主成分主要为次生代谢产物的因子。第二主成分的特征向量中，向量值较高且为负的性状有类胡萝卜素、特征向量值较高且为正的性状有花青素。第二主成分主要是光合色素相关性状因子。

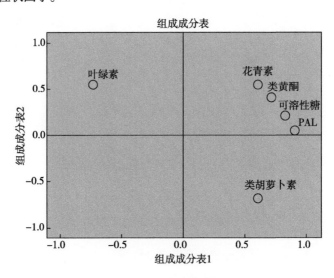

图2-29 主成分分析

2.5.5 小 结

2.5.5.1 结 论

（1）4个枫香家系叶片颜色在不同环境下有不同的变化趋势，同一环境下不同枫香家系叶片变化也显著不同。其中17号家系在转色期大部分叶片由绿色变为深红色，而14号家系叶片颜色变化不显著。4个家系叶片中的色素以及可溶性糖含量有显著差异。总之，秋冬季枫香叶色变化是多种因素的综合作用的结果。尽管在本章试验中我们发现了枫香在秋冬季转色期色素含量变化

的规律，但我们在野外调查中也发现不同家系的变色时间，变色程度也有显著差异，因此还需进一步测定枫香在生长的不同时期，色素含量、可溶性糖等相关生理指标的含量变化，从而更好地指导园林植物的配置。

（2）2 个枫香家系叶片颜色在低温处理下有相同的变化趋势，同一低温处理下 2 个枫香家系叶片变化也显著不同。其中 17 号家系在试验中期即有叶片开始变色，在试验后期，6℃处理组大部分叶片变为红色，而 14 号家系叶片颜色变化不显著。与色素合成相关的几个代谢产物含量在 2 个枫香家系之间也有显著差异。总之，低温可以使枫香叶片叶色发生显著改变，低温胁迫后 2 个家系色素合成途径可能有所不同，这可能是造成 2 个家系在低温环境中有不同色彩表现的原因之一。

（3）不同光质试验表明，红光处理可以促进叶绿素合成；蓝光处理可以促进枫香叶片积累更多的花青素。由于试验期间温度相对较高，这可能是 2 个枫香家系叶色均没有显著变化的原因之一，结合以上两个试验的结果可知，低温在枫香叶色变化过程中起到了重要作用。

2.5.5.2　讨　论

（1）呈色与色素的关系

彩叶植物秋季叶色变红是叶片中花色素苷大量合成积累的结果。研究也表明，植物叶片中叶绿素和类胡萝卜素对叶色的变化也起到重要作用。近十几年来，国内学者以猩红栎（*Quercus coccinea*）、纳塔栎（*Quercus nuttallii*）、舒马栎（*Quercus shumardii*）、针栎（*Quercus palustris*）（姜琳等，2015）、野漆（*Toxicodendron succedaneum*）（谢庭生等，2013）、红枫（*Acer palmatum* 'Atropurpureum'）（陈继卫等，2010）、火炬树（*Rhus typhina*）（楚爱香等，2012；魏媛等，2014）、红花檵木（*Loropetalum chinense* var. *rubrum*）（袁明等，2010）、银杏（*Ginkgo biloba*）（楚爱香等，2012；魏媛等，2014）、栾树（*Koelreuteria paniculata*）等许多引进和本土的彩色树种为对象，对引种应用、生态适应性、呈色生理及其影响因子等作了大量研究，同时对色素合成的相关基因作了深入研究（王小青等，2016）。通常认为，叶片呈色既受遗传因素又受环境因素的控制。然而陈秋夏等研究表明，枫香叶色与遗传变异不存在显著相关，胡敬志等（2007）的研究则表明，枫香叶片中叶绿素和类胡萝卜素含量随温度的降低而减少，而花青素含量与气温表现为负相关关系。现有研究一般是对遗传或环境单一方面影响因素的探讨，综合两者对叶色变化的影响并进行比较研究则很少开展。目前，对枫香的研究也没有涉及不同家系叶片色素含量的变化差异（王荣等，2007；李效文等，2011）。本研究表明在枫香转色期，家系之间叶色变化程度有显著差异，其中 14 号家系叶片红叶面积较少，且叶片主要呈暗紫红色，而 17 号家系试验后期大部分叶片呈鲜红色，这与叶绿素含量和花青素含量时间变化趋势一致。研究结果显示，花青素与叶绿素含量比值随着时间推移逐渐上升，特别是在试验后期比值显著上升，而类胡萝卜素与叶绿素含量的比值基本无显著变化。同时叶绿素含量与花青素含量呈显著负相关，因此，枫香叶片变色的直接原因是受叶片中 3 种色素比值变化的综合影响，这也与前人的研究相似（Keskitalo J et al.，2005；赵昶灵等，2007；洪丽等，2010）。

（2）可溶性糖的作用

研究表明，碳水化合物在花色素苷合成中起到重要作用（Schaberg P G et al.，2003；魏媛等，2014），其含量通常与可溶性糖呈显著正相关（Pallardy S G，2010）。可溶性糖是花色素苷结构的组分之一，可以显著促进植物花色素苷的积累（姜琳等，2015）。本试验前期可溶性糖含量显著上升，之后可溶性糖含量趋于平稳甚至开始下降。试验前期是 4 个枫香家系变色前期，花青素含量缓慢增加，因此对可溶性糖的需求和消耗均较少，从而为花青素的大量合成提供了原料。枫香叶片开始大面积变红时，可溶性糖浓度也呈下降趋势，这可能是因为可溶性糖主要是为花青苷的合成提供碳骨架（郭卫珍等，2015），从而导致叶片中可溶性糖的减少。因此，可采取一定措施促进枫香秋冬季叶色的表现。陈继卫等（2010）的研究也表明，在秋冬季叶片中的可溶性糖含量逐渐增加，这与本研究的结果一致。

（3）色素与温度因子

叶绿素合成的最适温度是30℃左右，温度过高或过低都不利于叶绿素合成。本研究中4个试验点的平均温度低于10℃，因此不利于叶绿素的合成。许多研究表明，一些植物体内花色素苷的合成与低温有关，但Christie等（1994）的研究结果却得到相反结论。而在本试验条件下，低温适合花青素的合成。在整个试验过程中光照时间逐步减少，特别是在3号和4号试验地，同时温度也持续下降，此时植物启动自然衰老程序，这种逆境会促进花色素的合成和积累。本试验中枫香家系的叶绿素含量在1号试验点和3号试验点下降幅度最大，而花青素含量显著上升，这主要是因为这2个试验点平均温度较低，同时其昼夜温差较大。在试验大棚内温度较高，且昼夜温差较小，因此4个家系在2号试验点和4号试验点叶绿素含量下降和花青素含量上升幅度较1号试验点和3号试验点小，表明枫香叶片变红需要一定的低温和温差，这与前人的研究相似（Lichtenthaler F W et al.，1983；黄勇来，2004；张超等，2012；陈建芳，2014）。同时许多研究表明合成花色素苷的相关基因表达与温度有关（赵占娟等，2009）。如相关基因的表达在高温下会受到抑制，从而导致花色素苷含量的减少；低温时则有相反表现。如黄栌属植物（Oren-Shamir M et al.，1997）、万寿菊（Armitage A M et al.，1981）以及金叶莸（袁涛等，2004）在低温时具有较好的叶色表现。我们长期的野外观测也发现枫香在较低温度时，色彩会更加绚丽，而秋冬季温度较高时，叶色变化不明显。因此我们推测低温在枫香叶色变化中起到了重要作用。本文低温试验结果表明，2个枫香家系在变温适应期（20～25℃）时，叶绿素含量较对照无显著下降，但随着温度的继续下降以及低温胁迫时间的延长，叶绿素含量开始显著下降，特别是T3处理组，2个家系叶绿素含量都较对照有显著下降，这与其他文献的报道相似（郑春芳等，2013；姚小红，2014）。同时叶绿素a和叶绿素b也有相似表现。叶绿素a与叶绿素b的比值与处理时间以及处理温度呈显著正相关，这表明叶绿素b受到的影响更大。但许多研究表明叶绿素a在低温环境下更容易受到破坏，造成这种差异可能与不同树种以及不同的试验环境有关。低温胁迫下造成植物叶绿素含量下降有多种原因。由于低温胁迫诱导产生了大量的活性氧，可使叶绿体合成受阻（李庆会等，2015），同时也会扰乱叶绿体的正常功能。此外叶绿体结构也会受到一定程度的破坏。本研究也发现，低温胁迫下，花青素含量显著上升，且花青素含量与叶绿素含量或类胡萝卜素含量的比值随着处理时间的增加而增加，这可能是枫香叶片在试验后期逐渐呈现红色的原因之一，这与先前的报道一致（高捍东等，2000）。因此低温试验进一步证明低温胁迫可加剧植物叶片衰老的进程，这与枫香在秋冬季转色期叶色变化趋势相符。

目前的研究已经明确了植物花色素苷的代谢途径（董春娟等，2015）。研究表明，花色素苷及其他类黄酮生物合成的直接前体苯丙氨酸。因此苯丙氨酸解氨酶在植物代谢途径中就显得尤为重要。本研究表明苯丙氨酸与花青素以及类黄酮等均呈极显著正相关。随着苯丙氨酸解氨酶活性的增加，促进了花青素的合成和积累，同时也促进了类黄酮物质的代谢，从而增加植物的抗逆性，这与其他研究结果相似（王荣等，2007）。主成分分析也表明第一主成分贡献率高达81.541%，其中主要的特征向量值有谷氨酸、类黄酮、苯丙氨酸解氨酶、可溶性糖、花青素等。

从而也进一步证实低温时，植物体内的次生代谢产物会大量产生，从而抵御低温对植物带来的伤害。

植物的光合过程显著受环境影响。因此可根据光合作用来判断植物的生长状况。叶绿素荧光参数与光合作用紧密相关，特别是可利用其分析植物受胁迫后的伤害程度。本研究中，PS Ⅱ最大光化学效率和 PS Ⅱ有效光化学量子产量的变化趋势基本一致，均随胁迫时间的增加而下降，并且与温度变化呈显著正相关，这说明在低温胁迫条件下，2 个枫香家系叶片 PS Ⅱ反应中心受到伤害从而导致光能转换效率和潜在活性逐渐减弱。非光化学淬灭 qN 值上升表明，在低温处理后期枫香叶片可能通过增加热耗散的形式来抵御低温胁迫带来的伤害。尽管 14 号家系在低温胁迫下其叶片转色较 17 号家系弱，但其 F_v/F_m 值的下降幅度较 17 号家系小，因此其相对抗逆性更强，这也可能是其在秋冬季转色期叶色变化不显著的原因之一。

低温胁迫会加速植物叶片的衰老过程，在植物衰老过程中营养元素会发生转移（蒋艾平，2016）。本研究中氮、磷 2 种营养元素含量在 2 个枫香家系叶片受低温胁迫中均有不同程度的下降，这与蒋艾平的研究结果相似。同时研究结果也表明氮、磷含量与叶绿素含量呈显著正相关，但与花青素等其他指标呈负相关。因此枫香叶片在受到低温胁迫时或者自然秋冬季寒冷环境中其叶色、色素和营养元素之间会显著相关。叶色变化表明色素含量变化，而色素变化也反映了叶色的变化，同时也预示着叶片营养元素的再分配。

（4）不同光质对枫香家系叶色变化的影响

光在植物形态建成以及植物生长发育的各个阶段都起到显著作用（刘敏玲等，2013）。这其中光质的作用尤为重要。我们通过野外调查发现，不同山地条件下枫香叶色变化也不相同。由于不同海拔高度以及不同坡向光强和光质都会有显著差异。因此我们推测光质在枫香叶色变化过程中起到了重要作用。许多研究表明，不同单色光对植物生长、叶色变化以及光合特性均会产生不同影响。研究表明蓝光和紫外光有利于叶片中花色素苷的产生（Stamps R H，1995；鲁燕舞，2014）。但也有研究证实蓝光处理后，芙菁花青素含量没有显著增加（Stamps R H et al.，1995）。本试验结果表明，不同光质处理对枫香叶片中的叶绿素、类胡萝卜素以及花青素含量均有影响。但方差分析表明，光质处理仅对叶绿素有显著影响（$p < 0.05$），而对类胡萝卜素以及花青素的影响不显著。同时 3 种色素的比例与对照相比无显著变化，这与整个试验期间枫香叶色无显著变化相符。这表明单色光对色素影响的效果与植物种类有关，同时也与处理时间有关（鲁燕舞，2014）。试验期间，暗室以及对照所在的温室温度基本维持在 8~15℃之间，这也可能是枫香在转色期叶色变化不显著的原因之一。

先前的研究表明在蓝光处理下，大多数植物叶片中叶绿素（包括叶绿素 a 和叶绿素 b）含量会减少，而在红光处理下含量会增加。本研究也得到相似结果，但与张水木等的研究结果不同，表明单色光处理效果与植物种类有关。叶绿素 a/b 值蓝光处理下有增加的趋势，这可能是因为蓝光处理对叶绿素 b 作用不大，但其可以诱导叶绿素 a 的合成（占丽英，2016）。蓝光处理下类胡萝卜素含量较对照有显著增加，这与张超的研究结果不一致。蓝光处理同时也能提高花青素含量，这与 Ohto 等（2001）的结果一致。有研究认为，光照条件的变化会进一步加速植物叶片衰老过程，植物为了减缓衰老过程，会采取调控色素含量、种类、比例及分布等相应措施（Kolobika H et al.，2005）。研究结果也表明，在秋冬季转色期，枫香叶片的可溶性糖含量、类黄酮含量以及 PAL 酶活性都较试验前有显著提高，同时蓝光处理能进一步促进这些物质的合成，这也表明不同光质处理可以调控植物叶片衰老的过程。

尽管2个家系叶片各指标在不同光质处理下有相似的表现，但方差分析表明，类胡萝卜素和花青素的变化幅度在2个家系之间无显著差异，因此单独采用光质处理可能在选育不同叶色枫香方面达不到较好效果。但研究结果也表明，不同光质处理下枫香叶色有一定程度的变化，因此可通过改变光质处理从而使枫香呈现不同的色彩。

（5）种源差异

研究表明，枫香的遗传差异和地理分布存在较大的相关性（李利霞，2015）。本研究表明4个家系叶色变化差异较大，其中采集自贵州且地理分布相近的10号家系和14号家系在整个试验期间叶片颜色变化不大，特别是14号家系在试验后期叶片仍然主要为黄绿色。尽管如此2个家系叶片呈色变化仍表现出一定的差异性。而6号家系和17号家系在转色期叶色变化显著，特别是17号家系后期叶色鲜红。17号家系种子采集自湖南慈利山区，在枫香转色期，当地温度较低，同时昼夜温差较大。而14号家系采集自贵州南明的平坦地区，转色期温度适中，且昼夜温差较小。多因素方差分析表明，家系和试验点对叶片叶绿素、类胡萝卜素、花青素、可溶性糖和叶片红色面积比例变化产生极显著影响（$p < 0.01$），反映了叶色差异既取决于遗传因素，也受外部环境影响（Chalker-Scott L，1997），实践中可通过选择呈色差异较大的家系和合适的小气候生境进行景观配置。同时试验后期17号家系可溶性糖含量也显著高于14号家系，推测这2个家系的花色素苷代谢合成途径有差异。进一步的低温试验表明，2个枫香家系在整个试验期间次生代谢产物有显著不同的表现，这可能是这2个家系在低温胁迫下有不同的防御机制，也造成了植物叶片会呈现出不同的颜色。造成这种差异的原因是家系本身遗传特性差异所致，还是基因对于环境变化的不同响应所致，还需通过分子生物学试验进一步研究。

本研究进行了枫香叶片变色规律的分析，掌握了枫香秋冬季叶色变化动态，并通过模拟低温和光质试验进一步了解了外界环境因子对不同枫香家系叶色变化的影响，但只是初步工作。我们在野外调查中也发现不同种源与家系的枫香变色差异较大。因此今后的工作可在以下几个方面展开：加大枫香种质资源收集，并通过分子标记的手段进一步研究枫香遗传因素与叶色变化的关系，为选育呈色各异的优良品系奠定理论基础；利用本文得到的结果，可在实际中选择合适的栽培方法以及外源措施，从而提高枫香的呈色；开展枫香景观配置以及色彩评价的工作；进一步研究土壤类型、土壤养分、空气湿度等因子对枫香叶片呈色的影响。

第3章

林木色彩的测量与转换

3.1 林木色彩的测量

林木色彩的测量是开展色彩描述、分析研究的第一步工作。由于林木这一色彩载体的非匀质性，决定了色彩采样与测量的复杂性，但迄今为止，林木色彩的获取并未形成专业特有的方法，主要借鉴了工业、建筑、城市环境的色彩采集方法，通行方法主要分为以色卡比对法为主的视觉测色和需要借助测色仪或数码相机等仪器进行的仪器测色，具体包括：

目测比对法，借助比色卡对照林木材料的色彩进行比对（冯书楠等，2018），记录与色卡最为相近的色彩值，其采集的数据比较准确、精细，但工作量比较大（寿晓鸣等，2007；Hondo T et al.，1992）。常用的比色卡有英国皇家园林色卡

图 3-1　NCS A-6 1950 便携式色卡

（Royal Horticultural Society，RHS 色卡）、自然色彩系统 NCS（Nature Color System）色卡。其中 RHS 色卡广泛应用于林木色彩提取，共计 896 种颜色，但无法进行量化分析；NCS 色卡应用范围涵盖如教育、建筑、软件等多个领域，共计 1950 个标准色样（图 3-1），可借助 NCS 拾色器进行色彩量化。

扫描法，应用手持或平板扫描仪，近距离获取色彩信息，适用于叶、花、果皮、树皮等可以展平的林木器官。与仪器法相比，扫描法接触样品的面积大，获取的色彩信息量大；与照相法相比，该法与样品接触，受环境影响小，色彩信息保真度高。

照相法，通过数码照相机和数字摄像机获取色彩，包括地面、遥感摄影摄像（孙亚美，2015），具有非接触、多距离、高效率的优点，可以记录树木器官、单株、树丛以至大面积森林对不同对象的色彩，但易受大气环境条件、拍摄时间、观测距离、相机模式选取等因素的影响。

仪器取色法，利用如分光测色仪（图 3-2）、NCS 读色器（图 3-3）、色差仪等接触式设备对林木样本取色（莫训强等，2010；赵丹，2018），这种方法取色快、精度高，内设多个色彩模式，适用于林木器官的色彩测量（朱敏等，2014），但每次只能测量某一点的色彩值。

取色仪器通过光敏元件和模数转换记录色彩信息，由内置的色彩模型计算色彩三要素值，常用的色彩模型有 RGB、Lab、HSV、CMYK 等。NCS 色彩可通过拾色器或色卡扫描取得色值。但扫描仪、照相机记录的是栅格像元色彩、测色仪多次测取的是点色彩，可依据色彩混合定律和 CIE 颜色匹配方程，进行色彩合并，求算混合色值。在此基础上对数字图像进行色彩分割、功能分类（如主色、辅色、点缀色）等处理，可借助 Erdas、Matlab、Photoshop、ColorImpact 等软件

完成。

仪器工具的多样化为林木色彩测量提供了便利，但也带来统一性不足的问题。

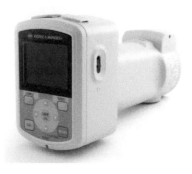

图 3-2　Konica Minolta 分光测色仪

图 3-3　NCS 读色器

3.2　林木色彩不同方法测色结果的差异

由于不同林木测色设备的呈色原理、呈色空间和色域大小各异、色彩的表达方式不同，导致测量结果存在较大差异，不利于研究成果相互比较与借鉴（许宝卉，2010）。目前，测量仪器内嵌的色彩模型主要有 NCS（谷志龙，2014）、HSV（孙亚美，2015；张元康，2019）、RGB、Lab、CMYK 等色彩空间，但不同的色彩测量方式采用同一个色彩空间得到的色彩值是不同的，甚至同一类型不同型号的设备，对色彩的表达也有区别。这是由于色彩计量与设备硬件关联，导致不同设备的转化并不能精确地一一对应（许宝卉，2010）。不同设备与测量方法的结果差异程度如何，能否有效转化，目前尚不清楚。本节选择数码相机、色卡、扫描仪、测色仪四种色彩测量设备，对 NCS 色卡和树木秋色叶两套样品进行色彩信息采集，在 RGB、HSV、Lab 不同色彩空间中量化，比较它们之间的差异，研究差异之间的相关性。

3.2.1　研究方法

3.2.1.1　样本设计

选取叶片和色卡两类样本分别测量色彩数据，用于结果差异性分析。

叶片实测：选取呼和浩特 38 种秋色叶树种，随季节变化采集秋色叶树木叶片，每个树种依据变色率划分为 5 个时期，每个树种选取 1 株标准木，每株取 3 片呈色典型的叶片组成一份混合样本，共 190 份，用于模型应用检验。混合样本在取色前混合（照片、扫描）或取色后混合（测色仪、比色卡），最后求取平均值。

色卡测量：选取与叶片对应的 NCS 色样共 190 个，测取色彩数据，用于叶片色彩差异性的比较分析。

3.2.1.2　色彩测量

利用 NCS 比色卡、Konica Minolta 分光测色计、佳能 EOS 5D 相机、Canon 扫描仪四种测色方式，分别对叶片、色卡两类样本进行取色。其中树叶样品密封于塑料袋中，带回室内当天进行取色，以免搁置过久而出现脱水变色。

（1）NCS 色卡比色

采用 A–6 NCS Index1950 便携式色卡，将叶色与比色卡比对取色，记录色卡编号。并利用 NCS 读色器内置的色彩模式将色卡、整版标准色卡的编号转换为 RGB、Lab 三种色彩空间坐标值。基于 RGB、Lab 值，利用 Photoshop 软件获取 HSV 值。

（2）相机取色

照相室内照明采用 D65 光源，45° 侧光照明，色彩样品平坦于白纸之上，采用佳能 5D 相机，拍摄距离 50cm，统一拍摄模式为自动模式，感光度为 100，自动白平衡，半自动对焦，顺光拍摄（王美丽等，2015）。所摄叶片、色卡样本图片通过 Photoshop 提取色彩信息，并转化成 RGB、HSV、Lab 三种色彩模式。

（3）测色仪取色

采用 Konica Minolta 分光测色计，型号 CM–700d，仪器设定在 10°／ D65 自然光源下测量叶片、色卡样本 Lab 值，每个样本检测 3 次（三个不同测点）取平均值，结果导入 Photoshop 软件，获取相应的 RGB、HSV 值。

（4）扫描仪

使用色彩扫描仪 Canon Scan Li DE 220，Gamma 与曝光量等参数采用出厂默认值，彩色模式，600dpi 分辨率，每木 3 枚叶片一次扫描制作混合样，扫描结果在 Photoshop 拾取颜色信息，获取 RGB、HSV、Lab 三种模式色彩值。扫描仪带有内置光源，不受环境照明条件影响。

3.2.1.3　色差计算

针对叶片和色卡两类样本、四种方法测色结果，选择一个参考基色，在相同色彩空间（RGB、HSV、Lab）计算色差，用于方差分析和相关分析。其中基色可以任意选择，本例为全部树种叶片基础色期的平均色，计算式为：

$$D_1 = \sqrt{(R-R_1)^2 + (G-G_1)^2 + (B-R_1)^2} \tag{3.1}$$

$$D_2 = \sqrt{(H-H_1)^2 + (S-S_1)^2 + (V-V_1)^2} \tag{3.2}$$

$$D_3 = \sqrt{(L-L_1)^2 + (a-a_1)^2 + (b-b_1)^2} \tag{3.3}$$

式中：D_1、D_2、D_3 分别为 RGB、HSV、Lab 空间的色差，R、G、B、H、S、V、L、a、b 为不同测色方式测得的色彩三要素值，R_1、G_1、B_1、H_1、S_1、V_1、L_1、a_1、b_1 为基色三要素值。以 D_1 为例，有 $D_1 \leq \sqrt{(R-R_1)^2} + \sqrt{(G-G_1)^2} + \sqrt{(B-R_1)^2}$，即色差不超过色彩 RGB 三要素差的总和，同理 D_2、D_3 分别不超过 HSV、Lab 三要素差的总和，即如果色差 D 差异较大，则色彩三要素的总和差异将更大。

3.2.1.4　数据统计

借助 SPSS 25 统计分析软件，构建色差指标进行不同方法测色结果方差分析和配对样本 T 检验，检验不同测色方式之间是否有差异；基于色差指标 Pearson 相关分析，探讨不同测色结果相互转换的可能性。

3.2.2　结果分析

3.2.2.1　不同样本材料测色结果

在色卡样本中，拍照色差偏小，仪器测色色差偏大，扫描色差最为适中；在叶片样本中，仪器测色色差偏小，拍照和扫描色差较大。配对样本 T 检验结果显示，叶片、色卡两类样本材料在各测色方式下取得的结果差异显著（$p = 0.000 \sim 0.026$）。

在 RGB 色彩空间，叶片与色卡两类样本不同测色方式间均存在显著差异，相对而言，色卡样本的测色结果较为接近。在 HSV 和 Lab 色彩空间，叶片样本的不同测色结果无显著差异，而色卡样本的不同测色结果有所差异。在三个色彩空间中，色卡样本拍照方式所获色差均值偏低，叶片样本测色仪所获色差均值偏低，是产生测色方式结果差异的主要原因。总体上，色卡样本的测色结果较为接近，这可能与色卡本身色彩分布均匀有关，见表 3–1。

表 3–1　不同样本及测色方式的结果差异

色彩空间	方法	N	叶片均值	色卡均值
RGB	1 读色器	190	111.135 ± 61.490a	111.135 ± 61.490a
	2 扫描	190	117.867 ± 53.413a	101.987 ± 66.861a
	3 拍摄	190	115.025 ± 54.974a	84.640 ± 49.784b
	4 测色仪	190	73.416 ± 38.676b	110.980 ± 56.358a
HSV	1 读色器	190	54.861 ± 28.113	54.861 ± 28.113ab
	2 扫描	190	57.257 ± 19.227	55.470 ± 33.808ab
	3 拍摄	190	58.698 ± 29.865	50.068 ± 29.458a
	4 测色仪	190	52.771 ± 16.227	59.217 ± 29.887b
Lab	1 读色器	190	38.037 ± 19.379	38.037 ± 19.379b
	2 扫描	190	36.885 ± 15.372	37.848 ± 19.649ab
	3 拍摄	190	38.500 ± 16.281	33.175 ± 17.778a
	4 测色仪	190	34.670 ± 14.060	37.145 ± 17.778ab
平均	1 读色器	570	68.011 ± 51.204a	68.011 ± 51.204b
	2 扫描	570	70.670 ± 48.311a	65.104 ± 52.211b
	3 拍摄	570	70.741 ± 49.381a	55.961 ± 40.940a
	4 测色仪	570	53.619 ± 30.017b	69.114 ± 49.146b

3.2.2.2　不同方式测色结果差异

方差分析结果显示，4 种测色方式在 3 种色彩空间中的总体测色结果有极显著差异（$p = 0.000$），在 RGB 空间中的测色结果有极显著差异（$p = 0.000$）。4 种测色方式在 HSV、Lab 空间中的测色结果因样本不同而异。叶片样本在 HSV（$p = 0.081$）、Lab（$p = 0.113$）空间的测色结果无显著差异，但色卡样本在 HSV（$p = 0.034$）、Lab（$p = 0.037$）空间有显著差异，见表 3–2。

测色方式配对样本 T 检验结果显示，叶片样本中，色卡读色与拍照（RGB、Lab）、色卡读色与扫描（HSV、Lab）、色卡读色与仪器测色（HSV）、扫描与拍照（HVS），结果无显著差异，其他方式配对测色结果均有显著、极显著差异。色卡样本中，色卡读色与仪器测色（RGB）、色卡读色与扫描（HSV、Lab），结果无显著差异，其他方式配对测色结果均有显著、极显著差异，见表 3-3。

表 3-2　叶片样本不同方式测色结果差异

测色方式配对	均值对比	T	df	p
RGB1 – RGB2	$111.14 \pm 61.49 \sim 117.87 \pm 53.41$	−3.154	189	0.002
RGB1 – RGB3	$111.14 \pm 61.49 \sim 115.03 \pm 54.97$	−1.764	189	0.079
RGB1 – RGB4	$111.14 \pm 61.49 \sim 73.42 \pm 38.68$	13.639	189	0.000
RGB2 – RGB3	$117.87 \pm 53.41 \sim 115.03 \pm 54.97$	2.014	189	0.045
RGB2 – RGB4	$117.87 \pm 53.41 \sim 73.42 \pm 38.68$	18.877	189	0.000
RGB3 – RGB4	$115.03 \pm 54.97 \sim 73.42 \pm 38.68$	16.166	189	0.000
HSV1 – HSV2	$54.86 \pm 28.11 \sim 57.28 \pm 19.23$	−1.861	189	0.064
HSV1 – HSV3	$54.86 \pm 28.11 \sim 58.70 \pm 29.87$	−2.628	189	0.009
HSV1 – HSV4	$54.86 \pm 28.11 \sim 52.77 \pm 16.23$	1.463	189	0.145
HSV2 – HSV3	$57.28 \pm 19.23 \sim 58.70 \pm 29.87$	−0.971	189	0.333
HSV2 – HSV4	$57.28 \pm 19.23 \sim 52.77 \pm 16.23$	5.025	189	0.000
HSV3 – HSV4	$58.70 \pm 29.87 \sim 52.77 \pm 16.23$	3.545	189	0.000
Lab1 – Lab2	$38.04 \pm 19.38 \sim 36.89 \pm 15.37$	1.586	189	0.115
Lab1 – Lab3	$38.04 \pm 19.38 \sim 38.50 \pm 16.28$	−0.673	189	0.502
Lab1 – Lab4	$38.04 \pm 19.38 \sim 34.67 \pm 14.06$	3.981	189	0.000
Lab2 – Lab3	$36.89 \pm 15.37 \sim 38.50 \pm 16.28$	−3.506	189	0.001
Lab2 – Lab4	$36.89 \pm 15.37 \sim 34.67 \pm 14.06$	3.170	189	0.002
Lab3 – Lab4	$38.50 \pm 16.28 \sim 34.67 \pm 14.06$	5.304	189	0.000

表 3-3　色卡样本不同方式测色结果差异

测色方式配对	均值对比	T	df	p
RGB1 – RGB2	$111.14 \pm 61.49 \sim 101.90 \pm 66.86$	10.736	189	0.000
RGB1 – RGB3	$111.14 \pm 61.49 \sim 84.64 \pm 49.78$	14.457	189	0.000
RGB1 – RGB4	$111.14 \pm 61.49 \sim 110.98 \pm 56.36$	0.263	189	0.793
RGB2 – RGB3	$101.90 \pm 66.86 \sim 84.64 \pm 49.78$	8.314	189	0.000
RGB2 – RGB4	$101.90 \pm 66.86 \sim 110.98 \pm 56.36$	−8.745	189	0.000
RGB3 – RGB4	$84.64 \pm 49.78 \sim 110.98 \pm 56.36$	−15.365	189	0.000
HSV1 – HSV2	$54.86 \pm 28.11 \sim 55.48 \pm 33.81$	−0.418	189	0.677
HSV1 – HSV3	$54.86 \pm 28.11 \sim 50.07 \pm 29.46$	3.442	189	0.001
HSV1 – HSV4	$54.86 \pm 28.11 \sim 59.25 \pm 29.89$	−3.961	189	0.000
HSV2 – HSV3	$55.48 \pm 33.81 \sim 50.07 \pm 29.46$	2.777	189	0.006
HSV2 – HSV4	$55.48 \pm 33.81 \sim 59.25 \pm 29.89$	−3.521	189	0.001

（续）

测色方式配对	均值对比	T	df	p
HSV3 – HSV4	$50.07 \pm 29.46 \sim 59.25 \pm 29.89$	−5.645	189	0.000
Lab1 – Lab2	$38.04 \pm 19.38 \sim 37.85 \pm 19.65$	0.727	189	0.468
Lab1 – Lab3	$38.04 \pm 19.38 \sim 33.18 \pm 17.78$	8.573	189	0.000
Lab1 – Lab4	$38.04 \pm 19.38 \sim 37.15 \pm 17.73$	5.067	189	0.000
Lab2 – Lab3	$37.85 \pm 19.65 \sim 33.18 \pm 17.78$	6.323	189	0.000
HSV2 – Lab4	$37.85 \pm 19.65 \sim 37.15 \pm 17.73$	9.043	189	0.000
Lab3 – Lab4	$33.18 \pm 17.78 \sim 37.15 \pm 17.73$	−7.126	189	0.000

综上可见，色卡读色与其他测色方式（8个配对）相对容易达到一致结果，其次是扫描方式（5对），而拍照和仪器测色结果差异较大。由于 NCS 色卡将景物色彩设计为离散的标准色样，易于目测比较，扫描仪取色面积大，光源内置并与样品接触，因此数据采集较为稳定、准确。而拍照由于受环境光照条件的影响，测色仪所测的则是点信息，因此结果变异较大。从色彩空间上看，在 HSV 和 Lab 中的测量结果相对稳定，RGB 的结果差异稍大。

3.2.2.3 不同方式测色结果的相关性

由前述分析可见，不同方式测色结果存在不同程度的差异，为探讨这种差异是否具有共变规律，仍以色差为统计量进行相关分析，结果表明，不同测色方法在不同色彩空间的测色结果之间普遍存在显著、极显著相关，但不同测色结果组合的相关性大小变化极大（$r = 0.19 \sim 1.00$）。

色卡样本不同方法测色结果的相关性高于叶片样本。色卡样本不同测色结果之间相关性较高，呈高度相关的（$r > 0.9$）占22.7%，低相关的（$r < 0.7$）占47.0%；叶片样本不同测色结果之间相关性较低，呈高度相关的（$r > 0.9$）仅占3.0%，低相关的（$r < 0.7$）占51.5%，见表3-4、表3-5。

表 3-4　色卡样本四种不同结果在不同色彩空间的相关性

方法与空间	读色器 RGB	扫描 RGB	拍摄 RGB	测色 RGB	读色器 HSV	扫描 HSV	拍摄 HSV	测色 HSV	读色器 Lab	扫描 Lab	拍摄 Lab	测色 Lab
色卡 RGB	1											
扫描 RGB	0.99	1										
拍摄 RGB	0.92	0.92	1									
测色 RGB	0.99	0.99	0.91	1								
色卡 HSV	0.53	0.53	0.57	0.50	1							
扫描 HSV	0.33	0.36	0.41	0.31	0.80	1						
拍摄 HSV	0.39	0.40	0.51	0.37	0.78	0.65	1					
测色 HSV	0.36	0.37	0.43	0.34	0.87	0.90	0.72	1				
色卡 Lab	0.88	0.87	0.90	0.86	0.73	0.56	0.64	0.59	1			
扫描 Lab	0.91	0.90	0.91	0.89	0.66	0.53	0.55	0.52	0.98	1		
拍摄 Lab	0.68	0.67	0.82	0.65	0.80	0.65	0.79	0.68	0.92	0.86	1	
测色 Lab	0.89	0.88	0.90	0.87	0.73	0.56	0.64	0.59	1.00	0.98	0.91	1

表 3-5　叶片样本四种不同结果在不同色彩空间的相关性

方法与空间	读色器 RGB	扫描 RGB	拍摄 RGB	测色 RGB	读色器 HSV	扫描 HSV	拍摄 HSV	测色 HSV	读色器 Lab	扫描 Lab	拍摄 Lab	测色 Lab
色卡 RGB	1											
扫描 RGB	0.88	1										
拍摄 RGB	0.87	0.94	1									
测色 RGB	0.80	0.80	0.77	1								
色卡 HSV	0.53	0.35	0.34	0.49	1							
扫描 HSV	0.37	0.30	0.25	0.43	0.78	1						
拍摄 HSV	0.27	0.19	0.23	0.33	0.76	0.73	1					
测色 HSV	0.45	0.33	0.32	0.58	0.73	0.77	0.64	1				
色卡 Lab	0.88	0.74	0.74	0.75	0.73	0.60	0.46	0.66	1			
扫描 Lab	0.83	0.89	0.84	0.81	0.58	0.57	0.42	0.56	0.86	1		
拍摄 Lab	0.81	0.81	0.85	0.76	0.62	0.55	0.51	0.60	0.87	0.92	1	
测色 Lab	0.64	0.60	0.59	0.81	0.63	0.57	0.49	0.80	0.80	0.79	0.79	1

以色卡样本为例，在 RGB 色彩空间，四种测色结果均有 $r > 0.90$ 以上的相关性；在 Lab 色彩空间，除扫描与拍照外，其他组对之间均有 $r > 0.90$ 以上的相关性；而在 HSV 色彩空间，仅有扫描与测色仪所得结果有 0.90 的相关性。可见 RGB 与 Lab 色彩空间的效果相当，两者明显优于 HSV。

对于色卡样本，不同方法测色结果的相关性较为接近，某一测色方法（与其他三种方法配对）的相关性平均值高低次序为读色器（$r_{平均} = 0.758$）>拍照（0.724）>测色仪（0.721）>扫描（0.711）；而在叶片样本，某一测色方法所有配对的相关性平均值高低次序为读色器（$r_{平均} = 0.694$）>测色仪（0.674）>扫描（0.661）>拍照（0.635），但扫描与拍照之间却有较高的相关性（$r > 0.900$），可能是因为两者都是面测量方法，有利于提取非均匀色彩的平均信息。

3.2.3　小结

（1）叶片与色卡两类样本在不同测色方式间均存在显著差异。相比而言，色卡样本测色结果的差异性普遍存在，但差异程度较低；叶片样本的差异性存在于部分色彩空间，但差异程度高。

（2）四种测色方式中，色卡读色与其他测色方式所得结果的差异相对较小，其次是扫描方式，而拍照和仪器测色结果差异较大。

（3）色卡样本不同方法测色结果的相关性高于叶片样本；RGB 与 Lab 色彩空间的效果相当，两者优于 HSV。不同方法测色结果的相关性较为接近，相对而言，读色器测色结果最稳定，扫描和拍摄变化较大，但两者相互之间的相关性较高。

（4）不同测色方法在不同色彩空间的测色结果之间普遍存在显著、极显著相关，因此，不同测色结果之间通过统计模型实现色差的相互转换具有一定基础。但不同测色结果组合的相关性大小变化极大（$r = 0.19 \sim 1.00$），表明仅用统计模型实现所有组合的有效转换是有困难的。

3.3　林木色彩测量结果的转换

由于不同设备材料介质、记录、处理与呈现色彩的技术方式存在差异，色彩空间必须经过特征化才能为相应设备认识和表达，因此，色彩空间转换成为色彩管理的核心课题。研究涉及图像分析处理、工业设计、出版印刷、艺术设计等诸多学科领域。国内外学者在色彩空间转换模型、算法的寻求以及转换精度、效率的提升等展开了大量研究（章慧，2011），所涉转换模式可分为两类，一类是两个色彩空间直接转换，如同一设备或软件不同色彩空间可以通过一定的数学关系相互转换（郭越等，2017；田全慧等，2019）；另一类是两种色彩空间转换时，需借用与设备无关的色彩空间作为中介过渡，再进行转换（崔屹，1997；高敏等，2019）。第二类转换中，被广泛应用的技术基本上可分为模型法、多维查找表与三维插值相结合（张二虎，2000；张磊等，2012）、多项式回归（李瑞娟，2008）等几种。近年，将 BP 神经网络（洪亮等，2014；Xue Hong-zhi et al.，2019）、深度学习算法（霍星等，2014）用于色彩空间转化尚在火热探索中，这些技术具有不同的特点。

模型法是一种基于设备或材料的呈色机理构建数学模型实现色彩转换的方法，包括阶调/矩阵模型（Abbas et al.，2015）和印刷网点模型。阶调/矩阵模型从设备物理特性入手描述输入/输出的非线性关系，通过建立设备数字驱动值与光谱数据之间的关系，确定特征矩阵，实现色彩空间转换或传递（刘苏，2016）。印刷网点模型通过建立油墨网点面积率与混合色三刺激值之间的量化关系，实现 CMYK 颜色空间与中介色彩空间的转换，如纽介堡方程（Neugebauer equation）（成刚虎等，2010）。

三维查找表法是将源色彩空间分割成小的几何中体，把每个几何体顶点及中间颜色数据记录在一个指定文件中，通过查找目标几何体并进行内插计算，从而实现色彩空间转换。该方法灵活性高，通用较强，特别适合于非线性设备（Po-C hieh Hung et al.，1993），缺点是需要大量的样本色块，转化过程复杂，生成的设备特征描述文件庞大，插值时可能会出现数据的不确定性（何颂华等，2014）。

多项式回归法的原理是在已知的源色空间和目标色空间中选择样本色彩，建模得到适合的多项式回归模型，实现色彩空间转换（赵天明，2018）。多元回归法是一种基于线性空间、非线性空间较为理想的转换方法，色彩空间正反向均可以实现转换，样本的选取没有特殊的限制，算法简单，运行速度快；缺点是不能保证在整个色域转换精度一致，随着多元的项数增加可以提高转换精度，但系数项增加到一定程度将会引起震荡，计算量较大。

人工智能（Artificial Intelligence）是计算机科学的一个分支，该领域的研究包括机器人、语言识别、图像识别、自然语言处理和专家系统等（张德丰，2011）。人工智能是用计算机模型模拟思维功能的科学，它具有三个关键的部分即推理、表示和学习，其中学习也称为机器学习。最常见的机器学习任务为回归、分类、聚类、特征选取。机器学习常用算法有：回归算法、正则化方法、决策树学习、基于实力算法、朴素贝叶斯方法、聚类算法、降低纬度算法、关联规则学习、遗传算法、人工神经网络、深度学习等。其中人工神经网络（Artifical Neural Network, ANN）是理论化的人脑神经网络的数学模型，是基于模仿大脑神经网络结构和功能而建立的一种信息处理系统，换言之它是一个由大量简单元件相互连接而成的复杂网络，具有高度的非线性，能够进行复杂的逻辑操作和非线性关系实现的系统，并且有自学习与自适应性、非线性、鲁棒性和容错性、计算的并行性与存储的分布性等特点。神经网络的类型十分繁多，大致可分为单层神经网络、前馈神经网络、反馈神经网络等，其中 BP 神经网络用于色彩空间的转换，分类准确度高，对噪声数据有较强的鲁棒性和容错能力，能够充分逼近复杂的非线性关系，但样本数量大，需要较长的学习时间。

本节在色彩差异性分析的基础上，尝试应用模型法、多项式回归法、人工神经网络等方法进行不同色彩空间、不同色彩测量方法的林木色彩转换，比较转换效果，寻找最优转换方法，为不同研究间数据交换与共享提供支持。

3.3.1　研究方法

3.3.1.1　样本设计

选择 NCS Index1950 整版标准色卡共计以 1950 个色样，用于色彩三要素转换模型构建；选择上节所述 190 个叶片样本，用于转换结果检验。

3.3.1.2　色彩测量

同上节色彩测量方法。

3.3.1.3　不同方法测色结果转换

针对 4 种测色方式、三种色彩空间，分别用公式转换法、多元回归法和机器学习方法进行不同测色结果转换。

（1）公式转换

Photoshop 是图像处理、色彩管理软件中应用最广泛的软件之一，其分色处理能力出众，在拾色器上可以同时显示一种色彩的 RGB、Lab、HSV、CMYK 四种色彩空间的数值。因此，借用文献《Photoshop 中的色彩空间转换》中的色彩空间转换公式（贾婉丽，2002），研究林木色彩不同测色方式、不同色彩空间转换方法。

（2）多元回归模型转换

利用线性多元回归法，分别把不同测色方式的 RGB、HSV、Lab 色彩空间的三要素值相互作为自变量与因变量，建立 3 个变量的多元回归模型，进行正向、逆向转换试验。

（3）基于机器学习的色彩转换

近年，神经网络在进行森林景观质量及其动态预测评价、验证等方面取得良好进展（黄广远，2012；刘翠玲，2019），但较少应用于森林色彩研究。本文尝试选择 BP（Back Propagation）神经网络 (简称 BP)、支持向量机（Support Vector Machine，SVM）、改进正则化极限学习机（Regularization–Extreme Learning Machine，R–ELM）三类网络模型进行不同测色结果的回归拟合。

a. 改进的正则化极限学习机（R–ELM）

极限学习机是一种单隐含层前馈神经网络（Huang G B et al.，2006），极限学习机的网络由输入层隐含层和输出层组成，ELM 的学习算法为通过确定隐含层神经元个数及隐含层神经元的激励函数，计算出权值（图 3–4）。特点是其学习过程不需要调整隐含层节点参数，输入层至隐含层的特征映射可以是随机的或人为给定。由于仅需求解输出权重，ELM 在本质上是一个线性参数模式（linear–in–the–parameter model），其学习过程易于在全局极小值收敛。相对于 BP 神经网络，减少了迭代的环节，降低了仿真时间（Li Z et al.，2016），其缺点是存在多重共线性问题。

本文引入正则化系数 λ 解决极限学习机中存在多重共线性问题（杨金锴等，2021），同时采用岭回归方法得到最优正则化惩罚系数 λ（Warha A A et al.，2018），通过参数 λ 来平衡损失函数最小化和参数最小化，得到最优正则化惩罚系数，提高 ELM 的稳定性和泛化能力。极限学习机

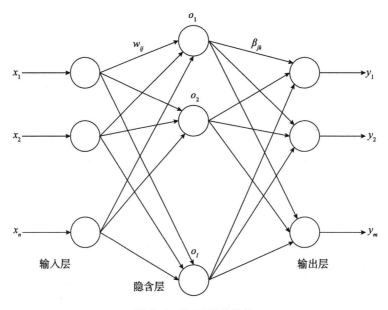

图 3-4　ELM 网络结构

的网络由输入层、隐含层和输出层组成，ELM 的学习算法为通过确定隐含层神经元个数及隐含层神经元的激励函数，计算出权值。

b. 支持向量机 (SVM)

基于统计学习的支持向量机方法能够从理论上实现对不同类别的最优划分，模式识别等问题，还可以解决回归、拟合等问题，具有很好的泛化性能（Peter Harrington，2013）。SVM 没有使用传统的推导过程，应用于回归拟合分析时，不再是寻找一个最优分类面使得两类样本分开，而是寻找一个最优分类面使得所有训练样本离该最优分类面的误差最小（郁磊等，2015）。SVM有大量的核函数可以使用，从而可以很灵活的来解决各种非线性的分类回归问题，常用的核函数包括多项式核函数、高斯函数、Sigmoid 核函数等（图 3-5）。

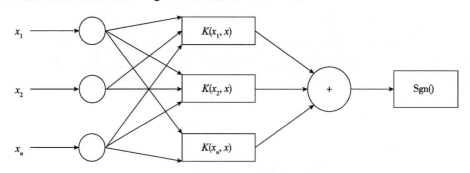

图 3-5　核函数支持向量机网络结构

其中，$K\left(x_i, x_j\right)$ 即为核函数，核函数定义了两个输入向量之间的内积，对应输出函数可以表示为：

$$f(x) = \mathrm{Sgn}\left[\sum_{i=1}^{1} y_i \alpha_i^* K\left(x_i, x\right) + b^*\right] \quad （3.4）$$

c. 优化 BP 模型

BP 神经网络是一类多层的前馈神经网络，是前馈神经网络的核心部分，在网络训练的过程中，调整网络权值的算法是误差反向传播的学习算法。BP 神经网络，由于它的结构简单，可调整的参数多，训练算法也多，而且可操作性好。BP 网络能学习和存储大量的输入 – 输出模式映射关系，而无须事前揭示描述这种映射关系的数学方程。广泛应用于函数逼近、模式识别与分类、数据压缩等。BP 网络通常具有一个或多个 Sigmoid 隐含层和线性输出层，能够对具有有限个不连续点的函数进行逼近。BP 网络由输入层节点、输出层节点，和 1 个或多个隐含层节点组成，是一种反向传播型网络（图 3–6）。

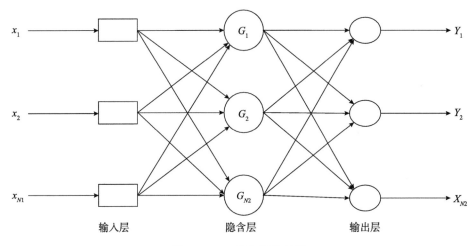

图 3-6　BP 神经网络结构

BP 神经网络的激励函数一般为 Sigmoid 函数，由下列公式定义：

$$f(x) = \frac{1}{1+e^{-x}} \tag{3.5}$$

$$f(x) = \frac{1}{1+e^{-x/Q}} \tag{3.6}$$

式中：Q 为调整激励函数形式的 Sigmoid 参数。输入信息从输入层经隐含层逐层处理，并传向输出层，信息如果在输出层得不到期望的输出，则转入反向传播，将误差信号沿原来的连接通道返回，通过修改各层神经元的权值，使得误差信号最小。

本文中采用的学习规则是使用最速下降法，通过反向传播来不断调整网络的权值和阈值，使网络的误差平方和最小。

BP 神经网络模型包括输入层、隐含层和输出层。BP 神经网络模型因其结构简单、容易建立而被广泛用于色彩空间转换。但 BP 神经网络存在收敛速度慢，有时会产生局部极小值，预测结果不稳定需结合实际问题进行调整，通常做法是通过改变隐含层节点数与训练函数来寻找适合的网络。Matlab2016a 有自带 BP 神经网络，但试验发现在解决第 3 类色彩转换时效果欠佳，为此本研究开发了优化 BP 网络模型（图 3–7），在 L–M（Levenberg–Marquardt）算法下，设置网络为 1 个输入层 3 个神经元，1 个隐含层，1 个输出层 3 个输出节点（BP 网络程序关键代码参见附录 1）。

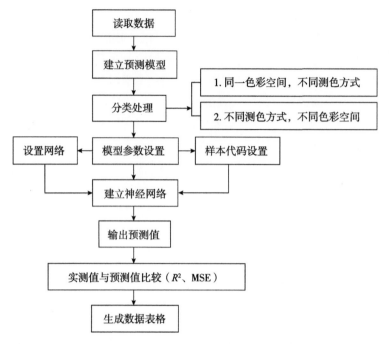

图 3-7　色彩转换优化 BP 神经网络流程

3.3.1.4　转换类型

拟合转换类型分为三类：第 1 类，相同测色方式、不同色彩空间的转换；第 2 类，不同测色方式、相同色彩空间的转换；第 3 类，不同测色方式、不同色彩空间的转换。

3.3.1.5　分析检验

基于 1950 个 NCS 标准色卡数据，利用 SPSS25 完成多元回归分析，建立色彩三要素转换模型，利用 Matlab 构建色彩转换机器学习模型。所建模型通过 190 个叶片样本进行转换效果检验，检验指标选用 R^2、MAPE、MSE（易斌等，2015）3 个。

3.3.2　结果分析

3.3.2.1　神经网络模型优选

基于改进的正则化极限学习机算法实验结果为：程序中设置网络为 1 个输入层含 3 个神经元，1 个隐含层，1 个输出层有 3 个神经元，将训练、测试、验证样本数量占比分为 7:1.5:1.5。神经网络训练次数设置为 200 次，选取 Sigmoid 函数作为激励函数。为了消除样本特征之间量级不同导致的影响，便于运算，首先对样本进行极差标准化处理，数据限定在 [0，1] 之间。

借用 Matlab2016a fitrsvm 函数在低维预测变量数据集上训练和交叉验证支持向量随机回归模型。首先对数据进行归一化处理（同 R-ELM），由于在 SVM 中非线性问题的核函数选择没有通用标准，采用了 RBF 核函数 fitsmvm，构建回归模型，建模样本 1950 个，按 7:1.5:1.5 的比例分为训练、测试、验证三类进行试验。

在 BP 神经网络优化过程中，对 trainrp、traincgb 等 11 种训练函数学习效能的试验比较结果表明，所有 R^2 平均值为 1 的函数有 trainrp、traincgb、traincgf、traincgp、trainoss，但平均训练时间最短的函数为弹性梯度算法 trainrp，0.02s；同时设置隐含层节点数分别设为 10、20、30、40、50、60、70、80、90、100 共 10 个，试验结果显示，当 trainrp 函数中隐含层节点数为 10 时，平均百分比误差最小（MSE = 0.000183），见表 3-6、表 3-7。因此寻找到优化 BP 模型网络参数：网络结构为 1 个隐含层 10 个神经元，1 个输入层 3 个神经元，1 个输出层 3 个输出节点；trainrp 作为激励函数，训练目标最小误差为 0，训练次数为 1000，学习速率为 0.000001，并将训练、测试、验证样本数量占比设为 7∶1.5∶1.5。

表 3-6　主要的 BP 神经网络 Matlab 训练函数

Matlab 函数	R^2 均值	平均训练时间	说明
trainlp	1	15min	Levenberg-Marquardt 算法
traingdx	0.9997	1.58s	变学习率动量梯度下降算法
traingda	0.9910	2.25s	可变学习速率梯度算法
trainscg	0.9892	3.24s	Scaled 共轭梯度算法
trainrp	1	0.02s	弹性梯度算法
traingd	0.97033	4.89s	标准梯度下降算法
traingdm	0.9766	5s	带动量的梯度下降算法
traincgb	1	1.03s	Powell-Beale
traincgf	1	1s	Fletcher-Powell 共轭梯度算法
traincgp	1	0.58s	Polak-Ribiere 共轭梯度算法
trainoss	1	0.23s	一步正割算法

表 3-7　BP-traninrp 训练函数参数结果

训练函数	隐含层节点数	mape	R^2
trainrp	10	0.000183	1
	20	0.000434	1
	30	0.000357	1
	40	0.000284	1
	50	0.000221	1
	60	0.000325	1
	70	0.000242	1
	80	0.000221	1
	90	0.000338	1
	100	0.000426	1

3.3.2.2　不同转换方法转换效能分析—第 1 类

NCS Index1950 标准色卡在相同测色方法、不同色彩空间中的转换结果显示（示例数据见表3-8），如以 R^2 为考察指标，不同转换方法的优劣次序为优化 BP 模型＞公式法＞＞SVM＞R-ELM 多元回归法。对于第 1 类色彩转换，公式法与机器学习方法有较好表现。公式法的 $R^2 > 0.925$，均方误差均值 MSE 为 0.450，最大不超过 2.675。机器学习方法中，优化 BP 模型表现突出，R^2 全部达到 1.000，MSE 均值 0.024，最大不超过 0.051；SVM 和 R-ELM 模型表现不稳定，R^2 与 MSE 的大小变化较大，总体拟合效果不如公式法和优化 BP 模型。拟合效果最差的是多元回归模型，R^2 低于 0.225，而 MSE 均值达 77742.764。因此，对于第 1 类色彩转换，R-ELM、SVM、多元回归法不适用，推荐选用优化 BP 模型与公式法。

表 3-8　第 1 类——转换结果

方法与空间	公式		多元回归法		优化 BP 模型		R-ELM		SVM	
	R^2	MSE	R^2	MSE	R^2	MSE	R^2	MSE	R^2	MSE
测色 HSV-RGB	0.977	0.001	0.017	3.509	1.000	0.003	0.641	0.402	0.894	0.025
扫描 HSV-RGB	0.981	0.002	0.031	32.566	1.000	0.021	0.647	4.976	0.894	0.109
色卡 HSV-RGB	0.978	0.001	0.031	3.313	1.000	0.030	0.707	0.158	0.927	0.036
色卡 RGB-HSV	0.985	0.001	0.052	400.116	1.000	0.044	0.471	194.516	0.671	92.281
扫描 HSV-Lab	0.926	0.023	0.015	4790.802	1.000	0.047	0.349	5.572	0.798	1.109
拍照 RGB-HSV	0.987	0.002	0.059	1580.658	1.000	0.006	0.380	18.732	0.519	5.598
测色 HSV-Lab	0.930	2.629	0.014	101941.893	1.000	0.005	0.371	26.894	0.781	6.433
色卡 HSV-Lab	0.928	0.021	0.015	12208.274	1.000	0.051	0.436	4.027	0.840	1.758
测色 RGB-Lab	0.932	2.675	0.192	792599.743	1.000	0.005	0.901	2.749	0.992	1.461
拍照 RGB-Lab	0.925	0.026	0.225	16716.834	1.000	0.004	0.949	1.890	0.992	0.093
……	……	……	……	……	……	……	……	……	……	……
平均	0.955	0.450	0.075	77742.764	1.000	0.024	0.600	23.295	0.828	9.732
最大	0.988	2.675	0.225	792599.743	1.000	0.051	0.949	194.516	0.992	92.281
最小	0.925	0.001	0.014	3.313	1.000	0.003	0.349	0.158	0.519	0.025

3.3.2.3　不同转换方法转换效能分析—第 2 类

相同色彩空间、不同测色方法之间的转换结果显示（示例数据见表 3-9，公式法不适用），如以 R^2 为考察指标，不同转换方法的优劣次序为优化 BP 模型 > 多元回归法 > R-ELM > SVM。优化 BP 模型的表现最为突出，R^2 全部达到 1.000，MSE 在 0.001~1.871 之间，平均仅 0.148。多元回归法转换效果显著提升，R^2 在 0.781~0.946 之间，平均由第 1 类的 0.075 提高到 0.855，MSE 在 0.516~110.680 之间，平均为 18.744。R-ELM 转换结果差异性增大，R^2 分布范围由第 1 类时的 0.349~0.949 增大至 0.003~0.970；SVM 转换效果急剧下降，R^2 均值由第 1 类的 0.828 降为 0.005。因此，对于第 2 类色彩转换，多元回归法、R-ELM、SVM 均不适合应用，推荐选用优化 BP 模型。

表 3-9　第 2 类——转换结果

方法与空间	多元回归法		优化 BP 模型		R-ELM		SVM	
	R^2	MSE	R^2	MSE	R^2	MSE	R^2	MSE
测色 Lab-扫描 Lab	0.943	1.447	1.000	0.005	0.003	10.470	0.003	12.113
扫描 HSV-拍照 HSV	0.829	54.842	1.000	0.005	0.029	20.666	0.003	21.431
扫描 Lab-拍照 Lab	0.867	2.467	1.000	0.006	0.003	10.979	0.003	14.191
色卡 HSV-扫描 HSV	0.907	13.119	1.000	0.005	0.040	19.737	0.027	12.551

（续）

方法与空间	多元回归法		优化 BP 模型		R-ELM		SVM	
	R^2	MSE	R^2	MSE	R^2	MSE	R^2	MSE
扫描 HSV– 测色 HSV	0.845	48.029	1.000	1.871	0.013	36.230	0.004	25.162
测色 RGB– 拍照 RGB	0.816	1.918	1.000	0.006	0.026	5.213	0.003	5.033
拍照 HSV– 测色 HSV	0.769	6.653	1.000	0.001	0.014	34.235	0.002	27.568
色卡 Lab– 拍照 Lab	0.872	0.516	1.000	0.006	0.003	10.738	0.003	14.535
色卡 RGB– 拍照 RGB	0.830	1.168	1.000	0.005	0.019	5.526	0.003	5.079
拍照 Lab– 测色 Lab	0.871	110.680	1.000	0.005	0.003	183.002	0.003	100.660
……	……	……	……	……	……	……	……	……
平均	0.855	18.744	1.000	0.148	0.090	30.470	0.005	22.217
最大	0.946	110.680	1.000	1.871	0.970	183.002	0.028	98.730
最小	0.781	0.516	1.000	0.001	0.003	1.118	0.001	5.004

3.3.2.4　不同转换方法转换效能分析—第 3 类

不同方法、不同色彩空间之间的转换结果显示（示例数据见表 3-10），不同转换方法的 R^2 均值高低次序为优化 BP 模型 > 公式法 > 多元回归法 > R-ELM > SVM。优化 BP 模型的表现依然突出，R^2 全部达到 1.000，拟合误差进一降低，MSE 在 0.001 ~ 0.009 之间，平均仅 0.004。公式法转换效果下降，相比于第 1 类，R^2 均值由 0.955 降至 0.655。多元回归法（平均 $R^2 = 0.046$）、R-ELM（平均 $R^2 = 0.015$）、SVM（平均 $R^2 = 0.005$）转换效果近于无。因此，在第 3 类色彩转换中，公式法、R-ELM、SVM 与多元回归法不适用，仍推荐选用优化 BP 模型。

表 3-10　第 3 类——转换结果

方法与空间	公式		多元回归法		优化 BP 模型		R-ELM		SVM	
	R^2	MSE	R^2	MSE	R^2	MSE	R^2	MSE	R^2	MSE
扫描 HSV– 测色 RGB	0.768	0.092	0.042	1.889	1.000	0.003	0.006	21.700	0.006	1.774
扫描 HSV– 色卡 RGB	0.801	0.074	0.035	3.895	1.000	0.006	0.018	1.257	0.008	1.102
测色 HSV– 色卡 RGB	0.850	0.590	0.027	3.158	1.000	0.004	0.015	1.320	0.000	1.253
拍照 HSV– 测色 RGB	0.407	0.452	0.044	2.175	1.000	0.003	0.008	20.974	0.005	1.006
扫描 HSV– 拍照 RGB	0.535	0.176	0.021	14.146	1.000	0.001	0.018	5.648	0.003	5.010
拍照 HSV– 色卡 RGB	0.399	0.151	0.036	3.139	1.000	0.009	0.012	1.305	0.006	1.182
色卡 HSV– 测色 RGB	0.868	0.116	0.036	5.490	1.000	0.004	0.010	20.608	0.012	0.965
测色 HSV– 拍照 RGB	0.401	0.558	0.015	8.972	1.000	0.009	0.021	5.475	0.001	4.506
扫描 RGB– 测色 HSV	0.704	49.478	0.045	2033.9	1.000	0.006	0.012	30.839	0.011	25.930
色卡 HSV– 拍照 RGB	0.446	0.303	0.020	8.694	1.000	0.002	0.020	5.390	0.002	4.965
……	……	……	……	……	……	……	……	……	……	……
平均	0.655	14.348	0.046	1717.4	1.000	0.004	0.015	15.426	0.005	9.083
最大	0.876	61.268	0.168	16504	1.000	0.009	0.030	30.839	0.012	25.930
最小	0.399	0.074	0.000	1.332	1.000	0.001	0.003	1.257	0.000	0.910

3.3.2.5 优化 BP 模型的应用检验

由上文分析可知，优化 BP 模型适用于三类色彩转换，为进一步验证模型的普适性，选用实际测得的 190 种叶片数值进行应用检验，取得预测结果，并计算 R^2、MSE、MAPE 统计量，结果见表 3-11。优化 BP 模型对三类色彩转换的效果良好，R^2 均值达 1.0000；误差小，3 类的 MSE 值分别为 0.0261、0.0050、0.0044。实际测得的叶片数据与 1950NCS 色卡数据试验结果高度一致。

表 3-11 优化 BP 的 R2、MAPE、MSE 检验

指标	第 1 类 190 叶片优化 BP	第 2 类 190 叶片优化 BP	第 3 类 190 叶片优化 BP
R^2 均值	1.0000	1.0000	1.0000
MAPE 均值	0.0025	0.0009	0.0005
MSE 均值	0.0261	0.0050	0.0044

综上，第 1 类色彩转换时，宜优选公式法、优化 BP 模型，如果只涉及色彩空间转换可直接选用公式法，当在同一个测色方式下，不同色彩空间转换时，可选用优化 BP 模型；第 2 类色彩转换时，可优选 BP 模型，多元回归法慎用；第 3 类色彩转换时，优选优化 BP 模型，它可以不经过同一个色彩空间转换过程而直接进行不同色彩空间不同测色方式之间的转换，且转换误差小、效率高，未出现局部极值现象。多元回归法、R-ELM、SVM 三种方法在三类转换中均无良好表现，不适用与色彩转换。因此，三类色彩转换中，推荐使用优化 BP 模型。

3.3.3 小 结

3.3.3.1 结 论

（1）以 Sigmoid、trainrp 分别作为激励函数和学习函数的优化 BP 模型，训练次数为 1000，训练目标最小误差为 0，网络结构为 1 个隐含层 10 个神经元，1 个输入层 3 个神经元，1 个输出层 3 个输出节点，学习速率为 0.000001。该网络设置，在三类色彩转换中转换精度高、误差均极小、速度快，在 1950 个色彩数据运算的情况下，运行速度达 0.02s，可实现色彩转换。

（2）经实测叶片对 Matlab BP 模型、优化 BP 模型的应用检验，证明色彩转换结果与试验结果一致，优选优化 BP 模型均可实现同一个测色方式，不同色彩空间、同一个色彩空间，不同的测色方式、不同的色彩空间、不同测色方式的色彩转换可，且在不同色彩空间、不同测色方式色彩转换中可直接进行两两转换，无需先转换为同一个色彩空间的中间过程。

（3）通过公式法转换、多元回归法、BP 神经网络法（优化 BP 模型、R-ELM、SVM）3 类色彩转换方法 5 种模型的 R^2 高低排序为：优化 BP 模型（$R^2=1$）> 公式法（$R^2=0.8053$）> 多元回归法（$R^2=0.3251$）> SVM（0.2773）> R-ELM（0.2338）；优化 BP 模型适用于三类色彩转换，公式法适用于第 1 类色彩转换，但相对误差高于优化 BP 模型，多元回归法虽拟合精度较高，但相对误差在 5 种色彩转换方法中最大，R-ELM、SVM 拟合精度低、相对误差大均不适用于色彩转换。

3.3.3.2 讨 论

（1）色彩转换实验中，由于色卡本身色彩均匀，误差小，适于构建色彩转换模型，提高试验

转换结果的准确性；而采用叶片样本对色彩转换模型进行评价，使模型更具实用性，因此在设计试验样本时，采用两种类型的样本是有必要的。

（2）公式法、多元回归法、神经网络方法 3 类色彩转换模型中，神经网络模型有着极优的表现，这与神经网络具有非线性高效能计算能力有关。它采用复杂参数、用户不可见的隐含层运算、非线性激活函数，虽然对输入与输出之间的关系解释性较差，但在色彩转换领域，此类解释的需求并不十分迫切与必要。因此，神经网络方法在色彩转换模型研究方面具有重大的应用价值。

（3）考虑到不同色彩空间在不同测色方式之间的转换中，各色彩空间的量纲不同，一般需要进行标准化预处理。本文在 SVM、R–ELM 和优化 BP 中分别做了标准化数据与原始数据的模型拟合对比，标准化数据并未表现确定的优势，在优化 BP 模型中原始数据的转换结果反而更理想。因为未标准化的数据带有计量单位信息，使模型变量的数量意义更为直接。但此结论是否在其他或所有场合同样适用，还需验证。

（4）本文前期对 Matlab 内含 BP 图形化界面 BP 网络作建模试验，发现该模型提供函数少（仅有默认函数 trainlm），用户可参与控制的参数与过程有限，对内存消耗大，拟合精度较低，易死机（张德丰，2011）；当进行第 2 类色彩转换时，需要将不同的色彩空间先利用公式转换在同一个色彩空间才能实现转换，且易产生一到两个局部极值，预测结果不稳定，因此，内含 BP 网络更适宜为一种学习工具，不适于工业应用。

（5）BP 神经网络在获取预测数据时常会出现局部陷入极值现象。因此，在网络学习过程中，要不断地调整网络参数，及实验不同的学习算法，以输出满足要求的结果，并对资料数据进行分析建立合适的模型。虽可以找到适合的模型，但花费的试验时间大，还需在今后找到更便捷的方式。

第4章

林木色彩空间

4.1 色彩的描述与量化

在认知色彩世界的过程中，人们最先利用的是形式语言，来描述色彩及其视觉感受，比如用红、黄、绿等词语来形容自然色彩（Elliot A J et al.，2007）。由于每个人对色彩的感受与体验各不相同，使用语言表达色彩不够精确，也难以描述复杂的色彩现象。

因此，传统的艺用色彩系统诞生了。传统色彩系统于 20 世纪初前后出现，它是以颜料、涂料、染料等色料为基础，偏重色彩心理属性研究，是一种显色系统。最常见的有蒙塞尔的色彩体系，这是目前国际上作为分类和标定物体表面色最广泛采用的方法，我国艺术和设计界也大都采用此系统。其他还有澳斯特瓦德色彩体系、日本 PCCS 色彩体系、瑞典 NCS 色彩体系、中国色彩体系。

显色系统是在列举各种色彩样本的基础上，根据色彩的外貌，按直观的视觉感受将色样进行排列，并以相应的文字和数字标记色样的方法，通常用三维空间来表示明度、色相与纯度的关系，形成色立体，如图 4-1、图 4-2。显色系统为艺术、设计工作者提供了一个准确的参照标准和方便的工具，但在色彩量化表达上遇到困难。

为解决色彩计量问题，人们作了漫长的探索。牛顿在《光学》一书中证明光线是没有颜色的，它只是具有一定的功率和一种能激起某种颜色感觉的能力，说明颜色是主观性质。此后，格拉斯曼总结的颜色混合定律为颜色的测量和匹配奠定了理论基础。1890 年，麦克斯韦发现三色混合定律，即以不同量的红、绿、蓝色光，可以调配出各种不同波长光谱的颜色，进一步为颜色的定量研究提供了理论依据（胡涛等，2014）。

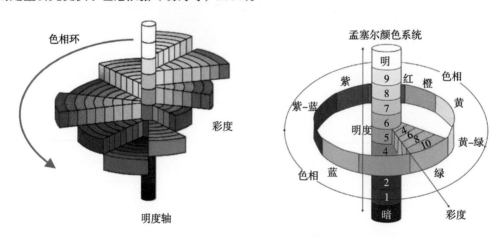

图 4-1　孟塞尔颜色系统

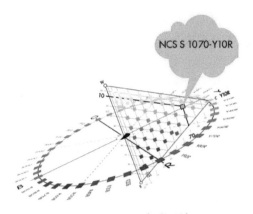

图 4-2　NCS 色彩系统

　　CIE（International Commission on Illumination）国际照明委员会在光学、视觉生理、视觉心理、心理物理等研究的基础上，深入研究了匹配某一特定颜色所需的红、绿、蓝三原色数量，统一了标准色度观察者光谱三刺激值与视觉感知量之间的关系，奠定了现代色度学的基础。1931 年 CIE 以真实的 R、G、B 为基色创建了第一个颜色系统—— CIE1931RGB 系统。在该系统中，由于用来标定光谱色的原色出现了负值，计算起来很不方便，又不太容易理解，CIE 又进一步用三个假想的理想原色 X、Y、Z 代替实际的原色 R、G、B，将光谱三刺激值和色度坐标转换为正值，创建了 CIE 1931 xyz 标准色度学系统，成为色彩应用的国际通用标准。CIE 1931 标准色度学系统是一个基于光学色彩的混色系统，系统中所有色彩由色光 x、y、z 三原色合成。基于该系统的颜色空间包括 CIE1931 xy 色度图和 CIE1931 Yxy 色立体。在 xy 色度图中能方便查定颜色的色相和彩度，但没有明度变化；Yxy 色立体增加了明度轴 Y，色彩坐标被唯一确定（图 4-3、图 4-4）。

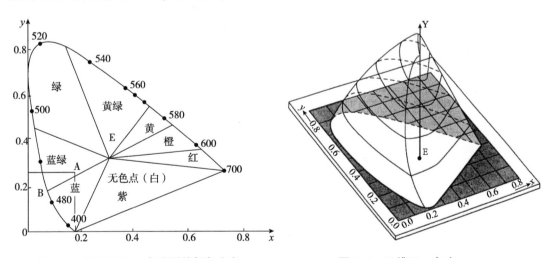

图 4-3　CIE1931 xy 色度图的颜色分布　　　　　　图 4-4　三维 Yxy 色度

　　但在 CIE1931 xy 这个色度图上，不同区域的视觉差异或宽容量差异很大，为此 CIE 于 1960、1964 年分别制定了均匀色度标尺（CIE 1960 UCS）和均匀颜色空间（CIE 1964 均匀颜色空间），于 1976 年进一步推荐 CIE 1976 Lab（显色领域应用）、CIE 1976 Luv（混色领域应用）均匀颜色空间，在这些均匀空间中，可以采用欧式距离计算两个颜色点之间的色差。后来为了满足各种应用要求，CIE 又先后提出多个色差公式，如 1984CMC（l:c）、CIE94、CIE DE2000 等。

计算机的问世，特别是计算机图形学的应用，迫使孟塞尔显色系统和 CIE 混色系统在 20 世纪后半叶实现了整合，产生了数字色彩系统。数字色彩的基础建立在 CIE 系统的光学色彩之上，是一个混色系统；同时兼顾艺用色彩学的色彩三要素、色彩的心理感应、色彩的对比与调和等，协调了混色系统和显色系统的关系。数字色彩系统从 RGB 色彩模型出发，根据不同的应用需要，可导出 CMY、HSV、Lab 等色彩模型。

RGB 颜色模型由红、绿、蓝三原色坐标轴围成的立方体表示全部色彩，是数字色彩系统的基础模型，主要应用于计算机、数码相机和图像扫描设备，但其颜色空间距离与视觉感受距离没有数量关系，色彩视觉均匀性差。

CMY 是 RGB 的补色模型，三原色分别是青色、品红色、黄色，是模仿显色系统的减色法色彩模型，主要应用于绘画、打印、印刷等领域。

HSV 色彩模型是一个倒立的六棱锥，色相 H 处于平行于六棱锥顶面上，色彩明度 B 由六棱锥中心轴表示，色彩饱和度 S 沿水平方向变化。它是基于人眼对色彩的感知属性，即基于色相、明度、彩度三个心理属性描述色彩的（对应波长、纯度、亮度三个客观属性），色彩空间中视觉差异与空间距离有着良好的线性关系，因此 HSV 非常适用于色彩心理量化研究领域（成玉宁等，2016）。

Lab 是建立在 CIE1976L*a*b* 基础上的色彩模式，其中 L 表示照度（亮度），a 表示从红色至绿色的范围，b 表示从蓝色至黄色的范围。与 CMY、RGB 相比，Lab 与设备无关，在任何设备上都是唯一的；色域宽阔，能表现人眼可见的所有色彩；同时弥补了 RGB 模型色彩分布不均的不足，因为 RGB 模型在蓝色到绿色之间的过渡色彩过多，而在绿色到红色之间又缺少黄色和其他色彩。因此广泛应用于计算机图像处理及打印机、测色仪等色彩硬件，并作为色彩模型转换的中介。

各种色彩模型适合于不同场合的色彩描述与数字图形处理，必要时可相互转换。同时，传统的色彩系统也在向量化表示方向发展，《孟塞尔新标数据集》对每一个色样都给出了 CIE 1931 色度坐标；NCS 拾色器可供读取各色彩模式的色值。

4.2　林木色彩空间及分布特性

色彩系统多种多样，各有特点，为色彩研究提供了有力工具。但对于不同领域，色彩类型、数量分布、色域范围、情感联系等各有不同，分析专业领域的色彩特点，以至构建专业色彩体系，成为应用色彩研究的一个重要方面。色彩地理学的创始人让·菲利普·朗可洛认为，每一个国家、每一个城市、乡村都有属于自己的色彩（Jean-Philippe Lenclos，1997）。通过对某一区域的色彩进行调查，记录色彩信息，确定该区域的景观色彩特征，了解当地人群的色彩审美状况。归纳并编制色彩谱图，为色彩规划与设计工作提供科学依据（安平，2010）。借用朗可洛的色彩理论，国内外开展了建筑、城市色彩的大量研究。法国是最先进行色彩规划的国家，并将奶酪色、深灰色作为巴黎的城市的主色；日本对城市用色现状、色彩和景观的关系以及城市色彩控制的原则进行规定，构建了城市色彩体系；挪威和英国布莱克等地，运用 NCS 色彩系统指定城市色谱，划分城市各区域的色彩核心色。国内城市色彩主要以建筑和景观为研究对象（胡涛，2018），形成了中国建筑色彩体系，确立了中国古典建筑典型色彩的标准色；中国流行色协会以色谱为基础，对城市建筑色彩进行分析和研究，提出了《中国城市居民色彩趋向调查报告》；北京、广州、厦门、哈尔滨、杭州、天津等城市，根据地域气候、传统与现代建筑的色彩现状，利用中国建筑色彩体系、孟赛尔等色彩体系，构建城市色彩，划分城市主色调、辅色调、设立城市的流行色（黄佳乐，2014）。

专业色彩体系研究通过特定领域色彩的采样、筛选、整理、归纳，分析色彩的种类构成、数量分布、时空变化规律，并以可视化的形式呈现，主要有色彩空间、色谱图、调色盘、色度图、色差图等色彩空间属性图及色彩频率直方图、折线图、圆饼图等色彩数量分布图（余孟骁，2018），如成玉宁（2016）、谭明（2018）使用孟赛尔色卡，以色彩调色盘为主要形式对南京中山陵中轴线上的景观色彩现状进行了量化分析与评价；邵娟（2012）运用色卡比对法，以色彩频率表现和色彩拼图表现等形式对南京优质景观的植物群落进行了色彩定量分析，并以南京市老山国家森林公园为例，建立了公园内重要景点的植物群落色谱；孙百宁（2010）运用便携式测色仪和色卡比对相结合的方式，以色彩调色盘及色彩冷暖比例等形式总结了古今中外具有代表性的几座园林案例的景观色彩特点，并就色彩运用进行了规律性的总结；刘毅娟（2014）运用色卡比对法，以色彩调色盘、色彩面积比等形式分析了苏州古典园林的景观色彩，并建立了苏州古典园林典型色谱；陈祖荧（2015）运用色卡比对法，以色彩调色盘、色彩面积比等形式分析了西蜀园林的景观色彩，并建立了西蜀园林典型色谱。

然而，这些研究主要集中于对某一地区、某一季节的色彩信息，建立色彩空间或信息管理系统（王晓博，2008；李偲，2012），对于全国性林木色彩空间的研究尚未开展。鉴于此，本节研究以 NCS、HSV 色彩空间为基础，基于现有文献及实测林木色彩数据，统计分析全国范围林木色彩的数量分布特征；将林木色彩空间作为 NCS 色彩空间的一个子集，构建林木色彩空间，基于不同色彩空间的标度体系，探索林木色彩空间的变换、简化模式，以期更好地服务于森林色彩研究与景观建设。

4.2.1　研究方法

4.2.1.1　林木色彩采集

文献收集覆盖国内 2019 年前有关林木色彩量化重要研究的论文，共计 26 篇，合计树种 3264 种，分布于华东、西南、华中、华北、东北、西北、华南 7 个地区，提取其叶、花、果、枝干为主的林木色彩特征值（表 4-1）。

表 4-1　林木色彩文献收集

地区	文献数量（篇）	测量方式					色彩空间					部位			
		RHS 色卡	拍照	NCS 色卡	测色仪	扫描	RHS	NCS	HSV	RGB	Lab	叶	花	果	枝干
华东	8	1	6	1	0	0	1	1	6	0	0	7	5	1	2
西南	3	1	2	0	0	0	1	0	1	1	0	3	2	0	0
华中	2	0	1	1	0	0	0	1	1	1	0	2	1	1	1
华北	3	1	3	2	2	1	1	2	1	2	1	3	3	1	1
东北	8	0	1	7	0	0	0	7	0	0	0	5	4	4	0
西北	1	1	0	0	0	0	1	0	0	0	0	1	0	0	0
华南	1	0	1	0	0	0	1	0	0	0	0	1	1	0	0

4.2.1.2 色彩空间选择

目前，在林木色彩量化领域使用较多的色彩系统主要为孟塞尔色彩系统、HSV 色彩系统、瑞典的自然色彩系统（NCS）（胡涛，2014）。本研究借助 HSV、NCS 色彩体系开展色彩量化与分析，并以此为模板建立林木色彩空间。

（1）HSV 色彩空间

HSV 的色调 H 用角度度量，取值范围为 0°～60°，从红色开始按逆时针方向计算；饱和度 S 的取值范围为 0%～100%，值越大，颜色越饱和；明度 V 的取值范围为 0%（黑）到 100%（白），实际应用时一般对 3 个连续型分量进行分段合并以简化模型。HSV 3 个分量独立性较好，可分别进行统计分析。

（2）NCS 色彩空间划分

NCS 色彩体系以黑、白、黄、蓝、红、绿 6 个基本色混合而成，每个基准色被等分为 100 阶，每 10 阶取一个，共 40 个色相，加上由白 – 灰 – 黑作为一个无彩色色相 N，共计 41 个色相（图 4-5）。

彩度为 100 级不等量划分为 22 个区间，即 00、02、03、04、05、07、10、15、20、25、30、35、40、45、50、55、60、65、70、75、80、85。

明度为 100 级不等量划分为 22 个区间，即 03、05、06、08、09、10、15、20、25、30、35、40、45、50、55、60、65、70、75、80、85、90。

色相对比的强弱在于两个色相在色环上的相隔距离，距离越远对比越强烈。为便于阐述，本文将 3 个或 4 个相邻色相划分为一个色系，色相环上相距 15°～30°（程杰铭等，2006）。由此将 41 个色相划分为 13 个色系，分别为黄色系、橙黄色系、橙红色系、红色系、紫红色系、蓝紫色系、蓝色系、青蓝色系、蓝绿色系、绿色系、绿黄色系、黄绿色系、无彩色系，具体划分结果如图 4-6。

为便于林木色彩概括分析，依据人的视觉感受将彩度、明度划分为低、中、高三种类型（表 4-2）。

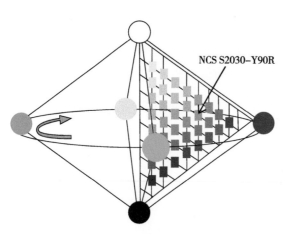

图 4-5 NCS 色彩立体

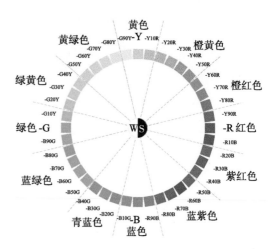

图 4-6 NCS 色彩圆环色系划分

表 4-2　明度与彩度划分

编号	明度类型	取值范围	编号	彩度类型	取值范围
W1	低明度	0%～33%	C1	低彩度	0%～33%
W2	中明度	34%～66%	C2	中彩度	34%～66%
W3	高明度	67%～100%	C3	高彩度	67%～100%

NCS 明度、彩度计算公式如下：

$$NCS明度 l = \frac{100-S}{100} \times 100(\%) \quad (0 \leq l \leq 100) \tag{4.1}$$

$$NCS彩度 m = \frac{C}{C+W} \times 100(\%) = \frac{C}{100-S} \times 100(\%) \quad (0 \leq m \leq 100) \tag{4.2}$$

4.2.1.3　色彩空间转换

利用 NCS 读色器和 Photoshop 软件建立 NCS 标准色对应 RGB、Lab、HSV 色彩值的三维查找表，结合 BP 神经网（与第 2 章所用设备型号相同时），实现不同色彩空间的转换。对于文献中出现的 NCS 色彩，直接记录其编号；对 RHS 色彩数据，利用 NCS 读色器对 RHS 色卡取色，获得 NCS 色卡编号。

4.2.1.4　色彩空间简化

选用 NCS 色彩空间得到较为详细的林木色彩分布。但在实际应用，特别是森林色彩景观营建中，常常需要对植物材料色彩进行分类分组，便于邻近色替换等作业，因此对色彩空间进行合并简化具有现实意义。本文在 NCS 色彩空间下，分别对色相、彩度、明度进行空间重分类。其中色相按 NCS 空间均匀划分，除 B10G–B40G（无林木色彩分布）为 4 个色相合并为 1 个外，其余均为每 3 个相邻色相合并为 1 个。40 个标准色相合并为 13 个，加一个 N 色相共计 14 个。明度、彩度各分为 4 个等级，见表 4-3、表 4-4。三个要素有效组合得到 182 个色彩，沿用 NCS 的编号系统，从而构造林木色彩简化空间。合并后色彩三要素的值取为均值，在 NCS 空间中不一定有对应的色彩值，为此要制作自己的标准色。制作步骤是：①将此颜色在 NCS 空间中的邻近色转换至 HSV 色彩空间；②采用几何插值法（李瑞娟等，2008）获得 HSV 色彩；③将此 HSV 色样于 NCS 简化林木色彩空间中示出。

表 4-3　NCS 色相划分

编号	取值范围	均值	编号	取值范围	均值
H1	B10G-B40G	B25G	H8	Y30R-Y50R	Y40R
H2	B50G-B70G	B60G	H9	Y60R-Y80R	Y70R
H3	B80G-G	B90G	H10	Y90R-R10B	R
H4	G10Y-G30Y	G20Y	H11	R20B-R40B	R30B
H5	G40Y-G60Y	G60Y	H12	R50B-R70B	R60B
H6	G70Y-G90Y	G80Y	H13	R80B-B	R90B-B
H7	Y-Y20R	Y10R	H14	N	N

4.2.1.5　数据处理

在 NCS 色彩空间中，将林木色彩数据划分为南方和北方、花、果、叶及枝干色等类型，以颜色种类为指标，统计其数量分布，制作直方图和折线图，构建林木色彩空间。

表 4-4　NCS 彩度明度划分

编号	彩度类型	取值范围
S1	低彩度	0.00 ~ 0.10
S2	中低彩度	0.11 ~ 0.30
S3	中高彩度	0.31 ~ 0.50
S4	高彩度	0.51 ~ 0.85
V1	低明度	0.00 ~ 0.15
V2	中明度	0.16 ~ 0.40
V3	中高明度	0.41 ~ 0.60
V4	高明度	0.61 ~ 0.90

在 HSV 空间中，计算 H、S、V 3 个颜色分量的均值（一价矩），用于色彩特性及比较。对于色相分量，分 180 以上、180 以下两部分分别计算均值。

4.2.2　结果与分析

4.2.2.1　林木色彩分布

（1）色相分布

由 NCS 林木整体色彩空间色相分布可见（图 4-7），3839 种植物分布于 12 个色系 33 个色相中，植物种类数量最多集中于绿黄色系，共计 1296 种，其次为黄绿色系、黄色系、红色系、橙红色系、橙黄色系、紫红色系、绿色系，分别有 784、561、303、220、216、195、122 种；植物种类较少的为紫蓝色系、无彩色系，分别有 80、50 种，植物种类最少的为蓝色系、青蓝色系，分别只有 7 种、3 种。

33 个色相中植物种类分布最多的色相为 G40Y、G30Y、G50Y，分别为 615、601、386 个，植物种类较多的是 Y、Y10R、G60Y、G90Y、G80Y、Y80R、Y90R、G10Y、R；较少的为 B80G、B70G、G、R90B；最少的为 B80G、B70G、G、R90B，而青蓝色系无林木色彩分布，青绿色系色相分布最少。

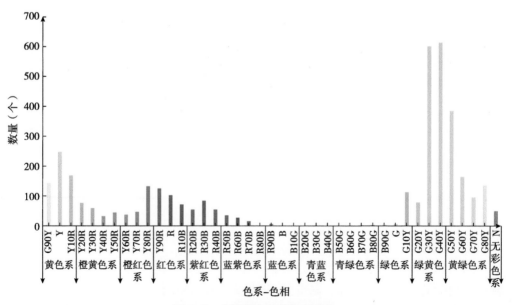

图 4-7　全国林木色彩色相分布

（2）彩度、明度分布

经统计（图4-8），林木色彩明度值范围为15%～97%，均值为67%，属于高明度；彩度范围为0%～94%，均值为53%，属于高彩度，明度值高于彩度值，林木色彩总体属于高明度、高彩度。

从林木色彩各色系明度均值来看，属于高明度的有紫红色系71%、蓝紫色系70%、黄色系和红色系69%、橙黄色系68%、黄绿色系和橙红色系67%、绿黄色系65%、蓝色系64%；属于中明度的有无彩色系60%、绿色系54%、蓝绿色系41%。紫红色系明度值最高，绿色、蓝绿色系明度值最低。各色系中明度值最高的色相为N的97%，明度值最低的色相为Y、Y80R、R、G、G20Y、N的15%；各色系的明度差值为50%～82%，差值最大的为无彩色系的82%，差值最小的为蓝绿色系的50%，其余按照由大到小的顺序分别为黄色系、红色系、橙红色系、绿黄色系和绿色系的75%，橙黄色系、黄绿色系、蓝紫色系、蓝色系的70%，紫红色系的60%，蓝绿色系的50%。

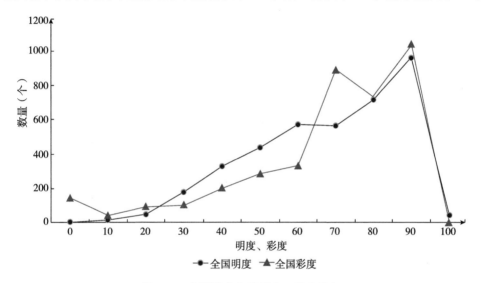

图 4-8　全国林木色彩彩度、明度分布

从林木色彩各色系彩度均值来看，属于高彩度的有绿黄色系（61%）、橙红色系（60%）、绿色系（59%）、红色系（55%）、黄绿色系（54%）、橙黄色系（53%），属于中高彩度的有黄色系（49%）、蓝紫色系（45%）、紫红色系（43%）、蓝绿色系（33%）；属于低彩度的有蓝色系（30%）；属于无彩度的为无彩色系（0%）。绿黄色系彩度最高，蓝色系、无彩色系彩度值最低。彩度值最高的色相为Y60R、Y70R、Y80R、Y90R、R的94%；彩度最低的色相为Y、R、R50B、B、G50Y的2%。各色系的彩度差值为0%～92%，差值最大的为红色系的92%，差值最小的为无彩色系的0%，其余按照由大到小的顺序分别为黄绿色系的92%，黄色系、橙黄色系和蓝紫色系的90%，橙红色系的89%，绿黄色系的88%，绿色系的87%，蓝色系的84%，紫红色系的82%，蓝绿色系的68%，无彩色系的0%。

4.2.2.2　林木叶、花、果色彩比较

（1）色相比较

从林木呈色器官的色彩均值看，在0°～180°色相范围，叶色偏黄（71.67），花色偏橙（41.09），果色偏红（33.61）；在180°～360°色相范围，叶（337.34）与果（335.18）的色相接近，

为紫红色，花的色相偏紫（317.78），如图 4-9。

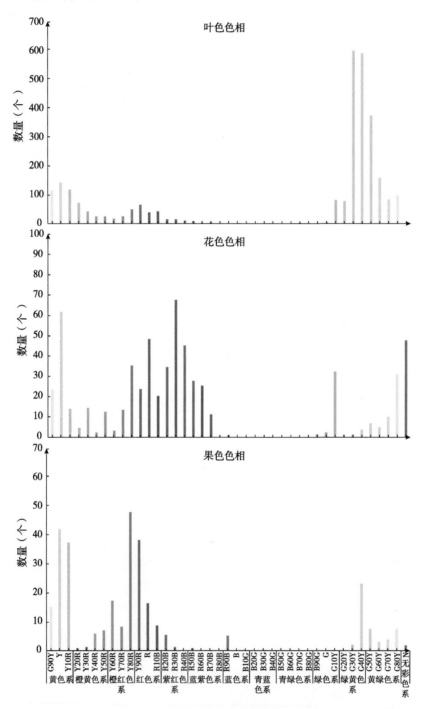

图 4-9　林木叶、花、果色彩色相分布

从林木呈色器官的色彩分布看，叶的标准色范围由 NCS S 0540-G90Y 至 NCS S 8500-N，共计 522 个标准色、2907 种林木种类，覆盖 NCS 色相环上 33 个色相，共 12 个色系。叶色主要集中于绿黄色系、黄绿色系、黄色系、橙黄色系、红色系，色相以绿黄色为主导，集中在 G30Y、G40Y、G50Y、Y10R、G90Y、Y、Y10R。林木花色最为丰富，标准色范围为 NCS S 0515-

G90Y—NCS S 0500-N，共计 208 个标准色，涉 633 种林木，主要集中于紫红色系、黄色系、红色系、橙红色系、蓝紫色系，覆盖 31 个色相，主要分布在 R30B、Y、R、N、R40B、Y80R 中，以黄、橙、红、紫占主导。林木果实则以黄、橙、红为主，标准色范围为 NCS S 1060-G90Y—NCS S 0300-N，共计 110 个标准色，涉 298 种林木，分布于 10 个色系，主要分布于黄色系、橙红色系、红色系，涉 24 个色相，主要集中于 Y80R、Y、Y90R、Y10R、G40Y、Y60R、R。

（2）彩度、明度比较

叶、花、果在低、中、高明度彩度中均有分布，其中林木叶色属于高彩度（63.85）、中高明度（57.93）。各色系中蓝色系明度最高、蓝绿色系明度最低；红色系彩度值最高、蓝色系彩度值最低。

花属于高明度（84.72），中高彩度（46.48），其中无彩色系明度最高、蓝色色系明度最低；橙色系彩度最高，蓝色系彩度最低。

果色为高明度（66.11）、高彩度（68.67），彩度值高于明度值，其中无彩色系明度最高，蓝紫色和蓝色系明度最低；橙红色系彩度值最高、蓝色系彩度最低（图 4-10、图 4-11）。

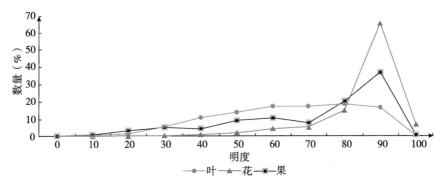

图 4-10　林木叶、花、果色彩明度分布

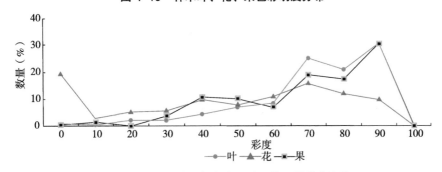

图 4-11　NCS 林木色彩空间叶、花、果彩度比较

4.2.2.3　南北方林木色彩比较

（1）南北方林木叶色比较

a. 色相比较

北方叶分布于 27 个色相，10 个色系，共计 316 个标准色，1388 种林木，林木种类主要集中于绿黄色系、黄绿色系、黄色系、橙黄色系、红色系，其中色相主要分布在 G40Y、G50Y、G30Y、Y，相比南方，黄色呈现充分。南方叶分布为 31 个色相，11 个色系，383 个标准色，1519 种林木，色彩数量、林木种类均多于北方且主要集中于绿黄色系、黄绿色系、黄色系、橙黄

色系，林木叶色色相主要集中在 G30Y、G40Y、G50Y、G10Y、G20Y、G60Y（图4-12），相比北方，叶色中绿色成分保留较多。

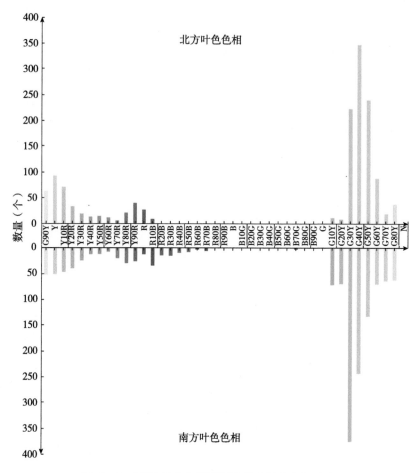

图 4-12　NCS 林木色彩空间南北方叶色色相分布

b. 彩度、明度比较

北方秋色叶整体为中明度，高彩度，黄色系明度值最高，蓝绿色、无彩色系明度值最低；橙黄色系彩度最高、蓝绿色系、无彩色系彩度值最低。南方秋色叶整体为高明度，中彩度，蓝色系明度最高、蓝绿色系明度最低，黄绿色彩度最高、蓝色系彩度最低（图4-13）。

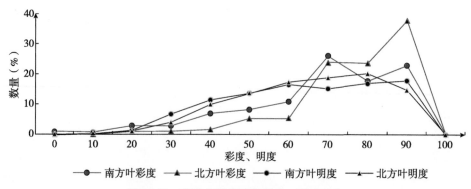

图 4-13　南北方林木叶色彩度、明度分布

（2）南北方林木花色比较

　　a. 色相比较

北方花色分布在 21 个色相，10 个色系，共计 118 个标准色，271 种林木。林木花色主要集中于黄色系、紫红色系、无彩色系、红色系，其中，无色系主要包括彩度为 0、黑度在 10% 以下的白色；色彩花色色相主要集中于 Y、N、G80Y、R30B、R30B。南方花色分布为 29 个色相，10个色系，137 个标准色，361 种林木，色相、色系及林木数量均多于北方，其花色色相主要集中于紫红色系、红色系、蓝紫色系、橙红色系、绿色系、黄色系。其中，绿色系主要包括彩度与黑度均在 5% 以下的颜色，近似于白色。南方花色色相主要集中 R30B、R、G10Y、R40B、R20B、Y80R（图 4-14）。

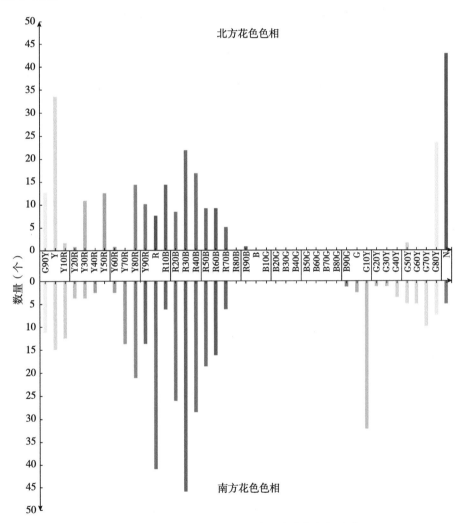

图 4-14　NCS 林木色彩空间南北方花色色相分布

　　b. 彩度、明度比较

北方花色整体为高明度，中彩度，无彩色系（白色花主导）明度最高，蓝色系明度最低；蓝色系彩度最高，无彩色系彩度最低。南方花色整体为高明度，中彩度，无彩色系明度最高，蓝绿色系明度最低；橙红色系彩度最高，蓝色系、无彩色系彩度最低（图 4-15）。

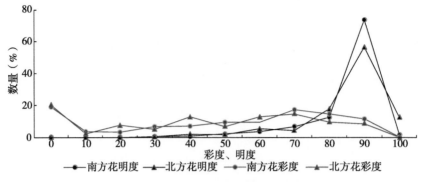

图 4-15 南、北方林木花色彩度、明度分布

（3）南北方林木果色比较

a.色相比较

北方林木果色分布在 21 个色相，10 个色系，共计 93 个标准色，260 种林木。果色色系主要集中于黄色系、橙红色系、红色系，色相主要集中在 Y80R、Y、Y10R、Y90R、G40Y。南方果色分布为 16 个色相，7 个色系，共计 26 个标准色，38 种林木。色相、色系和观果林木数量均少于北方。南方果色色相主要集中于橙红色系、红色系、黄绿色系，色相集中为 Y70R、Y80R、Y90R、R10B（图 4-16）。

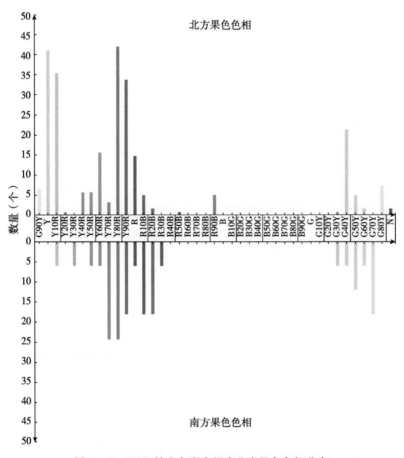

图 4-16 NCS 林木色彩空间南北方果色色相分布

b. 彩度、明度比较

北方果色整体为高明度，高彩度，无彩色系明度最高，蓝紫色和蓝色系明度最低；绿黄色系彩度值最高、蓝色系色彩度最低。南方果色整体为高明度，高彩度，黄色系明度值最高、红色系明度值最低，橙红色系彩度值最高，黄色系彩度值最低（图 4-17）。

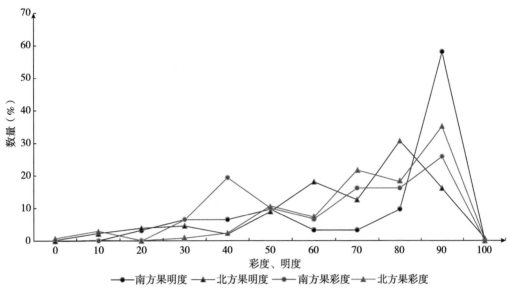

图 4-17　南北方林木果色彩度、明度比较

（4）南北方林木色彩整体比较

a. 色相比较

南方林木整体色彩分布为 32 个色相，12 个色系，共计 483 个标准色，1919 种林木，数量上与北方相当。南方林木整体色彩主要集中于绿黄色系、黄绿色系、黄色系、紫红色系、红色系，色相集中为 G30Y、G40Y、G50Y、G10Y（图 4-18）。

北方林木色彩分布在 32 个色相，12 个色系，共计 436 个标准色，1920 种林木。北方林木整体色彩主要集中于绿黄色系、黄绿色系、黄色系、红色系，林木色相主要集中在 G40Y、G50Y、G30Y、Y、Y10R。

比较而言，南方色相有偏离红色的趋势，即偏黄（72.06）或偏紫（323.35），北方趋红（60.85 或 328.77）。

b. 彩度、明度比较

北方林木整体为高明度（63.00），高彩度（65.18），紫红色系、黄色系、黄绿色系明度最高，青绿色系明度最低；橙红色系彩度值最高、青绿色系彩度最低；南方色彩整体为高明度（62.90），高彩度（56.04），无彩色系明度值最高、青绿色系明度值最低，绿黄色系彩度值最高，蓝色系彩度值最低（图 4-19）。

4.2.2.4　林木色彩全空间

NCS 色彩空间共计 1950 个标准色，根据 NCS 色彩空间将林木色彩进行分类，可得到林木色相分布（图 4-20），共 37 个色相，分布于除青蓝色系之外的 12 个色系、21 个明度、20 个彩度，由 NCS S 0515-G90Y 到 NCS S 8500-N，共计 879 个标准颜色，占 NCS1950 个标准色的 45%。

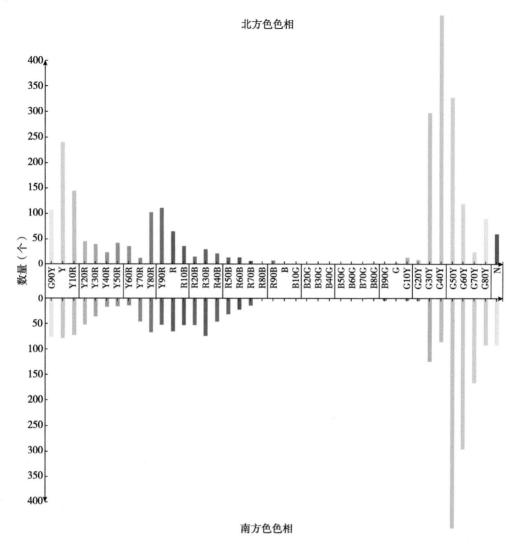

图 4-18　NCS 林木色彩空间南北方色相分布

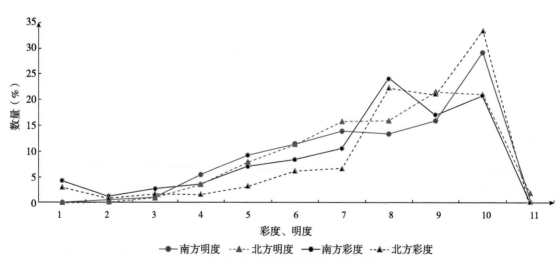

图 4-19　南北方林木色彩彩度、明度分布

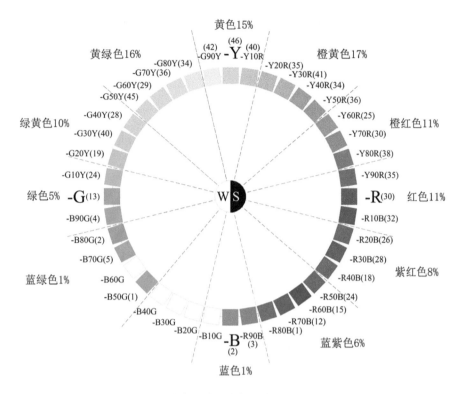

图 4-20　林木色彩空间色相分布、色系划分圆环

36 个色相中，标准色数量最多的是 Y，共计 46 个标准颜色，其次为 G50Y、G90Y、Y30R、Y10R、G30Y 分别有 45、42、41、40、40 个标准色，林木色彩数量为 20～35 区间的有 Y20R、Y90R、G80Y、Y40R、R10B、Y70R、R、G40Y、R20B、G40Y、R20B、Y60R，最少的为 R90B、B、B80G、R80B、B50G（表 4-5、图 4-21）。

表 4-5　林木色彩色相统计

色相编号	1950色卡数量	林木色彩数量	区间占比（%）	总占比（%）	色相编号	1950色卡数量	林木色彩数量	区间占比（%）	总占比（%）
N	19	6	31.58	0.68	B	56	2	3.57	0.23
Y	61	46	75.41	5.23	B10G	39	0	0.00	0
Y10R	55	40	72.73	4.55	B20G	29	0	0.00	0
Y20R	59	35	59.32	3.98	B30G	39	0	0.00	0
Y30R	58	41	70.69	4.66	B40G	22	0	0.00	0
Y40R	53	34	64.15	3.87	B50G	50	1	2.00	0.11
Y50R	68	36	52.94	4.10	B60G	20	0	0.00	0
Y60R	54	25	46.30	2.84	B70G	35	5	14.29	0.57
Y70R	59	30	50.85	3.41	B80G	29	2	6.90	0.23
Y80R	62	38	61.29	4.32	B90G	38	4	10.53	0.46
Y90R	60	35	58.33	3.98	G	56	13	23.21	1.48
R	60	30	50.00	3.41	G10Y	50	24	48.00	2.73
R10B	50	32	64.00	3.64	G20Y	53	19	35.85	2.16

（续）

色相编号	1950色卡数量	林木色彩数量	区间占比（%）	总占比（%）	色相编号	1950色卡数量	林木色彩数量	区间占比（%）	总占比（%）
R20B	50	26	52.00	2.96	G30Y	52	40	76.92	4.55
R30B	42	28	66.67	3.19	G40Y	45	28	62.22	4.19
R40B	39	18	46.15	2.05	G50Y	61	45	73.77	5.12
R50B	48	24	50.00	2.73	G60Y	45	29	64.44	3.30
R60B	37	15	40.54	1.71	G70Y	50	36	72.00	4.10
R70B	44	12	27.27	1.37	G80Y	48	34	70.83	3.87
R80B	50	1	2.00	0.11	G90Y	54	42	77.78	4.78
R90B	51	3	5.88	0.34					

林木色彩在 G-Y-R-B 即绿色至黄色到红色到蓝色均有分布，主要集中与 Y-R、G-Y 区间，而在 B-G、N 两个大区间分布少而分散。林木色彩主要集中于橙黄色系、黄绿色系、黄色系，占据林木色彩空间的 48%，如图 4-21。

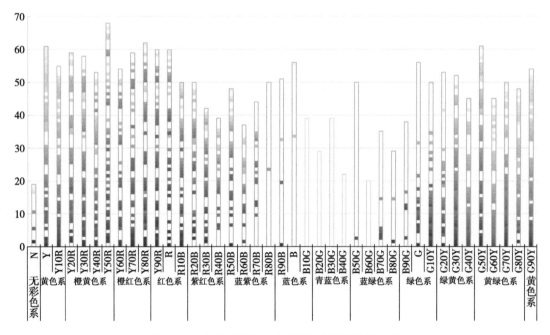

图 4-21　林木色彩与 NCS 色彩空间的位置关系

全国林木 879 个标准颜色在 NCS 色彩空间中的分布如图 4-22。标准色数量最多的为橙黄色系，由 NCS S 0505-Y20R 至 NCS S 8005-Y50R，共计 146 个标准颜色，约占 17%。标准色较多的为黄绿色系，由 NCS S 0502-G50Y 至 NCS S 8005-G80Y，共计 144 个标准颜色，约占 16%。黄色系由 NCS S 0515-G90Y 至 NCS S 8010-Y10R，共计 128 个标准颜色，约占 15%；红色系由 NCS S 0510-Y90R 至 NCS S 8010-R10B，共计 97 个标准颜色，约占 11%；橙红色系由 NCS S 0515-Y60R 至 NCS S 8505-Y80R，共计 93 个标准颜色，约占 11%；绿黄色系有 NCS S 0907-G20Y 至 NCS S 5540-G40Y，共计 87 个标准颜色，约占 10%；紫红色系有 NCS S 0510-R20B

至 NCS S 5020–R40B，共计 72 个标准颜色，约占 8%；蓝紫色系由 NCS S 0502–R50B 至 NCS S 3010–R80B，共计 52 个标准颜色，约占 5%；标准色数量较少的为蓝绿色系，标准色从 NCS S 7010–B50G 至 NCS S 8005–B80G，共计 8 个标准颜色，约占 1%；无彩色系由 NCS S 0300–N 至 NCS S 8500–N，共计 6 个标准颜色，约占 1%；标准色最少的为蓝色系，标准色为 NCS S 2005–R90B 至 NCS S 2005–B，共计 5 个标准颜色，约占 1%。

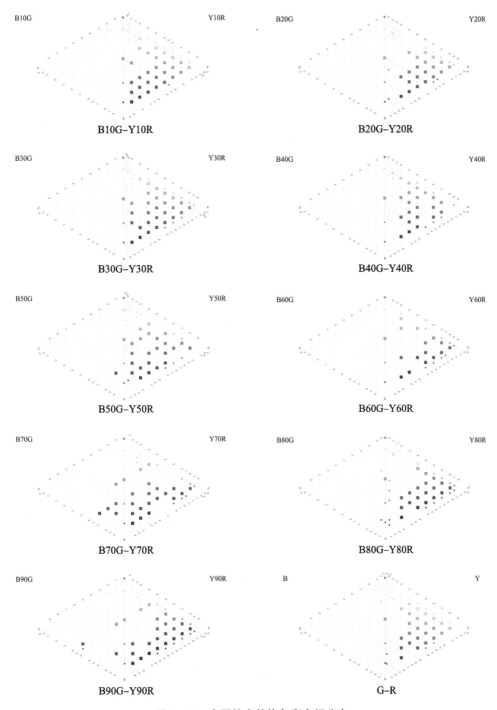

图 4-22　全国林木整体色彩空间分布

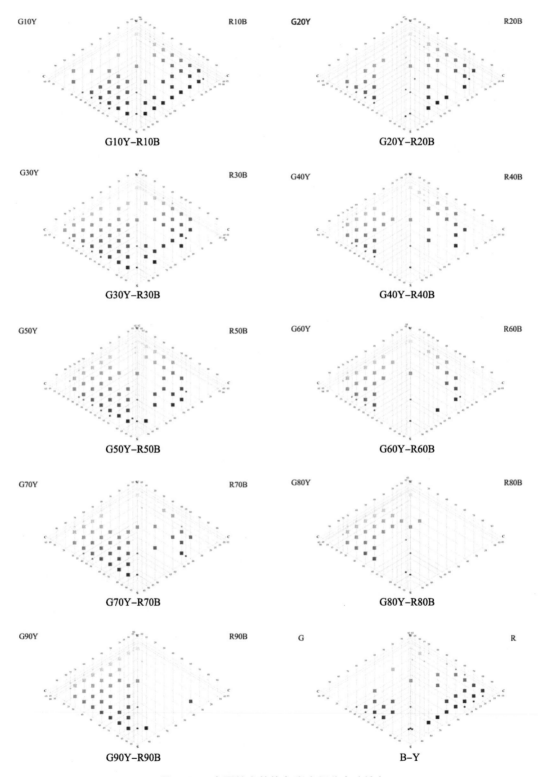

图 4-22　全国林木整体色彩空间分布（续）

21 个明度中，林木色彩明度值数量多集中于 70%～90%，属于高明度，占 NCS 色彩空间的 27%、林木色彩空间的 60%，其中 90% 的明度数量最多（155），低明度数量最少，仅占林木色彩空间的 3%。20 个彩度中，林木色彩主要集中于 34%～65%，属于中彩度，占 NCS 色彩空间的 24%、林木色彩空间的 54%，低明度数量最少，占林木色彩空间的 2%。

图 4-22 所示为全国林木整体色彩空间（NCS 的一个子集），同法可建立南北方林木叶、花、果的分部色彩空间。

4.2.2.5　林木色彩简化空间

简化的林木色彩调色板见图 4-23，不同色彩的数量不同（见上述各节），但由于色彩合并是在 NCS 空间进行，较好地保证了均匀性。

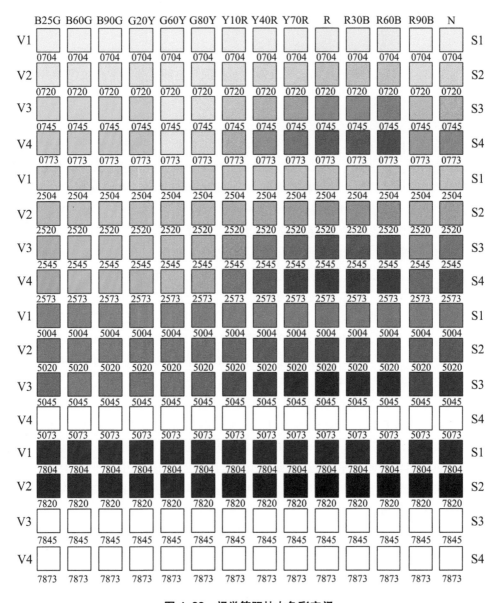

图 4-23　视觉等距林木色彩空间

4.2.3 小 结

4.2.3.1 结 论

（1）研究所涉南北方 3264 种林木，其色彩范围为 NCS S 0515–G90Y 至 NCS S 8500–N，分布于 12 个色系，37 个色相，共计 879 个标准颜色，占据 1950NCS 色彩空间的 45%。林木色彩主要集中与 Y–R、G–Y 区间，而 B–G、N 两个大区间林木色彩的分布少而分散。林木色彩明度值范围为 15% ~ 97%，均值为 72%，属于高明度，彩度范围为 0% ~ 94%，均值为 53%，属于中彩度。

（2）林木色彩空间中叶、花、果色彩数量高低排序为：叶 > 花 > 果，所以林木总体色彩分布与叶色分布大致相似。叶色整体偏黄，花色偏橙，果色偏红；叶和花属于高明度、中彩度，果为高明度、高彩度。南北方差异上，南方色彩偏黄，北方偏红；南北方明度相当，北方彩度高于南方。

（3）基于 1950NCS 色彩空间，建立了由 879 个色样组成的林木色彩空间子集，并通过 NCS 色彩 3 个分量的均匀分段，建立了 14×4×4 林木色彩简化空间，列举了有效色样 182 个，形成特有的林木色彩空间色彩编号。

4.2.3.2 讨 论

（1）林木色彩量化分析揭示了林木色彩的数量分布及色域特点，可为林木色彩深入研究和造景应用提供参考依据。如在构建主基调色彩景观时，可根据色彩直方图选取高频率彩色植物为主栽材料；而在打造特殊景观时，可选直方图中数量较少的色相作为种植材料；在色彩配置时，相同色系的树种可以结合其生物学特性互相替换。林木色彩主要集中于黄绿、黄、橙到红、紫红的暖色系，色彩明度、彩度较高，色域有限，约占 NCS 的一半，呈色载体以叶片为主，花色、果色较少，决定了当前林木色彩的范围。未来如欲丰富林木色彩，开展冷色系色彩材料的创制是个重要方向，如蓝色、紫色、绿色的花，蓝色、紫色的果，亮白色的干等。

（2）本研究基于文献资料对林木色彩的特性与数量分布做了统计分析，同时于杭州、呼和浩特两地做了实测验证，结果显示，文献提取的秋色叶数据中，北方的色彩偏红，南方偏黄；北方的彩度（65.18）高于明度（63.00），南方的明度（62.90）高于彩度（56.04）；实测秋色叶数据中，北方的色彩偏红，南方偏黄；北方（呼和浩特）的彩度（64%）高于明度（56%），南方（杭州）的明度（58%）高于彩度（44%）。两类数据的色彩变化一致。

（3）本文基于 1950NCS 色彩空间，通过 NCS 色彩 3 个分量均匀分段，建立了 14×4×4 林木色彩简化空间，列出了 182 个色样，保证了色彩空间的均匀性，但每个色样所含的林木色彩数量频率不同。实际中，色彩调色板的制作也可根据研究课题的需要，选择不同的步长来设计要素分段，如结合色彩出现的数量进行分段。此时虽然分段间隔是不等距的，但由于 NCS 母空间的均匀性，至少可保证分段色彩的分辨率。实践中也有基于其他色彩空间，如 HSV 建立林木色彩空间（张喆等，2017），也是一个可行途径，但均匀性不如 NCS。

（4）颜色矩（color moments）是一种表达图像颜色分布的统计量，包括均值、方差、偏度（skewness）、峰度（kurtosis）、能量（energy）等，成功应用于图像识别、分类、检索（邢强，2002；员伟康等，2016；卢洪胜等，2021），在森林色彩研究中尚未得到关注。由于颜色分布信息主要集中在低阶矩中，本研究仅选择一阶尝试刻画全国颜色分布。其中色相均值的确定，通行做法是直接采用原数据（RGB、HSV、Lab 色彩三分量值）计算，此用来做图像分类和检索可行，但用于视觉分析就出现问题。例如 HSV 中 359° 与 1° 的两个色相平均，本应该是红色，结果却变成了 180° 的青色，表明当两个相差超过 180° 的色相平均，结果应取其补色。

由于林木色彩主要集中于红色、黄色和紫色、蓝色两个区域，本研究对大于 180 的色相值 H 通过 360–H 转换为 H < 180，相当于以红色为原点，把蓝紫色转换到橙黄色区域，转换后 H 值的大小表示离开红色的距离，H 越小，与红色越接近。但此时蓝紫色与橙黄色取值相同，混为一体，可结合两类颜色的数量比例加以区分，或者将全部色彩划分为 180 以上、以下两部分，进一步统计分析。

（5）本研究利用文献数据对全国林木的色彩特性与数量分布做了初步研究，发现在解决色彩转换的前提下，未来建立统一色彩管理平台、森林色彩地理带谱是可能的，在此基础上还可集成色彩物候数据，建立全国性林木色彩变化的季节带谱，推荐各地最佳观赏期。

第5章

森林色彩的时空变化

5.1　植物呈色物候及其地域差异

　　森林植物的色彩不是一成不变的，将随着时间的变化、地域的差异而变化。森林景观色彩受人们感官的影响，大体分为暖色调和冷色调两大种类。但是森林景观的色彩往往受到季相和林分的制约性，会呈现出不同的色彩（吴姝婷等，2019）。虽然森林的基本色彩为绿色，但除了绿色以外，森林还因季相的影响而呈现不同色彩。基于树种生理特性存在差异，在林分垂直结构中不同的层次，树木色彩主要受光照、质感、环境色等影响（代维，2007），叶色也会发生变化，这与温度、光照联系紧密。Walther（2002）等认为，物候是动植物季节性活动的时间记录，是用来跟踪物种的生态变化对气候变化响应的最简单的手段。

　　植物物候现象的发生是森林色彩季相变化的内在机制。季相主要是由树木物候变化形成的，植物不同时期的色彩、形态变化，均呈现出周期性的特征和时序美，是构成森林景观美的重要组成部分（Brian Clouston，1992；杨国栋，1995；张明庆等，2008）。植物季相物候期是指植物在一年的生长中，随着气候的季节变化而发生萌芽、抽枝、开花、结果及落叶、休眠等规律变化的现象，与之相适应的植物器官的动态时期称为生物学时期。不同物候期植物器官所表现出的外部特征，则称为物候相（Frank-M Chmielewski et al.，2001）。通过对树木物候观测，总结其树木叶色、花色等的变色特性和呈色物候规律，便于人们更好地掌握其观赏特点，从而应用于彩色森林景观建设中来延续和美化森林景观。在树木色彩应用中，色调的确定和色彩的选用都需要与总体空间相统一，才能形成相互独立、相互联系的整体色彩，达到最好的感官效果（李霞等，2010）。但现阶段存在一些问题：

　　（1）对于植物物候与季相景观，有学者做过大量相关研究，也有部分关于色彩季相的研究，但大多是通过季节划分、植物季相特征描述，提出景观配置方案。一般是将色彩作为一个综合特征指标处理，未深入到构成要素（如 RGB、HSB 等）的分解及其对色彩现象作用规律的分析。

　　（2）在研究物候相关的著作中，多以气象因子和物候的某部分为研究重点，研究秋冬变色而忽略春夏叶色季相景观，对长期色彩变化规律认识不够，少有研究全年物候者；研究彩叶树种物候者，一般是研究树种资源、观赏特征等，范围从树姿到果实不等，很少专门研究叶片全年呈色物候变化。

　　（3）研究多集中于分析某地区树木叶片呈色的一般规律，得出不同树种叶色变化的时序特征，针对不同地区树种叶色变化的对比研究较少。

　　为深入了解植物呈色物候规律、年度变化与地区差异，本章以杭州市、呼和浩特市作为南北方代表性城市，以主要秋色叶树种为对象，秋冬季节树木叶色变化为重点，通过连续动态监测分析，研究叶色季相特征与观赏效应，比较南北方树木呈色差异。

5.2　南北方典型树种叶色的时空变化

5.2.1　研究区概况与研究方法

5.2.1.1　研究区概况

杭州位于中国东南部的亚热带季风区，属于亚热带季风气候。富阳区（东经119° 25′ ~ 120° 09′，北纬29° 44′ ~ 30° 11′）、年均气温17.4℃，平均湿度70.3%，全年无霜期232天，年降水量1486mm，年日照1933h。土壤以红壤、黄壤、岩性土和水稻土为主，红壤面积最大。植被属中亚热带常绿阔叶林，以壳斗科（Fagaceae）、樟科（Lauraceae）和山茶科（Theaceae）等地带性树种为主构成，自然分布或人工栽植有枫香（*Liquidambar formosana*）、檫树（*Sassafras tsumu*）、马褂木（*Liriodendron chinense*）、黄连木（*Pistacia chinensis*）、银杏（*Ginkgo biloba*）和三角枫（*Acer buergerianum*）等秋色叶树种。由于地理位置的影响，盛夏酷热，冬季寒冷干燥。四季显著，夏秋季常受台风的侵袭。全年日照率占43%，整年约250天的无霜期，植物生物量积累期共达311天（罗慧君，2004）。

呼和浩特市（东经111° 41′ E ~ 112° 10′，北纬40° 48′ ~ 41° 8′），地处北温带，阴山山脉中段，深居内陆处华北地区，属典型的蒙古高原中温带大陆性季风气候，四季分明，寒暑变化剧烈，日照丰富，雨热同季，干湿季节明显，春季干旱多风，冷暖变化剧烈；夏季温热短暂，降雨集中；秋季降温迅速，常有霜冻；冬季漫长，寒冷少雪。全年无霜期110天，年平均气温3.5 ~ 7.8℃、年降水量336.6 ~ 418.2mm，全年日照达2704 ~ 2918h（山丹，2012；呼和浩特气象公报，2019）。植被以温带针叶林和山地落叶林为主，有着丰富的秋色叶树种，主要有白桦（*Betula platyphylla*）、青杨（*Populus cathayana*）、新疆杨（*Populus alba*）、大叶榆（*Ulmus laevis*）、华北落叶松（*Larix principis-rupprechtii*）、垂柳（*Salix babylonica*）、柽柳（*Tamarix chinensis*）、槐（*Sophora japonica*）、山桃（*Amygdalus davidiana*）、山楂（*Crataegus pinnatifida*）、杜梨（*Pyrus betulifolia*）、火炬树（*Rhus typhina*）、元宝枫（*Acer truncatum*）、茶条槭（*Acer ginnala*）、复叶槭（*Acer negundo*）等。

5.2.1.2　研究方法

（1）气象数据收集

杭州与呼和浩特气象数据分别来源于杭州市富阳区中国林业科学研究院亚热带林业研究所气象站和呼和浩特市气象站，原始数据包括气温、日照、空气相对湿度、负离子浓度等实时记录（每小时间隔），基此计算日平均值、最高值和累积值（图5-1、图5-2），其中累积值包括平均温度的累积值（简称积温）、日温差的累积值（简称积差）和日照时数的累积值（简称积光）。

（2）观察时期

a. 杭州市

以2018年秋季、2019年全年作为杭州市典型秋色叶树木观察期。

根据物候学标准，5天为一候，当候平均气温稳定在22℃以上为夏季，候平均气温稳定在10℃以下为冬季，候平均气温从10℃升到22℃是春季，从22℃降到10℃是秋季（杨国栋等，1995）。杭州2018年秋天是从9月30日到12月13日。但秋色叶树种的变色时期不会完全在这

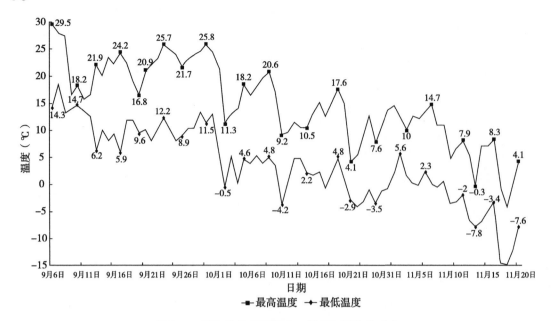

图 5-1 呼和浩特秋季最高、最低气温变化动态

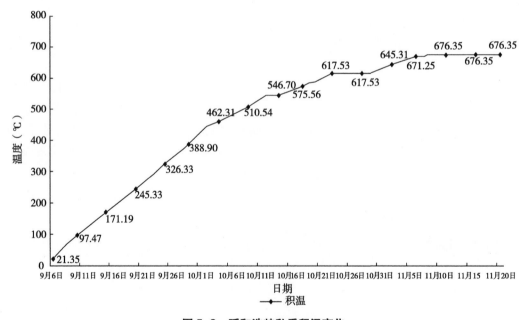

图 5-2 呼和浩特秋季积温变化

个范围之内，为保证所有树种秋色叶变化情况记录的完整性，本研究确定的秋色叶观察期为 9 月 10 日至 12 月 19 日，如图 5-3。

2019 年的四季起始时间为 2 月 26 日（春）、4 月 22 日（夏）、10 月 15 日（秋）、1 月 8 日（冬），如图 5-4。

根据四季起止时间，利用物候期频率分布型法，对四季进行更加精细的划分，即将全年划分为 12 个时期：初春、仲春、晚春、初夏、盛夏、晚夏、初秋、仲秋、晚秋、初冬、隆冬、晚冬；8 个物候期：萌芽膨大期、萌芽开放期、展叶始期、展叶盛期、叶色始变期、叶色全变期、落叶始期、落叶末期，并计算 12 个时期内的物候频率分布，进行统计分析。

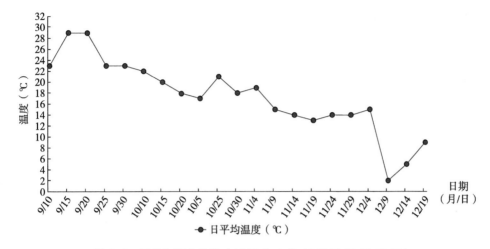

图 5-3　平均气温变化值（2018 年 9 月 10 日至 12 月 19 日）

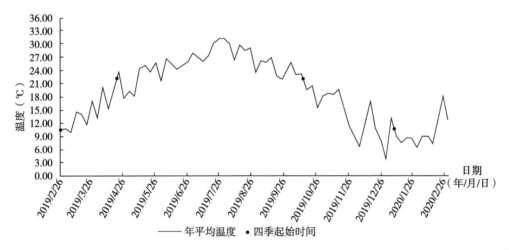

图 5-4　平均气温变化值（2019 年 2 月 26 日至 2020 年 2 月 26 日）

b. 呼和浩特市

以 2019 年作为呼和浩特市典型秋色树木定位观察期。

根据呼和浩特市 2019 年气候公报可得，呼和浩特 2019 年秋季为 9 月 3 日至 11 月 11 日，为保证所有观察树木秋色变色情况的完整性，本研究确定的秋色叶观察时间为 2019 年 9 月 6 日至 11 月 20 日最后一种树木落叶结束时，随气温及林木变色速度的季节变化，设计观察频率，前期每隔 7 天，中后期每隔 5 天、3 天进行一次观察取样，共计 17 期，记录树木变色率、拍摄树木照片。变色率为单株树木树冠上变色的叶片占单株全树冠叶片的百分比。

（3）材料选择

a. 杭州市。依据《浙江省珍贵彩色森林建设总体规划（2016）》的建议树种，并根据具有典型性、代表性的 36 种树种为对象开展观察研究。调查地点选取为杭州植物园、杭州西郊公园、中国林业科学研究院亚热带林业研究所、亚林嘉苑。

b. 呼和浩特市。选取呼和浩特市常见的秋季景观较优美，以具有典型性、代表性的树木 38

种为对象，定期、定点开展呈色物候观察，提取树木叶片与整株照片。

（4）调查与取样

在进行样本树种选择时，参考林分调查标准木选取思想，针对每一个树种，从树形、枝叶密度、色彩呈现状况等方面比较后，选取代表性单株作为样木。

对树木及其环境状况进行评估，记录胸径、树高、冠幅、枝叶密度、变色率等测树因子与景观因子，并记录所处位置、光照条件、土壤状况、周围是否分布相同树种等。每株样木从东南西北各取 2~3 片代表性叶片，保存于塑料袋中，带回室内扫描。扫描当天进行，以免因搁置时间过长而产生脱水、枯黄，导致变色。使用色彩扫描仪为 Canon Scan LiDE 220，为 600dpi 高分辨率。

同时对样木进行定点摄像，拍摄植株整株色彩照片用于变色率分析和美景度评价。照片拍摄统一采用佳能 5D 相机，统一拍摄模式为自动模式，拍摄时间为 10：00~14：00 之间，拍摄时相机高度距地面 1.5m 左右，顺光拍摄。

（5）图片处理与色彩提取

对于树木全株照片，为排除背景噪音，先进行分割与纯化处理，具体是利用 Photoshop 软件将植物照片中除了待测植物外的其他物去除，并将背景设为白色。全株照片主要用于获取色彩分布和变色率。将同株树木上取下的 2~3 个叶片一起扫描或扫描后拼接在一起形成混合样本。借助色彩辅助软件 ColorImpact 对叶片混合样品进行色彩提取与量化，用于色彩标定与变色时序分析，具体分为 3~4 种色彩类别分别提取其 H（色相）、S（纯度）、B（明度）值及其相应的面积比例。

（6）观赏效果评价

采用 SBE 法进行树木色彩观赏效果评价。根据整体变化率将树木变色分为 4 个时期：变色前期秋叶所占比例在 20%~30%，中期 50% 左右，后期 60%~80%，末期 80% 以上。从所摄树种 4 个时期中分别选取 1 张典型照片，包括杭州 2018、2019 年各 96 张，呼和浩特 2019 年 140 张，合计 332 张作为评价媒体。媒体照片不进行背景去除，以保证景观的真实性，同时保证每张照片将被评价主体树种作为主景，避免其他事物对视线的干扰。评价针对秋色叶色彩景观，因此在问卷开头时作简要的说明，但不涉及具体的植物评分细节，以免对评价者评分产生影响。

图片美景度分值按 7 级量表制定，即很好（7分）、好（6分）、较好（5分）、一般（4分）、较差（3分）、差（2分）和很差（1分），制成 PPT 与网页两种格式的评价问卷。

评价采用线上和线下两种形式，有林学、园林学专业人员和非专业人员参与评判，实施结果共回收有效问卷 346 份，无效问卷 9 份。

（7）数据统计与检验

数据检验。色彩三要素值经 Kolmogorov-Smirnova 检验，结果显示，南方 HSV、北方 HS 指标数据服从正态分布（$p > 0.05$），北方 V 指标略偏向低值，接近正态分布（$p > 0.01$）。

多元统计分析。利用 SPSS 聚类分析模块进行树木色彩数量分类，利用残差自回归模块分析秋色叶树木变色率与环境因子的关系。

SBE 评价。问卷调查结果按树种各期汇总，以平均值作为 SBE 量值。结果经 Kolmogorov-Smirnova 检验服从正态分布（$W = 0.043$，$p = 0.200$）。经方差分析，性别、年龄、职业、文化程度各分组组内 SBE 均值差异不显著，各组之间的交互效应均无显著差异（$p > 0.050$）。

5.2.2　树木叶色渐变分析

5.2.2.1　杭州典型树种全年叶色变化

基于 2019 年观察数据，以 15 日为间隔，全年分 24 个时间节点，建立彩叶树叶色全年原色色谱，结果如图 5-5。

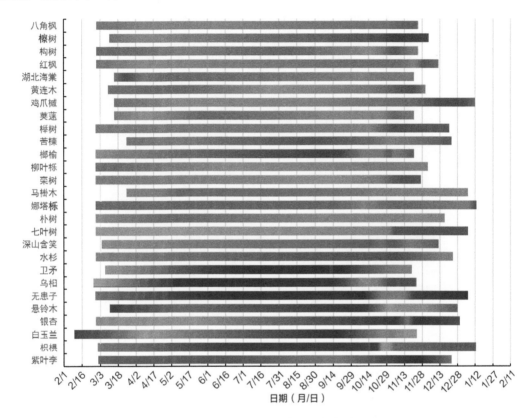

图 5-5　彩叶树种全年原色色谱

可见除常色叶外，大部分彩叶树种的叶片萌芽期处于 2 月底至 3 月初，落叶期处于 11 月末至 1 月中。色系突变时期集中在 9 ~ 12 月，3 ~ 5 月色彩变化次之，6 ~ 8 月色调相对稳定。其中，鸡爪槭、娜塔栎、朴树、榉树、七叶树挂叶期较长，平均 10 个月左右。檫树、湖北海棠、水杉色调变化最多，达 4 次左右。受暖冬影响，卫矛、盐肤木甚至出现了叶色返绿现象。

5.2.2.2　杭州典型树种秋季叶色变化

根据定位观察和叶片样本色彩处理分析（图 5-6），杭州地区典型树种秋叶变色方式有所不同，可大致分为 4 种类型：①同步变色加深型，植物整株同步变色，秋色叶随着时间的推移颜色逐渐加深。典型树种如水杉、朴树；②色斑扩张型，在变色期间叶片上表现为色斑逐渐扩张，且同株上不同叶片色斑大小不一致。典型的树种如马褂木、悬铃木；③色彩提亮型，秋色叶的明度值逐渐提高。典型的树种如银杏、无患子；④变色落叶交叉型，指在变色的同时尤其是变色末期，树种已经开始落叶，如七叶树、樱花、梅花。

基于 2018 年观察数据，9 月初，少量树木开始变色，9 月 25 日之后，大部分树种开始变色。其中变色最早的是檫树，其次是马褂木、悬铃木和樱花等。10 月初，卫矛、乌桕、娜塔栎等变色

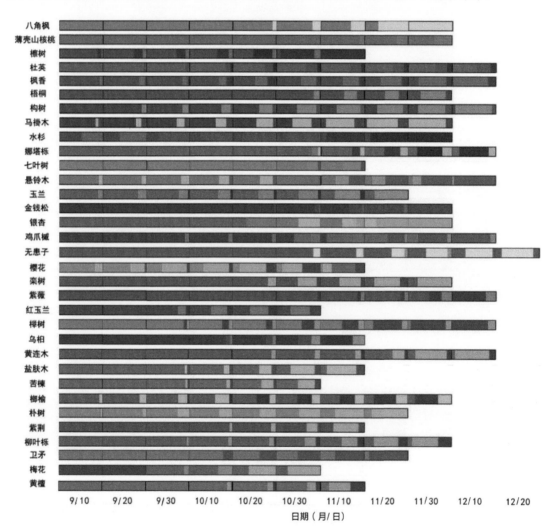

较晚的树种也开始披上了红色的秋衣，部分树种已经进入了变色中期，如樱花变色率达到了60%以上，榔榆、檫树变色率也达到了40%以上。10月末，檫树、樱花的变色率已经达到了70%以上，进入变色盛期，而变色较晚的薄壳山核桃、无患子还是葱郁的绿色。部分树种由于变色同步率低或者秋色叶色彩灰暗，虽然也进入了变色盛期，但整体景色不佳，如白玉兰和悬铃木。11月上旬，部分树种开始落叶，如栾树、马褂木、乌桕等，银杏、无患子等进入变色中期。到了11月中下旬，当檫树、梧桐、卫矛等退下舞台，银杏、无患子等成了主要观赏景观。此时还有些树种也进入了变色盛期，但由于色彩持续时间较短，影响了观赏效益，如薄壳山核桃。到了12月初，大多数树种的叶片全部掉落，但仍然小部分树种持续挂叶，如无患子、娜塔栎等。

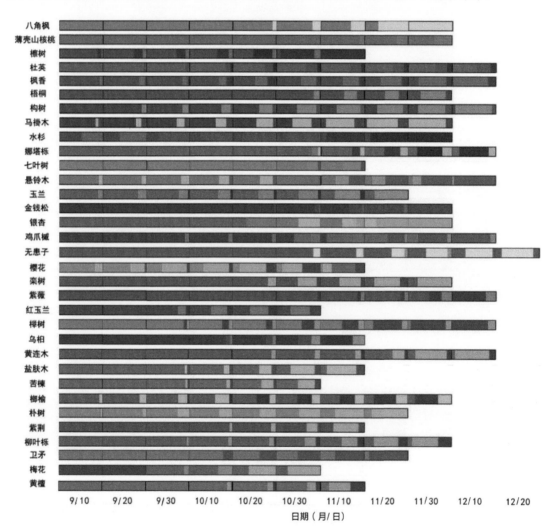

图 5-6 主要秋色叶树种叶色季相变化

注：图中各观察期色块表示相应色彩所占比例（%）。

2018年，杭州地区典型树种秋色期开始时间大致在10月上旬，12月初大多数树种完成落叶。其中马褂木、悬铃木、黄连木的观赏持续期最长，达到一个半月左右。檫树、银杏等观赏期也在一个月以上。初秋观赏性较高的树种为檫树、卫矛、马褂木、樱花等，深秋观赏性较高的有银杏、无患子、娜塔栎等，如图5-7。

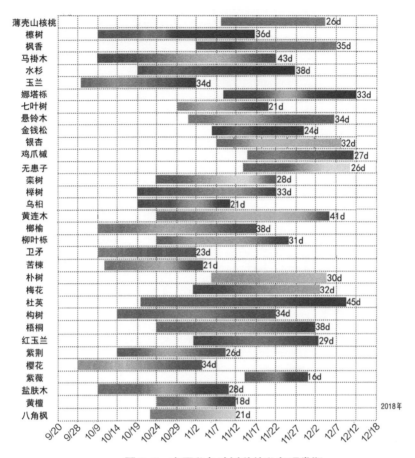

图 5-7　主要秋色叶树种的秋色观赏期

5.2.2.3　呼和浩特典型树种秋季叶色变化

基于 2019 年观察数据，以 3 ~ 7 天为间隔，绘制的呼和浩特地区秋色叶树木叶色季相如图 5-8。

38 种秋色叶树木变色开始时间主要集中在 9 月 8 ~ 18 日，占总数的 66%。9 月 13 ~ 17 日，臭椿、复叶槭、红瑞木、黄檗、火炬树、辽东栎、水曲柳、暴马丁香、柽柳、辽宁山楂、山皂荚、卫矛、五角枫、洋白蜡、白桦、茶条槭、胡桃楸、灰楸子、蒙古荚蒾、桑、山桃、银杏、梓树，共计 23 种依次变色；9 月 24 日前后，垂柳、杜梨、槐、华北落叶松、山荆子、水枸子、紫丁香进入变色期；9 月 30 日，变色较晚的树木开始变色，有西府海棠、新疆杨、杏、榆树；10 月初，变色最晚的青杨开始变色，持续至 10 月底，大部分树种完成变色中期与盛期阶段，持续时期较短。10 月下旬到 11 月上旬，树木开始落叶，变色进入末期，至 11 月中旬，完成落叶。综上，秋色叶树木从 9 月上旬到 10 月上旬开始变色，至 10 月下旬，大部分树木结束变色。

由图 5-9 可见，呼和浩特 38 种树木叶片变色持续时间各不相同，最佳观赏期为 10 ~ 35 天，平均 18 天，其中持续时间最长的为臭椿 35 天，最短的为新疆杨 10 天。最佳观赏期持续时间为 10 ~ 15 天的有柽柳、胡桃楸、灰楸子、辽宁山楂、榆树、山皂荚、水曲柳、梓树、五角枫、银杏、新疆杨；最佳观赏期持续时间为 15 ~ 20 天的有杏、白桦、暴马丁香、茶条槭、红瑞木、华北落叶松、蒙古荚蒾、桑、紫丁香、垂柳、杜梨、槐、山桃、卫矛、西府海棠、黄檗；最佳观赏期持续时间为 20 天以上的有臭椿、复叶槭、青杨、水枸子、火炬树、辽东栎、山荆子、洋白蜡。

图 5-8　主要秋色叶树木叶色季相变化

从变色全过程情况来看，树木叶片变色整体持续时间为 30 ~ 57 天，平均变色持续时间为 40 天。如将早晚、长短不同变色期的林木搭配，可显著延长观赏期，如变色比较早的辽东栎、白桦，与变色较晚的紫丁香、山荆子搭配，持续时间可长达 60 天左右；变色较早的红瑞木与变色较晚的杏、槐组合色彩持续时间可长达 64 天。

5.2.2.4　树木变色季节年度差异

杭州地区两年连续观察结果显示，2018 年，树木秋叶变色最早始于 9 月 28 日，结束于 11 月 9 日；最晚始于 11 月 29 日，结束于 12 月 23 日，平均始于 10 月 22 日（±14.16 天），终于 12 月 1 日（±14.39 天）；最短观赏期 16 天，最长 64 天，平均观赏期 39.83 ± 14.72 天。

2019 年，最早始于 9 月 29 日，结束于 11 月 9 日；最晚始于 11 月 29 日，结束于 2020 年 1 月 11 日，平均始于 10 月 25 日，终于 12 月 9 日；最短观赏期 21 天，最长 66 天，平均

45.25 ± 12.95 天。

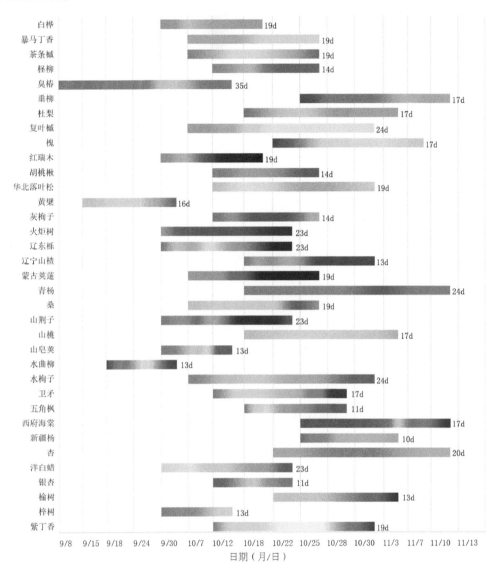

图 5-9　主要秋色叶树木的秋色观赏期

与 2018 年相比，2019 年树木变色开始延迟 3 天，结束延迟 8 天，观赏期延长 5.42 天，在 95% 置信水平下无显著差异（ $p = 0.122$ ），见表 5-1。

表 5-1　杭州地区树木变色季节年度差异

年（组）	时间段	最小值	最大值	平均	标准偏差	p
2018	始日	18/09/28	18/11/29	18/10/22	14.16	
	终日	18/11/09	18/12/23	18/12/01	14.39	
	观赏天数	16.00	64.00	39.83	14.72	
2019	始日	19/09/29	19/11/29	19/10/25	17.35	
	终日	19/11/09	20/01/11	19/12/09	16.19	
	观赏天数	21.00	66.00	45.25	12.95	

（续）

年（组）	时间段	最小值	最大值	平均	标准偏差	p
2018—2019	始日	1.00	0.00	3.00		0.000
	终日	0.00	19.00	8.00		0.000
	观赏天数	5.00	2.00	5.42		0.122

5.2.2.5 树木变色季节地区差异

2019 年杭州 – 呼和浩特两地同步观察结果显示，杭州地区树木秋叶变色最早始于 9 月 29 日，结束于 11 月 9 日；最晚始于 11 月 29 日，结束于 2020 年 1 月 11 日，平均始于 10 月 25 日，终于 12 月 9 日；最短观赏期 21 天，最长 66 天，平均 45.25 ± 12.95 天。

呼和浩特 2019 年树木秋叶变色最早始于 9 月 18 日，结束于 10 月 7 日；最晚始于 11 月 3 日，结束于 11 月 20 日，平均始于 10 月 13 日，终于 11 月 2 日；最短观赏期 10 天，最长 40 天，平均 20.23 ± 8.004 天。

与杭州 2019 年相比，呼和浩特树木变色开始早 12 天，结束早 37 天，观赏期缩短 25.02 天，在 95% 置信水平下有显著差异（$p = 0.003$），见表 5-2。

表 5-2　2019 年树木变色季节地区差异

年（组）	时间段	最小值	最大值	平均	标准偏差	p
杭 2019	始日	19/09/29	19/11/29	19/10/25	17.35	
	终日	19/11/09	20/01/11	19/12/09	16.19	
	观赏天数	21.00	66.00	45.25	12.95	
呼 2019	始日	19/09/18	19/11/03	19/10/13	11.29	
	终日	19/10/07	19/11/20	19/11/02	10.26	
	观赏天数	10.00	40.00	20.23	8.00	
杭 2019—呼 2019	始日	11.00	26.00	12.00		0.000
	终日	33.00	52.00	37.00		0.000
	观赏日数	11.00	26.00	25.02		0.003

5.2.3　树木叶色美景度时序变化

5.2.3.1 杭州典型树种全年叶色美景度时序变化

基于 2019 年 27 个典型树种观察数据，分春季萌芽期、春季变色期、夏季茂盛期、秋季变色早期、秋季变色中期、秋季变色末期、冬季落叶期 7 期，分别选取 1 张典型照片共 189 张作为研究对象，SBE 评价结果显示，SBE（标准化值）整体呈先升后降趋势，从春季萌芽期最低开始，随着季节的变化迅速上升，至夏季茂盛期、秋季变色早期达到最大值，后逐渐下降，至冬季落叶期止（图 5-10）。

多重方差比较结果显示，春季萌芽期与其余各时期均存在显著差异，春季变色期与夏季茂盛期、春季变色期和秋季变色早期有显著差异，其余的 3 个时期无显著差异（表 5-3）。

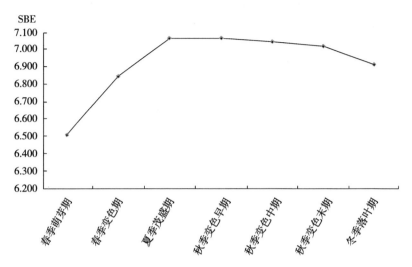

图 5-10　杭州 27 个典型树种 SBE 值时序变化

表 5-3　SBE 差异性 7 期独立样本 T 检验

| 编号 | 莱文方差齐性检验 | | 平均值等同性 T 检验 | | | | | | |
| | F | 显著性 | T | 自由度 | Sig.（双尾） | 平均值差值 | 标准误差差值 | 差值 95% 置信区间 | |
								下限	上限
1～2	0.315	0.577	−3.080	52	0.003	−0.340	0.110	−0.561	−0.118
1～3	0.026	0.872	−5.002	52	0.000	−0.559	0.112	−0.784	−0.335
1～4	0.064	0.801	−5.006	52	0.000	−0.560	0.112	−0.785	−0.336
1～5	0.068	0.796	−4.548	52	0.000	−0.540	0.119	−0.778	−0.302
1～6	1.546	0.219	−3.924	52	0.000	−0.514	0.131	−0.777	−0.251
1～7	1.022	0.317	−3.024	52	0.004	−0.409	0.135	−0.680	−0.137
2～3	0.249	0.620	−2.181	52	0.034	−0.220	0.101	−0.422	−0.018
2～4	0.141	0.709	−2.186	52	0.033	−0.220	0.101	−0.423	−0.018
2～5	0.851	0.361	−1.848	52	0.070	−0.200	0.108	−0.417	0.017
2～6	3.942	0.052	−1.433	52	0.158	−0.174	0.122	−0.418	0.070
2～7	2.636	0.111	−0.546	52	0.587	−0.069	0.126	−0.322	0.184
3～4	0.014	0.907	−0.007	52	0.995	−0.001	0.102	−0.206	0.205
3～5	0.244	0.624	0.178	52	0.859	0.020	0.110	−0.201	0.240
3～6	2.644	0.110	0.369	52	0.713	0.045	0.123	−0.201	0.292
3～7	1.671	0.202	1.183	52	0.242	0.151	0.127	−0.105	0.406
4～5	0.345	0.559	0.184	52	0.855	0.020	0.110	−0.200	0.241
4～6	2.867	0.096	0.375	52	0.709	0.046	0.123	−0.201	0.293
4～7	1.848	0.180	1.188	52	0.240	0.151	0.127	−0.104	0.407
5～6	1.170	0.284	0.200	52	0.842	0.026	0.129	−0.234	0.285
5～7	0.709	0.404	0.983	52	0.330	0.131	0.133	−0.137	0.399
6～7	0.013	0.909	0.729	52	0.469	0.105	0.144	−0.185	0.395

注：编号 1～7 即表示 7 个时期。

5.2.3.2 杭州典型树种秋叶色彩美景度时序变化

基于 2018 年 36 个典型树种观察数据，分秋季变色早、中、盛、末 4 期，分别选取 1 张典型照片共 144 张作为研究对象，SBE 评价结果显示，SBE 值整体呈先升后降趋势，从变色早期开始，随着季节变化而上升，至变色中期达到最大，盛期略下降，末期降到最低（图 5-11）。

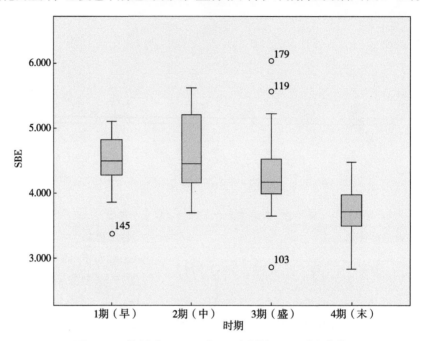

图 5-11　杭州地区 2018 年 36 个树种 SBE 时序变化

4 期样本 SBE 大小为：中期（4.596 ± 0.593）> 早期（4.488 ± 0.409）> 盛期（4.301 ± 0.645）> 末期（3.749 ± 0.382）。样本分期 SBE 方差齐性（$p = 0.051$），整体差异显著（F = 12.594，$p = 0.000$）。多重比较结果显示，变色末期与其他几期均有显著差异，变色中期与盛期有一定差异，其余组合均为不显著（表 5-4）。差异的原因可能是由于变色盛、末期因落叶的影响，导致其美景度均值低于变色前期与中期；而变色中期因拥有绚丽的秋色且有较好的生命力，其美景度最高，与变色末期的树种形成差异。

表 5-4　四期 SBE 差异多重比较

样本对	平均差异	Sig. (2-tailed)
1 ~ 2	−0.108	0.476
1 ~ 3	0.187	0.215
1 ~ 4	0.740	0.000
2 ~ 3	0.295	0.052
2 ~ 4	0.847	0.000
3 ~ 4	0.552	0.000

注：1、2、3、4 分别指变色早期、中期、后期和末期的美景度评价样本。

5.2.3.3 呼和浩特典型树种秋叶色彩美景度时序变化

基于 2019 年 38 个典型树种观察数据，分秋季基色期、变色早期、变色中期、变色盛期、变

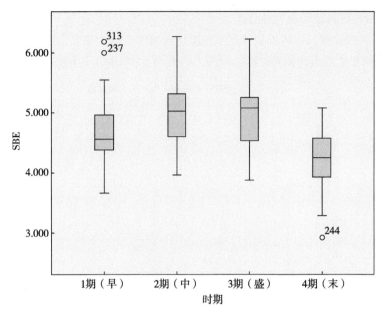

图 5-12　呼和浩特 38 个树种 SBE 时序变化

色末期 5 期，BE 评价结果显示，SBE 值整体呈升—平—降趋势变化。变色早期至中期 SBE 上升，持平至盛期略为下降，后随着季节变化下降（图 5-12）。

4 期样本 SBE 大小为：中期（4.991±0.572）＞盛期（4.971±0.578）＞早期（4.714±0.566）＞末期（4.202±0.525）。样本分期 SBE 方差齐性（$p=0.944$），整体差异显著（$F=15.016$，$p=0.000$）。多重比较结果显示，除变色盛期与早期、盛期与中期间差异不显著外，其余组合均有显著差异（表 5-5）。

表 5-5　五期差异多重比较

样本对	平均差异	Sig. (2-tailed)
1～2	-0.277	0.041
1～3	-0.257	0.058
1～4	0.512	0.000
2～3	0.020	0.882
2～4	0.789	0.000
3～4	0.769	0.000

综上，南方和北方秋叶色彩 SBE 值均为变色中、盛期最高，末期最低；早期 SBE 南方较高，北方较低，高低极值间差异显著。

5.2.4　秋色叶树种类型分析

不同树种在色彩美景度及其持续性等方面存在差异，有些树种在整个变色时期始终具有较高的观赏效应，如银杏、檫树等；另外有些树种在变色前期的景观美景度值偏低，后、末期的美景度值较高，如乌桕、无患子、苦楝等；还有些树种在整个变色期的景观美景度值都偏低，如玉兰、黄檀、悬铃木等。为此开展基于呈色与观赏特性的树种分类研究。

5.2.4.1 杭州地区典型秋色树种分类

基于 2018 年观察数据，以树种美景度及色彩持续时间长短为主要指标，对 36 种秋色叶树种进行聚类分析。采用 Q 型系统聚类，欧氏距离、类平均（UPGMA）方法的聚类结果见图 5-13。

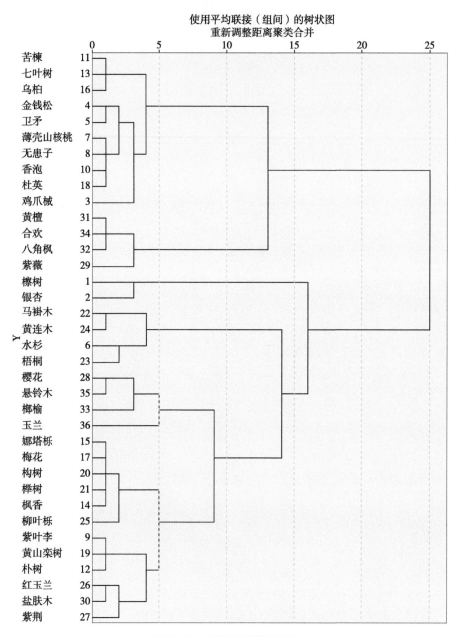

图 5-13 树种系统聚类分析

最终按欧氏基距离 5～10 之间，样本对象被分为了 6 类。基于聚类结果，按类求取美景度和观赏期长短的均值，按美景度值（SBE 值高、较高、中等、低）和观赏期长短（观赏期长、较长、中等、短）的高低顺序编排，结果如表 5-6 所示。

表 5-6　主要秋色叶树种分级

分级	分类依据	包括树种
Ⅰ	美景度值高、观赏期较长	檫树、银杏
Ⅱ	美景度值较高、观赏期中等	乌桕、金钱松、卫矛、薄壳山核桃、无患子、香泡、杜英、鸡爪槭、七叶树、苦楝
Ⅲ	美景度值中等、观赏期长	马褂木、黄连木、水杉、梧桐
Ⅳ	美景度值中等、观赏期较长	娜塔栎、梅花、构树、榉树、枫香、柳叶栎、紫叶李、黄山栾树、朴树、白玉兰、盐肤木、紫荆
Ⅴ	美景度值低、观赏期较长	樱花、悬铃木、白玉兰、榔榆
Ⅵ	美景度值低、观赏期短	合欢、黄檀、八角枫、紫薇

其中Ⅰ类树种包括檫树和银杏 2 种，美景度高且观赏期长，是南方主要的造林树种；Ⅱ类包括乌桕、金钱松等 10 个树种，美景度较高，观赏期中等，是主要的城乡绿化树种；Ⅲ类包括马褂木、黄连木、水杉和梧桐 4 个树种，树形高大，美景观度中等，观赏期长达一个半月以上，可栽植为风景纯林；Ⅳ类树种有 12 种，观赏期较长，其中娜塔栎、梅花、枫香、栾树的景观效益较好，可作为点缀树种丰富植物景观；Ⅴ类树种 4 种，包括樱花、悬铃木、白玉兰和榔榆，它们在秋天具有较长的观赏期，但景观不佳，适合与其他秋景植物搭配种植，以丰富植物层次；Ⅵ类树种有 4 种，包括合欢、黄檀、八角枫、紫薇，秋天景观较差且观赏期短，一般不作秋色树种单独应用。

5.2.4.2　呼和浩特典型秋色树种分类

按上节同样方法，呼和浩特 38 种秋色叶聚类分析结果见图 5-14。

最终按欧氏基距离 5 ~ 10 之间，样本对象被分为了 6 类。基于聚类结果，按类求取美景度和观赏期长短的均值，按美景度值和观赏期长短的高低顺序编排，结果见表 5-7。

表 5-7　主要秋色叶树木分级

分级	分类依据	包括树木
Ⅰ	美景度值高、观赏期较长 极优长效型	复叶槭、华北落叶松、辽东栎、卫矛、五角枫、洋白蜡
Ⅱ	美景度值高、观赏期超长 孤赏长效型	白杆、圆柏、油松
Ⅲ	美景度值较高、观赏期中等 高优中效型	灰枸子、桑、新疆杨、茶条槭、杜梨、银杏、山荆子、梓树、水枸子、水曲柳、榆树、山桃、杏、柽柳、槐
Ⅳ	美景度值中等、观赏期中等 组合中效型	辽宁山楂、紫丁香、蒙古荚蒾、暴马丁香、青杨、山皂荚、红瑞木、火炬树、白桦、西府海棠、胡桃楸、臭椿
Ⅴ	美景度值较高、观赏期长 群赏长效型	垂柳
Ⅵ	美景度值低、观赏期短 辅助短效型	黄檗

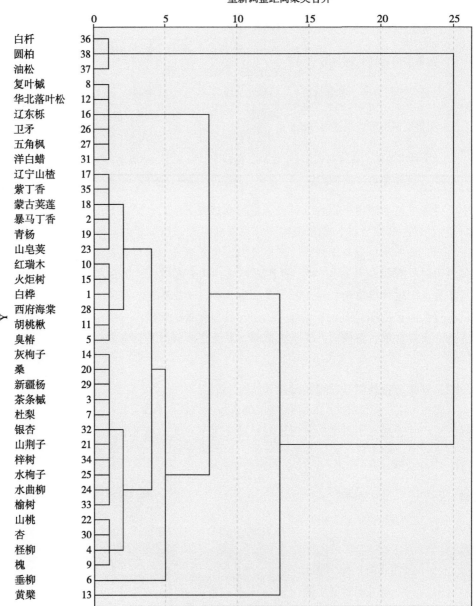

使用平均联接（组间）的树状图
重新调整距离聚类合并

图 5-14 秋色叶树木聚类分析

其中Ⅰ类，极优长效型，树木包括6种，复叶槭、华北落叶松、辽东栎、卫矛、五角枫、洋白蜡，它们的特点是秋叶金黄、绯红，观赏天数较长，平均达31天，适合孤植欣赏也适合群植，形成壮丽的秋色。Ⅱ类，孤赏长效型，包括白杆、圆柏、油松3种，均是常绿树木，树形整齐高大，适合孤植、列植、群植。Ⅲ类，高优中效型，包括新疆杨、茶条槭等15种，美景度值较高，观赏期中等，平均观赏期为28天左右，可作为主景树木，或单独栽植为纯风景林，或与高大乔木配置（灰栒子、山荆子、水栒子等），丰富层次。Ⅳ类，组合中效型，包括辽宁山楂、紫丁香等12种，美景度早中盛期效果极好，但到末期，随着落叶速度加快，树形、色彩等美景度骤降，拟与其他树种组合应用。V 类，群赏长效型，仅垂柳 1 种，美景度值较高，观赏期长（达 48 天），但变色主要集中在中后期，最佳观赏期也仅有 17 天，前期叶色变化不明显。VI 类，辅助短效型，仅黄檗 1 种，美景度与观赏期短，可与其他秋季景观较佳的林木搭配种植，形成四季有景的林木群落。

5.2.5　秋色叶树种物候分析

5.2.5.1　秋色叶树种物候频率分析

为了进一步了解彩叶植物呈色物候变化，根据 2019 年 2 月至 2020 年 1 月杭州典型树木的物候观测数据，采用植物物候期频率分布型法划分物候季节，结果见表 5-8。

表 5-8　物候季节划分

季节	春季			夏季			秋季			冬季		
	初春	仲春	晚春	初夏	盛夏	晚夏	初秋	仲秋	晚秋	初冬	隆冬	晚冬
开始日期（月 / 日）	2/21	3/10	4/09	4/17	5/12	9/17	10/10	11/12	12/2	1/3	1/18	2/12
持续天数（天）	19	29	8	25	127	23	33	39	13	15	25	9
总天数（天）	56			175			85			49		

可见杭州地区在全年 12 个物候季节中，盛夏持续时间最长，达 4 个月左右，晚春和晚冬持续一周左右，可以说转瞬即逝。为显示各物候季节不同物候特征，将杭州地区不同物候季节物候现象发生的频率进行权重分析（王子等，2017），得到各季节阶段不同物候现象构成特点（表 5-9）。

表 5-9　物候现象发生频率　　　　　　　　　　　　　　　　　　　　　　　%

物候期	春季			夏季			秋季			冬季		
	初春	仲春	晚春	初夏	盛夏	晚夏	初秋	仲秋	晚秋	初冬	隆冬	晚冬
开始时期（月 / 日）	2/21	3/10	4/09	4/17	5/12	9/17	10/10	11/12	12/2	1/3	1/18	2/12
萌芽膨大期	88.5	11.5										
芽开放期	69.2	30.8										
展叶始期	15.4	76.9	7.7									
展叶盛期		69.2	26.9	3.9								
叶色始变期						19.2	80.8					
叶色全变期							30.8	65.3	3.9			
落叶始期							23.1	61.5	15.4			
落叶末期							7.7	42.3	26.9	19.2	3.9	

（1）春季的季相特征

杭州地区的春季始于 2 月 21 日，止于 4 月 16 日，持续时间长达 56 天，将近两个月的时间内发生的物候现象，即物候频率，约占全年的 49.5%，是一年中物候出现频率最多的季节。

由物候期频率表可知，在初春时节大部分树种前期处于萌芽膨大期和芽开放期，物候现象各占据整个初春时节的 51.1% 和 40%，物候相表现为树木抽芽、焕发生机。后期处于展叶始期，占初春时节的 8.9%，其中也有部分先花后叶树种处于开花蕾或花序期，如白玉兰和檫树，为初春景观增添了一抹别样色彩。

仲春时节物候现象出现的频率最高，占全年 23.6%，即全年近 1/4 的物候现象全都在仲春时节出现。前期物候现象主要为萌芽膨大和芽开放，出现频率分别是 11.5% 和 30.8%，萌芽期约占仲春时节物候现象的 22.5%；后期以展叶为主，出现频率占仲春时节的 77.5%。可见仲春时节大部分彩叶树种处于展叶期，少部分树种仍处于萌芽期。仲春是富阳地区物候现象变化最明显的时期，季相表现为柔枝嫩叶、绿意盎然。在这个时期，大多数树种叶色呈黄绿色，属黄色系范围。

晚春的持续时间较短，在此期间，物候现象出现的频率远小于仲春时节，占全年物候出现频率的 4.3%，且全部处于展叶期。其中展叶后期占该时期的 77.7%，说明春季大部分树种已完成展叶，只有少部分树种尚在进行中。在晚春，叶色进入由嫩绿到深绿的过渡期，观赏效应变化不明显。此时季相表现与仲春时节类似。

（2）夏季的季相特征

杭州地区夏季始于 4 月 17 日，止于 10 月 9 日，长达 5 个多月，在一年中占比最大、持续时间最长，然而树种叶片物候变化最低，仅占全年不到 3%。这一现象出现的原因是，夏季树种一般处于花期或果期，而叶片正处于一个长期稳定阶段，变化微乎其微，肉眼难以分辨，只有少许树种出现了初夏展叶及晚夏开始变色的物候现象。在此期间，叶片季相以树木展叶封冠、浓绿成荫为主，如朴树、黄连木、无患子等已形成硕大的树冠，展现出了绿荫如盖的典型夏季特征。

初夏物候现象比较单一，仅出现了极少部分树种展叶的情况，频率占全年的不到 0.5%，占整个夏季的 16.9%。此时的季相变化极不明显，只有鸡爪槭仍处于展叶后期，其他树种已进入叶色相对稳定的阶段。

进入盛夏，叶片的物候出现频率为 0。此时的季相表现为叶色由浅入深，树木亭亭如盖，枝繁叶茂的树群展示出蓬勃生机。

在晚夏，湖北海棠、水杉、卫矛、银杏、紫叶李进入了叶色始变期，物候相表现为水杉、银杏叶色由绿色渐渐转变为黄色乃至黄红色；湖北海棠、卫矛叶色变红；紫叶李的叶色由夏季的暗红变为艳红。在这个时期内，栾树、荚蒾等树种果实也已成熟，表现出浓厚的观景特色。

（3）秋季的季相特征。

杭州地区的秋季始于 10 月 10 日，结束于 2020 年 1 月 2 日，持续时间达 85 天，仅次于夏季。整个秋季的物候出现频率占全年 44.7%，仅比春季少 4.8%。在这个时期内，物候出现频率达到第二个高峰。

初秋物候出现频率占全年的 17.8%，其中仅变色期就占据了整个初春时节的 78.4%，可见初春最主要的午后变化即为叶色变化。此时的物候相为大部分树种叶色已开始由绿色系转变为黄色系、黄红色系和红色系，树木叠翠流金，色调多样。

仲秋物候出现频率占全年的 21.1%，占整个秋季的 47.3%，其中有 65.3% 的树种已完成叶色变化。其中，湖北海棠、卫矛、乌桕、玉兰、紫叶李等树种叶片变色即脱落，这些树种的变色期几乎与落叶期同步或者一前一后。湖北海棠与卫矛在这个时期内已完成整个落叶过程。此时的物候相为层林尽染、枫林如火，是一个观赏的好时节。

晚秋仅栾树落果，叶片尚在变色期，其余树种皆已完成叶色转变，大多已进入了落叶期。晚秋的物候频率仅占全年的 5.7%，以落叶期为主，部分尚停留在变色后期。此时的物候相为红衰翠减、秋叶凋零。

（4）冬季的季相特征

杭州地区的冬季始于 2020 年 1 月 3 日，结束于 2 月 15 日，持续时间约 49 天，是一年中时间最短的季节，在整个冬季内，出现的物候现象不足全年的 3%，与夏季一样，物候变化几乎可以忽略不计。

初冬的物候现象为落叶末期，且大部分已完成落叶过程，仅有枫香、柳叶栎、娜塔栎、朴树、悬铃木等树种仍处于落叶末期。此时树木凋零，枝枯叶落，俨然一派冬季萧条景象。

隆冬期间仅有鸡爪槭处于落叶末期，其他树种皆已进入休眠阶段。且这个阶段一直延续到晚冬结束。此时夏绿树种处落叶末期的累计频率已达 100%，整个冬季色调枯黄、一片萧索。

与盛夏叶片形态稳定不同，晚冬是整个季节真正的沉默期，在这 9 天的时间内没有任何物候现象的发生，是一年中观赏效益最低的阶段。

5.2.5.2 物候类型划分

（1）相关性分析

根据萌芽期、展叶期、变色期和落叶期起止时间，制成各个物候期持续时间表（表 5-10）。

表 5-10 物候期持续时间

树种名称	持续时间（天）				树种名称	持续时间（天）			
	萌芽期	展叶期	变色期	落叶期		萌芽期	展叶期	变色期	落叶期
八角枫	22	29	33	11	马褂木	20	28	45	36
檫树	21	32	42	22	娜塔栎	22	40	31	49
构树	35	40	81	48	朴树	21	36	43	60
红枫	21	40	25	29	七叶树	23	32	20	31
湖北海棠	21	29	38	23	水杉	21	26	39	43
黄连木	24	28	22	32	卫矛	31	26	26	31
鸡爪槭	23	42	33	25	乌桕	55	30	28	33
荚蒾	22	29	37	34	无患子	45	32	21	30
榉树	22	28	29	24	悬铃木	40	30	50	31
苦楝	41	29	29	37	银杏	32	26	49	38
榔榆	28	30	30	30	玉兰	40	25	17	43
柳叶栎	23	38	38	40	盐肤木	21	26	16	11
栾树	40	29	45	31	紫叶李	18	33	22	55

表 5-10 中每个时期持续时间（天数）为变量，对 4 个时期进行相关性分析，用相关系数 r 来描述。相关关系的特征表现在两个方面，一个是方向（是正相关、负相关还是零相关），另一个是强度（到底密切的程度有多大）。一般认为，$r = 0$ 是无线性相关；$|r| < 0.3$ 表示关系极弱，认为不相关；$0.3 < |r| < 0.5$ 是低度相关；$0.5 < |r| < 0.8$ 是中度相关；$|r| > 0.8$ 是高度相关，$|r| > 0.95$ 表示存在极显著相关。本研究采用积差相关系数（coefficient of product correlation）分析变量之间的相关程度，结果见表 5-11 所示。

表 5-11　各物候期之间的相关系数矩阵

物候期	萌芽期	展叶期	变色期	落叶期
萌芽期	1			
展叶期	−0.187	1		
变色期	0.064	0.264	1	
落叶期	0.042	0.296	0.268	1

　　由表 5-11 可见，萌芽期和其他时期的相关程度较低，这说明 26 种彩叶树的萌芽期对其他时期的影响较弱；展叶期、变色期和落叶期的相关系数均在 0.2 以上，这说明这 3 个时期之间有微弱的联系。其中，展叶期与落叶期的相关性较其他时期最高，可以初步推测展叶期的早晚，会在一定程度上影响落叶期的早晚。

　　（2）因子分析

　　根据原有变量的相关系数矩阵，采用主成分分析方法（PCA）提取因子，并选取特征值大于 1 的部分，提取结果见表 5-12。

表 5-12　PCA 中原有变量总方差解释

成分	初始特征值			提取载荷平方和			旋转载荷平方和		
	总计	方差百分比	累积（%）	总计	方差百分比	累积（%）	总计	方差百分比	累积（%）
1	1.557	38.932	38.932	1.557	38.932	38.932	1.529	38.216	38.216
2	1.097	27.422	66.355	1.097	27.422	66.355	1.126	28.138	66.355
3	0.731	18.273	84.627						
4	0.615	15.373	100.000						

　　根据表 5-12 中对 26 种植物的萌芽物候、展叶物候、变色物候和落叶物候进行的主成分分析。结果表明，前 2 个主成分作用明显，贡献率分别为 38.932% 和 27.422%，累计方差贡献率高达 66.355%。

　　（3）物候类型划分

　　为了更好地了解植物各物候出现时间以及持续时间长短，根据彩叶树种之间物候期的差异，划分其类型。

表 5-13　各物候期前 2 个主要因子负荷统计

物候期	成分	
	PC1	PC2
萌芽期	0.117	0.925
展叶期	0.64	-0.506
变色期	0.738	0.116
落叶期	0.748	0.025

　　由表 5-13 可以看出，第一主成分中展叶、变色和落叶具有较高的因子负荷量，可代表展叶期、变色期、落叶期；第二主成分中萌芽具有较高的因子负荷量，可代表萌芽期。结果与各物候参数间的相关性分析一致。在划分类型时，主要根据萌芽期和落叶期。

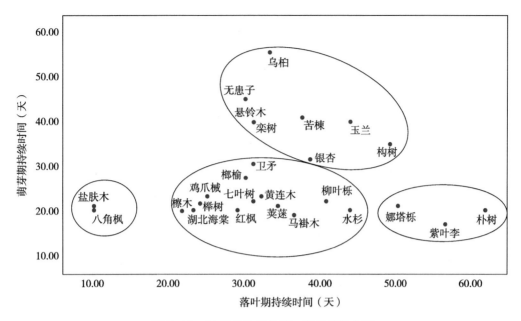

图 5-15　26 种植物萌芽期 - 落叶期散点图

根据散点图 5-15 可知，26 种彩叶树种可以划分为 4 大类。以 35 天为界点，根据萌芽期持续时间长短分为两大类：小于 35 天为Ⅰ类，高于 35 天为Ⅱ类。其中Ⅰ类根据落叶期时间长短分为 3 小类：小于 20 天为短期、20～45 天为中期、45 天以上为长期（寿晓鸣，2007）。

第 1 类为萌芽 - 落叶持续时间皆短型：这个区间的树种仅有盐肤木与八角枫两种，萌芽持续时间在 20 天左右、落叶持续时间 10 天左右。这两种彩叶树与其他树种在散点图上的距离较远，主要由于落叶持续时间引起的，由此可见，不同树种的落叶期比萌芽期的差异可能性更大。

第 2 类为萌芽持续时间短 - 落叶持续时间中型：此期间共 13 种彩叶树聚集，其中，檫树、榉树、湖北海棠、鸡爪槭聚集性强，萌芽期与落叶期都在 20 天左右；枫香、荚蒾、七叶树、马褂木、黄连木聚集性较强，萌芽期大多在 23 天左右，落叶期在 33 天左右；榔榆、卫矛和柳叶栎、水杉的聚集性较弱，卫矛的萌芽期最长，为 32 天，水杉的落叶期最长，为 43 天。

第 3 类为萌芽持续时间短 - 落叶持续时间长型：在此区间仅娜塔栎、紫叶李、朴树 3 种树木，萌芽期在 20 天左右，落叶期皆在 50 天以上，朴树落叶持续时间最长，达 60 天，紫叶李次之，娜塔栎最短。

第 4 类为萌芽、落叶持续时间皆长型：在这个区间内，有 7 种树木排列较为聚集，其中萌芽期较前 3 类而言差异性有所增加，最短（银杏）与最长（乌桕）差值已大于 20 天；落叶期时间跨度与第 2 类相似。

在判断各物候持续时间长短时，由于各独立植株因气候、小气候、土质等影响，与一般时间有所出入属正常容差范围。

根据前人研究可知，同一类型的植物，其物候期具有相似的物候匹配关系，在利用彩叶树种物候相进行景观配置时，同类树木具有一定的相互替代功能，在实际生产生活中提供了另一种取材可能性（罗慧君，2004）。

5.2.6 林木叶片呈色与气象因子的关系

5.2.6.1 杭州地区林木变色率与气象因子的关系

以秋叶变色率、平均温度、平均湿度、日照、日温差、积温和积差为观察指标，对 2019 年杭州地区 26 个树种 11 期观察数据进行 Pearson 相关分析，结果见表 5-14。

表 5-14 杭州气象因子与变色率 Pearson 相关性

指标	变色率	平均温度	平均湿度	日照	积温	日温差	积差
变色率	1						
平均温度	−0.982**	1					
平均湿度	0.167	−0.129	1				
日照	−0.259	0.211	−0.833**	1			
积温	0.968**	−0.959**	0.080	−0.263	1		
日温差	−0.275	0.150	−0.291	0.369	−0.191	1	
积差	0.994**	−0.977**	0.124	−0.245	0.984**	−0.259	1

注：** 表示在 0.01 级别（双尾），相关性显著。

由表 5-14 可见，树木秋叶变色率与平均温度呈极显著负相关（$r = -0.982$），与积温（$r = 0.968$）、积差（$r = 0.994$）呈极显著正相关；与平均湿度、日照、日温差的相关性不显著。平均温度、日温差、积温、积差四个温度指标之间呈极显著相关，平均温度与积温（$r = -0.959$）、积差（$r = -0.977$）呈极显著负相关，积温与积差呈极显著正相关（$r = 0.984$），故温度指标可相互替换；平均湿度与日照呈极显著负相关外（$r = -0.833$），日照和湿度与其他气象因子无显著相关，独立性好（$|r| < 0.369$）。

以 26 个树种整体变色率为自变量，积温、积差、日照、平均湿度 4 个指标为自变量，进行残差自回归，可达到高度拟合（表 5-15）。分树种秋叶变色率与 4 个气象指标的残差自回归均可达到高度拟合（$R^2 > 0.982$）。

表 5-15 杭州地区秋色叶树木变色率与气象因子的回归模型

分组	B	Beta	T	p	调整后 R^2	F
（常量）	−20.717		−2.151	0.164	0.999	2146.961
积温	−0.016	−0.316	−4.691	0.043		
积差	0.141	1.327	20.274	0.002		
日照	0.057	0.002	0.124	0.913		
平均湿度	0.255	0.055	2.825	0.106		

从模型标准化回归系数 Beta 可见，在考虑交互作用的状况下，4 个气象因子对林木变色率的作用。其中积差对叶色变化的影响最为显著。积差越高，秋色叶树木呈色变化越快；其次是积温，积温越高，树木变色率越低；日照与平均温度对变色率有微弱的正向作用，作用不显著。

5.2.6.2 呼和浩特林木变色率与气象因子的关系

呼和浩特 35 个树种 17 期观察数据的 Pearson 相关分析结果与杭州的情况相似，与树木

变色率呈极显著正相关有积差（$r = 0.991$）、积温（$r = 0.977$）；呈极显著负相关的为平均温度（$r = -0.901$）。6 个气象因子中，平均温度与积温（$r = -0.849$）、积差（$r = -0.921$）呈极显著负相关，积温与积差呈极显著正相关（$r = 0.959$）；日照和湿度与其他气象因子无显著相关（$|r| < 0.361$），见表 5-16。

35 个树种整体变色率与积温、积差、日照、平均湿度 4 个指标的残差自回归可达到高度拟合（表 5-17）。分树种秋叶变色率与 4 个气象指标的残差自回归均可达到高度拟合（$R^2 > 0.988$）。

表 5-16　呼和浩特气象因子与变色率 Pearson 相关性

指标	变色率	平均温度	平均湿度	日照	积温	日温差	积差
变色率	1						
平均温度	−0.901**	1					
平均湿度	0.342	−0.175	1				
日照	−0.334	0.273	−0.113	1			
积温	0.977**	−0.849**	0.316	−0.321	1		
日温差	−0.508*	0.578*	−0.361	0.150	−0.471	1	
积差	0.991**	−0.921**	0.274	−0.341	0.959**	−0.483*	1

注：** 表示在 0.01 级别（双尾），相关性显著。

表 5-17　呼和浩特秋色叶树木变色率与气象因子的回归模型

分组	B	Beta	T	显著性	调整后 R^2	F
（常量）	−61.916		−6.791	0.021	0.999	1175.923
积温	−0.047	−0.290	−2.922	0.100		
积差	0.166	1.171	14.045	0.005		
日照	8.896	0.243	6.575	0.022		
平均湿度	−0.034	−0.017	−0.996	0.424		

从模型标准化回归系数 Beta 可见，积差对叶色变化的影响最为显著。积差越高，秋色叶树木呈色变化越快；其次是积温，积温越高，树木变色率越低；同时日照的作用越强，树木呈色变化越快。

5.2.7　林木色彩年度变化与地域差异

5.2.7.1　林木色彩特性年度变化

杭州地区 2018 年和 2019 年 24 个典型树种各 96 期秋色观察数据配对样本 T 检验结果显示（表 5-18），两年秋叶色相、彩度差异显著，2018 年的黄而纯，2019 年的红而灰（杂）；两年秋叶明度接近，差异不显著。

两年整体 SBE 与色相 H 呈显著负相关（$r = -0.244$，$p = 0.017$），与纯度 S 呈极显著正相关（$r = 0.461$，$p = 0.000$），与明度 V 呈极显著正相关（$r = 0.315$，$p = 0.000$），由 HSV 综合影响，杭州地区 2018 年林木色彩 SBE（4.615 ± 0.607）高于 2019 年 SBE（4.501 ± 0.624），但差异不显著。

森林色彩研究

两年主要气象因子配对样本 T 检验结果显示，平均气温与日照差异显著，2018 年表现为低温、长日照，2019 年表现为高温、短日照；两年在空气相对湿度、日温差上无显著差异。

低温与长日照可能是造成林木叶色差异的重要气象因子，有增加秋叶色彩纯度与明度、促进色相偏向黄色的作用，同时对提高色彩美景度有利。

表 5-18 杭州地区典型树种秋叶色彩特性年度差异

指标	P（T检验）	区域	平均数	标准偏差
H	0.003	2018	51.156	17.431
		2019	44.990	20.670
S	0.000	2018	64.865	11.901
		2019	44.802	13.896
V	0.784	2018	59.875	11.629
		2019	59.208	8.260
SBE	0.097	2018	4.615	0.607
		2019	4.501	0.624
平均温度	0.017	2018	15.510	3.963
		2019	16.426	4.660
相对湿度	0.345	2018	80.711	8.844
		2019	79.524	8.224
日照	0.000	2018	5.326	3.314
		2019	3.746	3.391
日温差	0.909	2018	9.829	3.855
		2019	9.768	3.568

5.2.7.2 林木色彩特性地域差异

取 2019 年杭州–呼和浩特叶色 HSV 同步观察数据及 SBE 评价值进行独立样本 T 检验，结果表明（表 5-19），与杭州相比，呼和浩特树木色相值较小，纯度、明度较高，其中纯度有显著差异（$p = 0.000$），杭州地区的树木色彩表现为红、灰、暗，呼和浩特的黄、纯、亮。

两地整体 SBE 与色相 H 略呈负相关（$r = -0.081$，$p = 0.214$），与纯度 S 呈极显著正相关（$r = 0.328$，$p = 0.000$），与明度 V 呈极显著正相关（$r = 0.405$，$p = 0.000$），由 HSV 综合影响，2019 年，呼和浩特林木色彩 SBE（4.720 ± 0.640）高于杭州（SBE = 4.501 ± 0.624），且差异显著（$p = 0.010$）。

关联到气象因子，南方呈高温、高湿、短日照特点，北方则低温、低湿、长日照，平均气温、相对湿度、日照、日温差 4 个气象指标均有极显著差异（$p = 0.000$）。无论南方还是北方，低温、低湿、短日照均可促进色相向黄色方向偏移，并有提高色彩纯度和明度的作用。

表 5-19　2019 年典型彩色树种叶色 HSV 及气象因子的地区差异

指标	P（T检验）	区域	平均数	标准偏差
H	0.485	南方	44.990	20.670
		北方	47.057	23.396
S	0.000	南方	44.802	13.896
		北方	68.143	15.945
V	0.187	南方	59.208	8.260
		北方	61.736	17.402
SBE	0.010	南方	4.501	0.624
		北方	4.720	0.640
平均温度	0.000	南方	16.426	4.660
		北方	6.406	5.535
相对湿度	0.000	南方	79.524	8.224
		北方	55.982	14.575
日照	0.000	南方	3.746	3.391
		北方	8.496	1.865
日温差	0.000	南方	9.768	3.568
		北方	11.796	1.563

5.2.8　小　结

（1）不同树种秋季转色期、持续期、落叶期与结束时期差异较大。南方变色期集中于 10 月上旬至 12 月初，较早的 9 月下旬便开始变色（檫树、樱花等），变色较晚的到 10 月下旬才有转色的迹象（黄连木、金钱松等）。变色期较长的可以持续一个多月（马褂木、悬铃木、檫树、银杏、无患子等），最短的仅半个月（紫薇），最佳观赏期 16 ~ 45 天，平均观赏期 40 天。

全年看，大部分彩叶树种 2 月底至 3 月初萌芽期，11 月末至翌年 1 月中完成落叶。色彩变化集中在秋（9 ~ 12 月）、春（3 ~ 5 月）两个季节，夏季（6 ~ 8 月）色调相对稳定。总体色彩变化丰富，有的全年色调变化达 4 次左右（檫树、湖北海棠、水杉），挂叶期较长；有的达 10 个月左右（鸡爪槭、娜塔栎、盐肤木、朴树、榉树、七叶树）。北方树种变色主要集中在 9 月上旬至 11 月中旬。38 种树木变色持续时间为 30 ~ 57 天，最佳观赏期为 10 ~ 35 天，平均 20 天。

（2）通过树种选择和搭配可显著延长观赏期。在呼和浩特，可将观赏期大于 20 天的作为主树种，如臭椿、复叶槭、青杨、水栒子、火炬树、辽东栎、山荆子、洋白蜡等，最佳观赏期在 15 ~ 20 天的可作为辅助树种，如杏、白桦、暴马丁香、茶条槭、红瑞木、华北落叶松、蒙古莱莲、桑、紫丁香、垂柳、杜梨、槐、山桃、卫矛、西府海棠、黄檗等；15 天以下的一般不宜作为秋色树木，例如榆树、水曲柳等，但变色期特早或特晚的如火炬树、青杨等依然具有应用价值，与其他树木搭配，可起到延长观赏期的作用。依据树木的时序及变色规律列出几种配置模式例如：

新疆杨 + 油松 + 紫丁香 + 辽东栎 + 山桃 + 卫矛 + 云杉

垂柳 + 槐 + 山桃 + 圆柏 + 蒙古莱莲

杜松＋杜梨＋山荆子＋灰栒子＋红瑞木

洋白蜡＋山杏＋五角枫＋茶条槭＋白桦＋山桃

火炬树＋槐＋山桃＋银杏＋紫丁香

（3）树木秋色美景度（SBE 值）随季节变化而变化。从变色早期到中、盛期再到末期，SBE 值呈低—高—低变化，中、盛期最高，末期最低，高低极值间差异显著。南方早期 SBE 值略高于盛期，北方盛期 SBE 略高于早期，可能是由于南方盛期变色不充分，且持续时间长，部分树种开始落叶，导致 SBE 较低；而北方（中）盛期变色充分且集中，SBE 较高。

（4）按色彩美景度（SBE 值）和变色持续期长短（观赏期）可将研究树种划分为 6 类，高长型、高中型、中长型、中中型、低中型、低短型。色彩景观配置应优先以高长型树种，避免选用低短型，其他类型可作为辅助材料应用。

（5）杭州一年中物候频率最大即物候现象出现最频繁的季节是春季，最沉默的季节为冬夏两季。展叶期的早晚，在一定程度上影响落叶时间，根据萌芽期与落叶期的长短关系，将 26 种彩叶树分成 4 大类，其中，落叶持续时间长的类型适宜营造秋色景观，而萌芽持续时间长的适宜营造春季景观。本地区萌芽持续时间短 – 落叶持续时间长的类型包含的树种最多，秋色植物种类丰富。

（6）年度内树木秋叶变色率与平均温度呈极显著负相关（$r = -0.982$），与积温（$r = 0.968$）、积差（$r = 0.994$）呈极显著正相关；与平均湿度、日照、日温差的相关性不显著。平均温度、日温差、积温、积差 4 个温度指标之间呈极显著相关。

在考虑交互作用的状况下，积差对叶色变化的影响最为显著。积差越高，秋色叶树木呈色变化越快；其次是积温，积温越高，树木变色率越低；日照对变色率有微弱的正向作用。

树木一年之内的变色率与气象因子，特别是累积指标变化的高度相关性，表现为两者在时间演进上的同步性，是林木物候现象的数量体现，要进一步了解两者的关系尚需进行年度比较。

（7）杭州地区 2018 年、2019 年秋叶色相、彩度差异显著，2018 年的黄而纯，2019 年的红而灰（杂）；两年秋叶明度接近，SBE 为 2018 年稍高，但差异不显著。低温与长日照（2018 年）可能有增加秋叶色彩纯度与明度、促进色相偏向黄色的作用，同时对提高色彩美景度有利。

（8）2019 年，杭州地区的树木色彩表现为红、灰、暗，呼和浩特为黄、纯、亮，呼和浩特林木色彩 SBE 显著高于杭州，与南方秋色叶明度大于彩度、北方秋色叶彩度大于明度的结论一致（秦一心，2016；贾娜，2021）。对于这两个地区，低温、低湿、短日照可促进色相向黄色方向偏移，并有提高色彩纯度和明度的作用。

第6章

森林色彩的传播

6.1 色彩传播过程及影响因素

没有光就没有色，光源是形成色彩感觉的首要条件。在色彩的产生与接收过程中，其实要经历两次光线传播阶段（图6-1）。

第一个阶段，光源通过传播介质照射在彩色物体上，彩色物体对照在其上的光进行选择性吸收；第二个阶段，彩色物体选择性吸收部分光线后，反射或透射剩余的光线，通过传播介质进入人的眼睛，产生色彩感觉。在此过程中，森林作为彩色物体，其色彩属性、色块尺度、季节、地形、光照条件、大气状态等众多因素影响着林木色彩的传播。

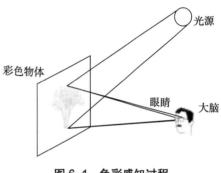

图6-1 色彩感知过程

森林色彩自身的属性影响其传播。高明度、高彩度的森林色彩有利于远距离传播，红色、橙色、白色的色相较之绿色、蓝色、紫色的色相有利于远距离传播。

林木色彩的传播随着光照条件的变化而变化。中午时刻，随着光照强度和角度的变化，色相偏黄的植株灰度和纯度保持不变，而偏绿的植株灰度分布会表现为一定程度的下降，而其纯度值在下午表现为上升。在光照迅速减弱的条件下，所有植株都明显地表现为灰度上升且纯度下降（车生泉等，2010）。不同天气和受光条件下植物和建筑色彩存在差异，晴天受光条件下的色彩偏差最大，晴天背光和晴天阴影、阴天条件下的色彩差异最小（梁树英等，2020；Romero J et al.，2011）。

林木色彩的传播受大气条件的影响显著。清新透明的大气可使林木色彩清晰传播，若大气中混有较多的悬浮微粒，对入射光线的吸收和散射增加，森林颜色将偏黄失真，对比度降低（石争浩等，2022；Henry R C et al.，2000）。

距离的增加一方面增加了传播介质的厚度，另一方面引起森林观赏尺度的缩小，从而产生色彩透视效应，影响色彩传播效果，为此学者们以林木个体、群体、林相景观为研究对象，开展了不同观测距离下的色彩属性和色彩视觉效果的量化分析（谭明，2018），分析了不同距离林木的色彩属性关系（雄晶，2019）。结果表明，大气会影响我们对自然场景中遥远物体颜色的感知（Javier et al.，2011），随着距离的增加，森林色彩彩度、明度下降，色相向紫色方向偏移，观赏效应下降，但也有研究与此结果相异：随着观测距离的增加，色彩观测值的灰度下降、饱和度上升且色相基本稳定。同时有学者提议将视距（即传播距离）可分为近距离（0～30m）、中距离（30～250m）和远距离（250～1000m）三个层次（王向歌等，2017），并基于色相值与明度值分

析，得出不同观赏距离的最佳观赏范围（刘灿，2006）。

森林色彩传播特性的研究通常与色彩接收、观赏效应探讨结合，单纯针对森林色彩传播的研究相对较少，尤其缺乏多梯度、大尺度的深入研究。

6.2 视距变化对森林色彩观赏效应的影响

森林景观美学中视觉占主导地位，色彩又是影响视觉的主要因素（陈鑫峰等，2001）。随着彩色森林建设的发展，森林色彩研究呈现多样化趋势。目前，森林色彩研究集中于色彩量化（郑宇等，2016）、色彩斑块结构（Mao B et al.，2015；赵凯等，2019）、景观色彩评价（张小晶等，2020）等方面。在色彩量化研究中，除色卡目测和仪器测量外，主要通过色彩提取软件对照片色彩量化，但照片受到环境、光线和观赏距离等因素的影响（Zhe Zhang et al.，2017），均会对观赏效应产生影响。其中，观赏距离（视距）作为森林色彩视觉传达中重要影响因素之一，直接影响人们的观赏体验（王子等，2017）。因此，学者们通过数字化实验，对特定环境的光照条件进行限定，以林木个体、群体、林相景观为研究对象，开展不同尺度下，基于不同观测距离的色彩属性（色相、明度、彩度）量化分析，并利用美景度评价法，研究大众对于森林色彩的审美反应建立主观反应与客观特征的函数关系，分析视距与森林色彩景观观赏效应的关系。如 Javier（2011）等选取 Lab 色彩空间使用大气物理模型计算物体颜色随距离的变化，大气会影响我们对自然场景中遥远物体颜色的感知；车生泉（2010）等研究日照变化对单体林木色彩影响；杨春宇（2011）等认为城市建筑色彩与观测距离和大气能见度有密切关系，在远距离时色彩彩度降低；曹瑜娟（2019）等从观景距离和光照条件两方面对黄栌景观林色彩进行定量试验，得出观景距离对森林景观色彩无明显影响，光照条件对景观色彩的彩度、明度分量有较大影响；张昶（2020）等通过眼动追踪研究距离变化下的城市森林景观视觉质量，不同距离变化对注视个数、频率、时间等视活动产生的影响；秦一心（2016）通过生态景观林林相观赏距离与观赏效应之间的关系，得出随距离增加观赏效应呈下降趋势的结论。但随着摄影技术进步及研究内容不断完善，已有研究的距离范围及样本量有限，不能满足彩色森林建设的发展。因此，本节以林外景观色彩为对象，应用无人机特航采集森林色彩，深入探讨视距与森林色彩三要素的量化关系、视距与美景度的变化规律，以期为彩色森林色彩研究与应用提供依据。

6.2.1 研究方法

6.2.1.1 研究区选择

以杭州市富阳区为研究区，选取 6 个具有典型性的彩色森林景观区域，通过无人机（DJIFC300S）拍摄林外景观照片共 150 张，作为研究材料。其中，杨家坞 17 张、东元村 28 张、浦西村 49 张、龙门山森林公园 29 张、龙门五村 14 张、环联村 13 张照片。

6.2.1.2 场景拍摄

2017 年 11 月 25、26 日，应用无人机拍摄不同距离景观林彩色林相照片，拍摄距离范围为 0～2000m，设置拍摄路径、手动模式拍摄，每相隔 20～100m 拍摄一张照片（图 6-2）。尽量保证

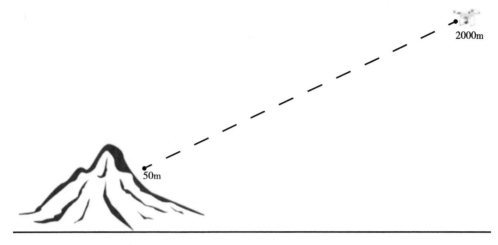

图 6-2　无人机视距示例

拍摄在相似气象条件下完成，拍摄时间在 9：30 至 15：30，具体拍摄时间及当天气象条件，见表 6-1。

表 6-1　拍摄时间及气象条件

拍摄地点	拍摄起止时间	天气	湿度（%）	温度（℃）	紫外线强度（级）	气压（hPa）	风向	风级（级）
杨家坞	9:42～0:20	多云	54	15	1	1024	南	1
龙门山森林公园	10:12～10:25	晴	42	14	4	1024	北	2
龙门五村	13:13～13:36	晴	42	17	4	1024	北	2
环联村	14:23～14:35	晴	42	18	4	1024	北	2
东元村	14:48～14:55	多云	67	18	3	1027	西北	2
浦西村	15:14～15:22	多云	44	18	4	1025	北	2

6.2.1.3　色彩信息提取

每张照片选取以目标点为中心 30m×40m 的画面区域，利用 Photoshop 软件对 6 个拍摄地点照片分别进行裁剪，保证同一地点的每张照片具有相同范围，作为处理后的照片样本。以东元村为例，处理后的照片序列见图 6-3。

图 6-3　东元村部分照片序列

参照第 2 章，森林色彩景观照片分类，将每张照片去除天空后的色彩可划分为背景色、主色、辅助色、点缀色（贾娜等，2021）。选择线性色彩空间 HSV 作为色彩空间，利用 ColorImpact 软件提取色彩区域的色彩信息，包括每张照片背景色、主色、辅助色、点缀色的 HSV（Hue、Saturation、Value）值及色块所占面积比例。HSV 值采用全色计算方法，即用照片的背景色、主色、辅助色、点缀色的 HSV 值，分别取其与面积的加权平均值，最终作为该张照片的 H、S、V 值。

根据首张照片与目标点之间的距离及直线路径来反演目标点的坐标，将全部照片及目标点坐标导入 ArcGis 软件，计算照片与目标点之间的水平距离，并根据每张照片与该区域目标点之间的水平和垂直距离计算得到视距。以东元村为例，照片视距与色彩三要素数据见表 6-2。

表 6-2 东园村照片视距与色彩三要素数据

照片号	视距	色相H	彩度S	明度V	照片号	视距	色相H	彩度S	明度V
1	53.05	63.81	15.11	62.35	15	417.42	95.20	7.81	52.51
2	53.25	57.32	13.59	59.44	16	435.44	176.55	8.47	52.89
3	86.06	66.84	10.60	60.40	17	492.10	89.24	7.64	51.43
4	86.18	54.72	9.29	61.33	18	499.63	115.01	7.88	53.41
5	137.99	105.95	6.72	57.87	19	574.54	132.63	5.80	51.73
6	177.68	167.67	8.66	57.39	20	653.46	176.44	8.54	51.75
7	194.14	128.03	9.36	55.43	21	663.70	150.18	4.04	35.71
8	210.32	166.39	10.08	58.29	22	664.21	119.77	4.09	50.00
9	213.09	126.78	9.48	55.49	23	736.38	159.51	5.11	51.00
10	253.08	175.10	9.48	55.41	24	751.36	204.02	9.16	51.00
11	280.60	199.53	10.73	55.12	25	877.98	202.37	12.05	50.74
12	329.00	159.75	10.84	55.43	26	953.20	220.22	15.78	29.18
13	341.13	188.73	11.02	54.23	27	1146.94	215.07	19.75	37.65
14	390.71	184.84	10.09	53.68					

由于村庄的环境条件不同，无人机采用手动调节拍摄距离来控制拍摄距离。根据视觉敏感度由近及远逐渐减弱的原理，随着拍摄距离不断增加，拍摄间隔随之增大，照片数量随之减少。全部 150 张照片中，根据 6 个拍摄地点分别选择相应视距范围内的照片，视距范围设定为 0~50m、50~150m、150~300m、300~500m、500~750m、750~1050m、1050~1400m、1400~1800m、1800~2400m（表 6-3）。经筛选后，杨家坞 8 张、东元村 6 张、浦西村 8 张、龙门山森林公园 8 张、龙门五村 7 张、环联村 6 张照片，共 43 张照片作为视距与美景度评价材料。

表 6-3 每组地点视距分段

地点	照片数量	视距范围								
		0~50m	50~150m	150~300m	300-500m	500~750m	750~1050m	1050~1400m	1400~1800m	1800~2400m
杨家坞	8		126	279	465	620	855	1235	1714	2014
东元村	6		86	281	417	653	953	1147		
浦西村	8	10	58	292	493	718	869	1194	1541	
龙门山森林公园	8	30	112	289	419	616	882	1285	1503	
龙门五村	7	28	113	251	350	619	1041	1334		
环联村	6		76	186	315	565	920	1292		

6.2.1.4 美景度评价

采用网络问卷调查法，对不同观赏距离下森林色彩的美景度进行调查。问卷中照片共 43 张，根据拍摄地点分为6组，每组根据视距范围选取照片6～8张进行组内比较。题目设置为排序题，根据整体画面中森林色彩的优美程度，从最好至最差依次排序。排序题能够直观展现答题者对每张照片色彩的审美态度。共发放调查问卷372份，获得有效问卷331份，问卷有效率为88.98%。

6.2.1.5 数据处理

每张照片取SBE平均值后，应用SPSS软件进行相关统计分析。全部150张照片和6个地点照片分别以观赏距离值为自变量，色彩三要素值为因变量进行单因素曲线拟合；筛选后的43张照片和6个地点照片分别以观赏距离值为自变量，美景度值为因变量，进行单因素曲线拟合分析。曲线拟合过程中选取常见函数线性、二次和对数函数，结果中只保留R^2值最高的函数曲线，通过以上分析结果寻找不同观赏距离对森林色彩三要素、美景度的影响规律。

6.2.2 结果分析

6.2.2.1 视距与森林色彩三要素独立变化

全部150张照片样本的单因素曲线拟合结果表明，观赏距离与色相（H）呈明显正相关，与彩度（S）及明度（V）呈明显负相关关系（图6-4）。色相与距离变化的对数函数曲线拟合程度最好（$R^2 = 0.657$），总体趋势为上升，观赏距离近（<500m）时色相上升速度大，观赏距离远（>500m）色相上升速度小；彩度与距离变化的线性函数曲线拟合程度较好（$R^2 = 0.249$），总体趋势为逐渐下降；明度与距离变化的对数函数曲线拟合程度次好（$R^2 = 0.384$），总体趋势为下降，观赏距离近（<500m）时明度下降速度大，观赏距离远（>500m）明度下降速度小。

总体上随着观赏距离的增加，森林色彩色相（H）逐渐上升，彩度（S）和明度（V）逐步下降。表明视距增加导致整体画面逐渐变暗、变黑，画面色彩彩度越来越暗淡，直至失去色相变为无彩色；明度越来越偏向于黑色；色相由黄绿色向深蓝紫色方向变化。

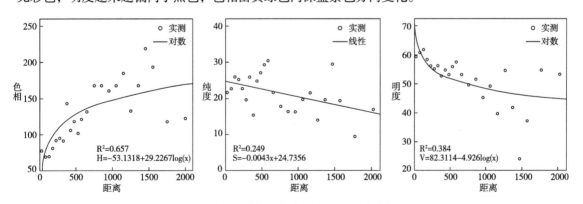

图6-4 全部照片视距与森林色彩三要素曲线拟合

以6个地点分组分别进行单因素曲线拟合分析，结果见图6-5。较之全部地点综合研究，单点拟合的精度大幅度提高，表明在控制照片画面统一的情况下，视距与HSV具有极显著相关关系，能够验证上述结论的有效性。

在环联村、龙门山森林公园、龙门五村、杨家坞4个地点，色相与距离变化呈正相关关系，曲线拟合程度较好（$R^2 > 0.318$）；明度与距离变化呈负相关关系，曲线拟合程度次好（$R^2 > 0.425$）；彩度与距离变化中呈负相关关系，曲线拟合程度最好（$R^2 > 0.446$），见图6-5。

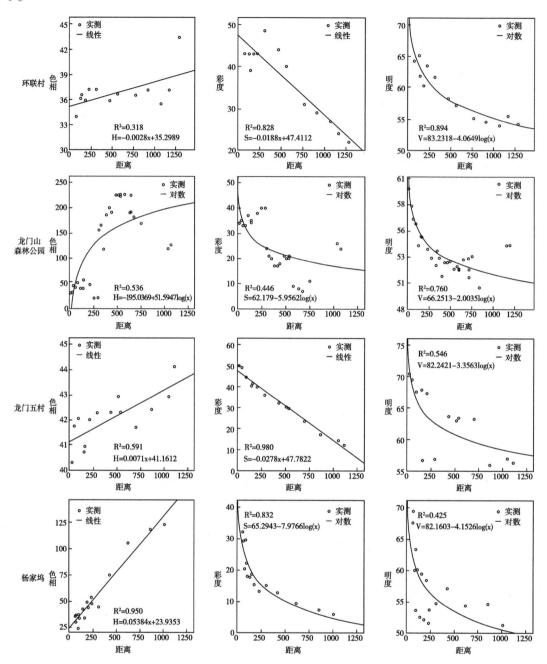

图 6-5　4 个地点视距与森林色彩三要素曲线拟合

　　另两个地点（浦西村、东元村）的色相、明度与距离变化规律与上述 4 个地点的结论一致。但是彩度与距离变化为二次曲线关系（$R^2 > 0.644$），见图 6-6。当视距 < 500m 时，随着视距增加，彩度逐渐降低；当视距 > 500m 时，彩度逐渐上升。

　　究其原因可能是这两个地点拍摄时光线不足。拍摄过程中，受诸如光照强度、角度、云雾变换等的影响，均可能导致场景光线变化。当光线充足时，随着观赏距离的增加，色彩色相值逐渐上升，由黄绿变为蓝紫色系；彩度、明度逐渐降低，整体画面变暗。当光线不充足时，受天空色彩由亮变暗的影响，随着观赏距离的增加，色彩色相值逐渐上升，明度逐渐降低，彩度变化符合

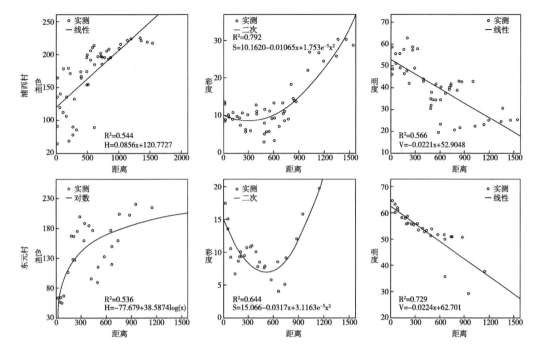

图 6-6　两个地点视距与森林色彩三要素曲线拟合

二次曲线。但总体趋势上，色彩彩度随着视距增加而逐渐降低。

6.2.2.2　视距与森林色彩美景度变化

筛选后的 43 张照片样本的单因素曲线拟合结果表明，全部照片样本观赏距离与色彩美景度线性回归拟合程度最好（$R^2 = 0.727$），且二者为显著负相关关系，即随着观赏距离的增加，森林色彩美景度明显下降（图 6-7）。在视距 1000m 以上时，照片的美景度值均低于平均水平，且下降趋势明显。随着视距增加，视点与目标点之间的空气厚度加大，对光线的阻碍作用增强，导致画面模糊不清，森林色彩美景度下降。

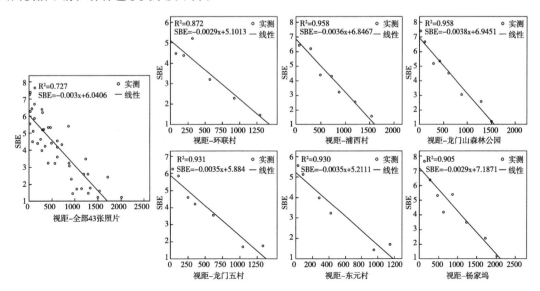

图 6-7　全部照片、6 个地点视距与森林色彩美景度曲线拟合

以 6 个拍摄地点分组进行单因素曲线拟合分析，结果见图 6-7。针对单个地点的观赏距离与色彩美景度曲线拟合效果更好（$R^2 > 0.872$）。在控制画面统一的情况下，观赏距离与色彩美景度之间具有极显著负相关关系。

6.2.2.3 森林色彩的距离效应

从上述结果中可总结出远距离下色彩三要素变化规律，视距约以 500m 为界，色彩三要素变化的速度产生快慢差异：当视距 < 500m 时，画面色彩变化幅度更明显；当视距 > 500m 时，画面色彩变化幅度较近距离不明显，视距越远，照片色彩朝着均一化方向发展。对于可能受光照不足影响的少数地点，当视距 < 500m 时，彩度随视距增加而逐渐降低；当视距 > 500m 时，彩度随视距增加而逐渐上升，此时远距离情况下彩度变化不是主要影响因素，即彩度值高低变化不影响整体画面的色彩。因此，远距离对于森林色彩变化速度和彩度变化方向产生一定影响。

考虑到森林景观的多尺度观赏情况，在林外欣赏景观时，色彩特征是区分林相、评判森林景观视觉质量的关键指标之一。因此在森林建设时，丰富森林色彩搭配，优化彩叶树种配置具有重要意义。根据色彩透视理论，色彩近暖远冷、近纯远灰、近处对比强烈而远处对比模糊概括，暖色调对人们视觉注意捕获的影响强度均要高于冷色调（贾婉丽，2002）。随着视距的增加，森林景观由于空气厚度作用，色相呈红 – 黄 – 绿 – 蓝的方向偏移，美景度下降。用色彩对比色理论，在背景色为大面积的绿色冷色调情况下，避免使用绿色的相邻色系，局部或重点特色景观处使用暖色调，如红、黄及白色系起到区分、缓冲的作用，可形成视觉上的美感。

6.2.3 小 结

6.2.3.1 结 论

（1）全部 150 张照片样本经单因素曲线拟合分析后，总体上随着观赏距离的增加，森林色彩色相（H）逐渐上升，彩度（S）和明度（V）逐渐下降。视距增加导致整体画面逐渐变暗、变黑，画面色彩度越来越暗淡，直至失去色相变为黑色；明度越来越偏向于黑色；色相由黄绿色向深蓝紫色方向变化。6 个地点分别分析时，多数地点分析结果符合上述结论，且针对同一地点的视距与森林色彩三要素较不同地点的曲线拟合程度大幅度提高。少数地点色彩彩度拟合结果为二次曲线关系（$R^2 > 0.644$），受天气因素影响，在视距极远导致明度值极低的情况下，彩度值高低变化不影响整体画面的色彩，可能会出现先下降后上升的现象。但总体上，色彩彩度随着视距增加而逐渐降低。

（2）全部 150 张照片样本经单因素曲线拟合分析后，随着观赏距离的增加，森林色彩美景度明显下降，线性回归拟合程度最好（$R^2 = 0.727$）。6 个地点分组分析后，线性回归拟合程度有所提高（$R^2 > 0.872$）。

随着观赏距离的增加，画面细节逐渐模糊甚至消失，是造成森林色彩美景度下降的主要原因。通过对比六组照片不同视距下森林色彩的清晰度，可以发现当视距 < 300m 时，景物基本清晰，可以分辨出林木之间的形态特征；当视距 300 ~ 700m 时，景物较为模糊，林木之间的边界感消失；当视距 > 700m 时，无法区分单株林木，画面森林色彩成片或群。

6.2.3.2 讨 论

（1）曹瑜娟（2019）等对同一拍摄地点采用不同相机焦距的方法研究观景距离对黄栌景观林

色彩的影响。可能由于改变相机焦距是改变照片中的观赏范围大小，实际上观景距离并未改变，从而得出观景距离对森林景观色彩无明显影响的结论。根据以上结论，照片范围不是影响森林色彩变化的主要因素，因此分析不同地点的全部照片对森林色彩三要素的影响具有可行性。在此基础上，本研究通过无人机拍摄不同距离的森林色彩照片来实现距离的改变，并截取范围一致的照片画面，得出视距对森林色彩有显著影响，视距与色相为显著正相关，与彩度、明度为显著负相关。

（2）本研究设置视距范围至 2000m，与秦一心（2016）研究的观赏范围为 0～150m 的结果一致，视距＞150m 时色彩彩度变化总体方向一致，但具体地点结论有差异。车生泉（2010）等研究表明在 15:00～16:00 之间林木色彩彩度有上升趋势。在光线不充足即拍摄时间为 15:00 以后的情况下，当视距增加幅度变大时，照片整体画面偏向于蓝黑或全黑色。此时，明度值极低，彩度值的高低对画面色彩变化的影响不显著，即在明度值极低的前提下，照片色彩向均一色彩方向移动，彩度值高低变化不影响整体画面的色彩，彩度变化不是主要因素。张喆（2017）等也得出类似结论，即当 V 值很小，无论 H 和 S 为何值，色彩均为黑色。因此，总体上随着视距的增加，色彩色相值逐渐上升，彩度、明度逐渐降低。谭明（2018）认为这种随着视点和视距变化导致色彩产生彩度、明度衰减的现象，是色彩学中近景色暖、远景色冷的原理。

（3）综合前人研究可知，照片在拍摄过程中会受到多方面因素影响，如天空颜色、大气能见度、光照强度等。在远处观察到的物体颜色的变化是光和大气中不同大小的粒子之间相互作用的结果，这是一种吸收和散射过程。研究视距与森林色彩关系时，改变视距，会增加视点与目标点之间的空气厚度和大气折射次数，直接光的衰减和空气光的增加共同作用导致森林色彩变化。空气的厚度、能见度又常与地域、季节、气候有关，因此只能尽量保证天气条件一致情况下拍摄照片。至于不同环境因素对视距的综合影响有待进一步研究。

第 7 章

森林色彩的生理与情绪效应

7.1 概　述

色彩在传播过程中被人眼所接收、感知，并对人的生理、心理、情感与审美活动产生一系列作用。

色彩对人类生理反应产生影响的研究由来已久，早在 1939 年 Goldstein 的研究中就指出人们在看不同色彩时，蓝色会产生拘谨的姿势，红色产生伸展的姿势（Bellizzi J A et al.，1983）。Wilson（1966）发现红色灯光比绿色灯光对受试者产生高倍激励作用，绿色灯光比红色灯光更能使手部的运动稳定。目前公认的一种色彩生理学说，认为暖色调更具有生理刺激性，冷色调让身体更加松弛（Andrews T et al.，1992）。

植物色彩对人体生理影响的研究是在色彩生理学基础上发展起来的。目前在植物个体色彩与人体生理关系方面的研究较为全面。早期的研究主要从不同植物色彩对人体健康影响（Kaufman A J et al.，2004；Park S H et al.，2009）和植物色彩对人体健康的益处（Ulrich R S，1984）等方面入手，发现绿色植物可以帮助缓解视觉和身体疲劳、减轻疼痛、增强食欲和心脏功能、加快术后康复等。同时一些研究开始关注不同类型活动空间中植物色彩对人体健康的影响（Chang C Y et al.，2005），发现在有绿色植物或者窗外有绿色植物的室内工作环境中，人们注意力更加集中；在有绿色植物的医院中，术后患者的身体能够更快的恢复（Park S H et al.，2009）。近些年来，国内对植物色彩的研究也逐渐增多，关于植物色彩对不同人群的健康影响的研究也更加深入。有学者对不同年龄、职业和健康状况的群体进行植物色彩刺激研究，通过脑电波刺激效果分析，提出办公场所、医院和病房、老年人活动场所的植物色彩配置意见，研究结论基本一致：认为冷色系的植物可以更好地帮助人们恢复心率和脑电波，暖色系植物可以更多刺激人体心率和脑电波变化，使人达到兴奋状态，因此，可根据场地功能选择合适植物色彩应用（陈燕，2014；房元民，2013）。

随着社会发展，林木色彩与人的情绪活动的关系逐渐受重视。早期在心理效应方面主要研究色彩的对比调和、色彩的温度感、色彩距离感、色彩的面积感等定性描述林木色彩视觉效应；近年来，国内外学者在植物色彩心理学领域，针对植物个体的色系差异，进行了大量的心理状态调节研究工作，研究结论大致相似，绿色、蓝色等冷色调植物可以让人平静、精力集中，黄色、红色等暖色调植物让人明亮欢快（Haigh C A et al.，2014；Thorpert P et al.，2014）。通常情况下，无论在室内还是室外，有色彩的植物都可以起到缓解紧张和焦虑，使人情绪稳定的作用（Kuper R，2015）。然而，上述情况存在特例。研究发现，相同的植物色彩在不同的空间会产生不同的心理感受，植物色彩的不适宜使用可能会产生负面效应，例如，在医院布置过多的红色和白色花卉，会刺激人们产生悲伤情绪。此外，植物色彩对人体心理影响存在个体差异，年龄、性别、生理素质、性格、宗教与信仰等因素会直接影响色彩心理反应，从而产生小众型的结果反差（贾雪晴，2012）。例如，有学者实验中发现粉红色系植物对大部分调查者产生快乐与平静的心理影响，但是，对少数教师、病人、医务工作者和老年人却产生负面情绪（Deng S Q et al.，2013）。鉴于心理研究的复杂性，部分学者开始针对具有共性的人群开展研究工作（Elliot A et al.，2014）。Han（2009）针对教室中摆放的绿叶植物对学生群体的影响情况进行调查，主要结果与前人研究基本无异，但其在研究中发现色彩空间占比的阈值可能与学生心理变化波动具有相关性，为植物色彩进行深入的定量研究提供了新的思路。

7.2　绿色森林对高血压患者的辅助治疗效果

绿色是森林的底色，是研究森林服务效益的基础，也是与非植物环境进行对比研究的常用参照色系。绿色植物对人的生理效应研究多针对医院、室内、城市公园各类环境，随着森林康养活动的兴起，自然森林的理疗作用受到广泛关注（曹云，2022；张绍全，2018）。森林康养源自德国的"森林浴"，后被迅速推广至全世界，如德国提出的"基地疗法"（杨传贵等，2014；黄晓彬等，2022）、美国的"康复疗法"、英国的"园艺疗法"（刘家铎，1992）、日本的"森林医疗"以及"自然修养林"等（李梓辉，2002）。我国自 2017 年发布"森林康养指数"开始，逐渐完善了森林康养体系，将林业、医疗卫生、养老、旅游等产业进行融合，为林业产业的转型升级提供契机。随着对森林康养的不断研究，森林的生理和心理治愈功能逐渐被发掘，森林环境对人体健康机制的影响逐渐被揭示。国内关于森林理疗作用的实证研究也迅速开展（丛丽等，2016；雷海清等，2020；周湃等，2021），但主要工作仍集中在区域性的基地开发建设方面，对不同类型森林引发的人的生理响应缺乏深入认识。

高血压是一种以动脉压升高为特征，常伴有心脏、血管、脑和肾脏等器官功能性或器质性改变的全身性疾病（Hassing H C et al.，2009；Castro-Giner F et al.，2009；Hua Q et al.，2019），已成为影响老年人健康的重要疾病（Papadopoulos D P et al.，2010）。研究证实，绿色森林对缓解、治疗高血压症状具有积极作用（雷海清等，2020；闫明启等，2020），但相关研究起步不久，研究的植物对象、人群范围（雷海清等，2020）、指标独立性等还有局限。本课题以钱江源国家公园常绿阔叶林为对象，通过对照实验，研究绿色森林对老年高血压人群的康疗作用。

7.2.1　研究对象与研究方法

7.2.1.1　研究区概况

钱江源国家公园地处浙江省开化县，与江西省婺源县、德兴市，安徽省休宁县相毗邻，在北纬 28°54′30″ ~ 29°29′59″、东经 118°01′15″ ~ 118°37′50″ 之间，总面积约 252km²。公园区域属亚热带季风气候，四季分明，温暖湿润，常年平均气温 16.4℃，年平均降水量 1814mm，日照时数 1712.5h，无霜期 252 天。公园位于钱塘江的发源地，拥有大片原始森林，以中亚热带常绿阔叶林最为典型，主要建群种为甜槠（*Castanopsis eyrei*）、石柯（*Lithocarpus glaber*）、青冈（*Cyclobalanopsis glauca*）、木荷（*Schima superba*）等；同时兼有常绿落叶阔叶混交林、针阔叶混交林、针叶林、亚高山湿地等植被与生态系统类型，峰峦、狭谷、岩崖、飞泉、溪流、云雾等多

种风景资源，是森林康养旅游的天堂。全域共有高等植物 2062 种、鸟类 237 种、兽类 58 种、两栖类动物 26 种、爬行类动物 51 种、昆虫 1156 种，其中珍稀濒危植物 61 种，中国特有属 14 个，是一个巨大的天然生物基因库，为中亚热带地带性植被和生物多样性的系统研究提供了极好的场所（达良俊等，2004）。

7.2.1.2 受试人群

本次实验开始前从杭州市区进行实验志愿者招募，按照以下标准进行了筛选，并将符合条件的 36 名志愿者登记入册。志愿者的纳入标准：既往有明确的原发性高血压病史；年龄 60～80 岁（1941 年 5 月 21 号至 1961 年 5 月 20 号期间出生）；心功能 I–III 级，生活能自理；签署知情同意书。排除标准：认知功能障碍、与他人无法正常沟通者（视力听力障碍者）；生活无法自理；伴有严重心肺肝肾及中枢神经病变者；近三个月内有急性心梗；半年内有脑血管意外；严重创伤或大手术；研究前两周内有过上呼吸道疾病、胃肠炎等急性感染性疾病者；血压（含药物控制后）≥180/110mmHg。

7.2.1.3 研究方法

（1）试验设计

本次实验将确定的 36 名志愿者按照 1∶2 的比例随机分为对照组和试验组，同时对受试者进行身体指标和情绪指标监测。实验方案参照先前的研究，实验过程和通知都在前一天进行公布。早餐之后两组人员分别按照计划乘大巴车前往选定好的实验地点，对照组前往杭州市区，实验组前往钱江源公园。所有受试者参与的活动内容、活动持续时间、所备餐品等均一致（Mao G X et al.，2012；Ideno Y et al.，2017）。

（2）指标监测

血压（收缩压 SBP、舒张压 DBP）、脉搏（心率 HR）、血氧饱和度（SpO_2）采用上臂式电子血压计（OMRON HEM-7000）及国家食品药品监督管理总局（CFDA）批准使用的脉搏血氧仪（鱼跃 YX301 型指甲式脉搏血氧仪）进行测量。心率变异（HRV）检测采用蓝牙 HRV 感受器（福建心动生物科技有限公司）。生物指标检测：ELISA 检测 C 反应蛋白（CRP）和白细胞介素 6（IL-6）（Nanjing jiancheng bioengineering institute，Nanjing）、皮质醇（Cortisol）和丙二醛（MDA）(Elabscience Biotechnology Co.，Ltd，wuhan)、谷胱甘肽过氧化物酶（GSH-Px）（Beyotime Biotechnology，Shanghai）。操作方法遵循产品说明书，酶标仪（Merck milipore，Multiskan FC）测定各孔吸光度值。心理状态的研究采用了情绪状态量表（POMS），分别于森林康养前后调查受试者的心理状况。

（3）数据统计分析

应用 SPSS19.0 软件进行统计分析。计数资料用卡方检验；计量资料先分别采用 Shapiro-Wilk 检验和 Levene's 检验分析样本的正态分布和方差齐性，如果样本符合正态分布和方差齐性，则两独立样本数据比较采用独立 T 检验，两配对样本采用配对 T 检验；如果不符合正态分布和方差齐性，则两独立样本数据比较采用 Mann-Whitney 秩和检验，两配对样本采用 Wilcoxon Signed Rank 秩和检验。$p < 0.05$ 认为具有统计学差异。

7.2.2　结果分析

7.2.2.1　两组受试者基线资料的比较

实验开始对两组受试者均进行了全部实验指标的测定，通过分析汇总，由表 7-1 可知，两组受试者的年龄、性别、血压水平、HRV、炎症水平和情绪状态等各项指标都没有显著差异，数据具有可比性，可以进行后续实验。

表 7-1　受试者实验前各项指标基线水平 (Mean ± SD)

项目		对照组（n = 12）	实验组（n = 24）
性别（男∶女）		7∶5	13∶11
年龄（岁）		73.75 ± 6.41	71.92 ± 6.06
收缩压（mmHg）		148.58 ± 19.07	140.79 ± 18.35
舒张压（mmHg）		85.67 ± 14.45	81.46 ± 9.06
心率（次 / 分）		72.42 ± 11.57	76.5 ± 11.38
SpO_2（%）		97.92 ± 1.38	98.29 ± 1.16
HRV	LF（ms2）	180.44 ± 31.86	165.03 ± 56.7
	HF（ms2）	88.48 ± 54.8	77.7 ± 23.31
	LF/HF	2.79 ± 1.45	2.17 ± 0.6
生物指标	CRP（ng/l）	59.99 ± 18.34	65.36 ± 50.545
	IL-6（ng/l）	749.61 ± 215.52	767.06 ± 340.26
	Cortisol（ug/l）	250.58 ± 166.56	336.72 ± 618.01
	MDA（ug/l）	293.06 ± 87	263.88 ± 69.26
	GSH-Px（units）	14.62 ± 18.48	9.97 ± 3.92
POMS	紧张 – 焦虑（T）	13.25 ± 3.39	12.75 ± 2.88
	抑郁 – 沮丧（D）	22.92 ± 5.74	19.58 ± 5.05
	愤怒 – 敌意（A）	19.08 ± 3.42	17.92 ± 2.80
	有力 – 好动（V）	23.42 ± 3.6	25.33 ± 6.93
	疲劳惰性（F）	12.67 ± 2.39	11.54 ± 2.02
	困惑 – 迷茫（C）	13.67 ± 2.87	13.33 ± 2.67

注：$p > 0.05$。

7.2.2.2　绿色森林对血压（BP）、心率（HR）以及血氧饱和度（SpO_2）的影响

实验后，老年高血压患者的 SBP 值是 134.08 ± 11.33，显著低于对照组 146.5 ± 20.62，也显著低于实验组实验前的数据 140.79 ± 18.35；实验组受试者 DBP 的值是 78.25 ± 5.71，显著低于对照组 84.58 ± 12.61，也显著低于实验组实验前的 81.46 ± 9.06。同时，实验组受试者的 HR 值在实验前后出现显著性差异，分别为 71.25 ± 8.5 和 67.25 ± 8.42，但实验后 SpO_2 的变化并不显著，实验组和对照组受试者的值分别是 97.75 ± 1.29 和 97.67 ± 1.5（图 7-1）。

7.2.2.3　绿色森林对心率变异（HRV）指标的影响

实验后，实验组老年高血压患者的 LF 值为 494.22 ± 66.87，显著高于对照组的 191.54 ± 26.67，

也显著高于实验组试验前的 165.03 ± 56.7。实验组受试者的 LF/HF 水平为 7.28 ± 1.15，与实验前 2.17 ± 0.6 相比有显著升高趋势，同时也高于对照组试验后的相应值 3.87 ± 1.87。实验组和对照组 HF 值在实验前后均没有显著性差异（图 7–2）。

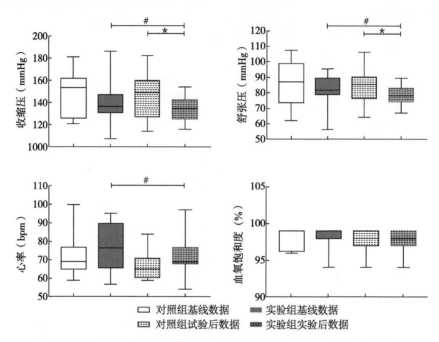

图 7-1　实验前后实验组和对照组血压、心率、血氧饱和度的变化情况 *

注：*$p < 0.05$ 为独立样本 T 检验，#$p < 0.05$ 为成对样本 T 检验。

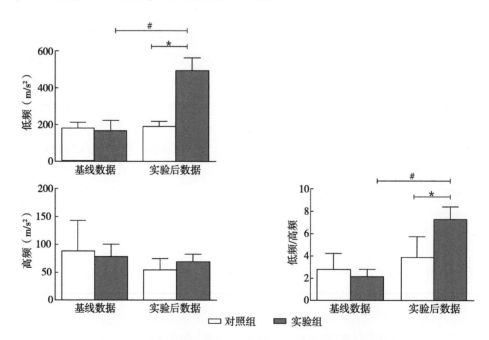

图 7-2　实验前后实验组和对照组心率变异指标变化情况

注：*$p < 0.05$ 为独立样本 T 检验，#$p < 0.05$ 为成对样本 T 检验。

7.2.2.4　绿色森林对生物学指标的影响

实验后，实验组老年高血压患者的水平 39.86 ± 16.58，与实验前 65.36 ± 50.54 相比有显著降低趋势，同时也显著低于对照组的实验后数据 58.81 ± 23.18。实验组 MDA 值在实验前后呈现显著变化，分别为 218.47 ± 53.89 和 263.88 ± 69.26，但与对照组试验后的数据变化不显著。由此可见，三天两晚的森林康养活动可以明显降低老年高血压患者体内的 CRP 水平，而对 IL-6 等无明显影响（图 7-3）。

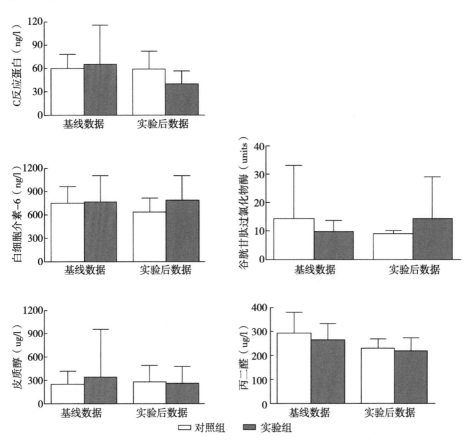

图 7-3　实验前后实验组和对照组生物学指标变化情况

注：$p < 0.05$ 为独立样本 T 检验，$^{\#}p < 0.05$ 为成对样本 T 检验。

7.2.2.5　绿色森林对情绪的影响

实验后，实验组老年高血压患者的紧张—焦虑情绪指标值 9.83 ± 2.01，相比实验前 12.75 ± 2.88 和对照组实验后 13.83 ± 2.92 均有显著性降低趋势，有力好动情绪指标值为 28.0 ± 5.88，比实验前的值 25.33 ± 6.93 显著升高，同时也显著高于对照组 21.0 ± 2.45。实验组受试者的愤怒—敌意和疲劳—惰性情绪在实验后都有降低趋势，但与对照组受试者的相应值无显著性差异。由此可知，与对照组相比较，三天两晚的森林康养活动可以明显改善受试者的情绪状态，使正向情绪有所加强，负向情绪有所缓解（图 7-4）。

7.2.2.6　情绪观察指标与生理指标的相关性分析

本实验分析了情绪指标与生理指标的相关性，进一步确定了情绪对血压等指标的影响情况。

在实验前，对照组 HR 与情绪抑郁－沮丧 (D) 呈现正相关（$r = 0.604, p < 0.05$），SpO_2 与情绪有力－好动 (V) 呈现显著负相关（$r = -0.660, p < 0.05$）；实验后，HR 与紧张－焦虑 (T) 情绪呈现显著正相关（$r = 0.782, p < 0.05$）。从实验组的情绪量表和生理指标的分析来看，在实验前 SBP 与情绪愤怒－敌意 (A) 呈现负相关（$r = -0.445, p < 0.05$），皮质醇与情绪有力－好动 (V) 呈现正相关（$r = 0.408, p < 0.05$）；实验后 SBP 与紧张－焦虑 (T) 情绪呈现负相关（$r = -0.542, p < 0.05$），与抑郁－沮丧 (D) 情绪呈现显著负相关（$r = -0.628, p < 0.05$），与疲劳惰性 (F) 情绪呈现显著负相关（$r = -0.643, p < 0.05$）。

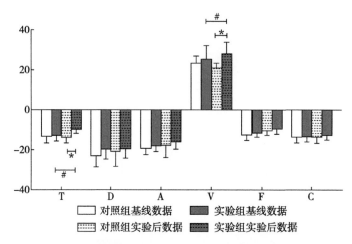

图 7-4　实验前后实验组和对照组情绪指标变化情况

注：$^*p < 0.05$ 为独立样本 T 检验，$^\#p < 0.05$ 为成对样本 T 检验。

7.2.3　小　结

7.2.3.1　结　论

相比与对照组，老年高血压患者在绿色森林环境中漫步和八段锦等活动后，收缩压（SBP）和舒张压（DBP）明显下降，脉搏（心率 HR）和血氧饱和度（SpO_2）无明显变化，心率变异（HRV）程度中高频值（LF）和高低频比值（LF/HF）升高，超敏 C 反应蛋白炎症因子水平明显减低，丙二醛（MDA）和皮质醇（Cortisol）略有降低，白细胞介素 6（IL-6）和谷胱甘肽过氧化物酶（GSH-Px）有升高趋势，这些指标变化虽不显著，但能预示心血管功能的改善趋势。从情绪状态量表（POMS）问卷各得分的统计分析来看，实验后，负向的紧张－焦虑（T）情绪显著降低，正向的有力－好动（V）情绪显著加强，疲劳－惯性（F）和愤怒－敌意（A）情绪在对照组和实验组的组间变化不显著，但呈现缓解趋势。

7.2.3.2　讨　论

（1）森林环境对 BP、HR、SpO_2 和 HRV 的影响

中国高血压管理指南 (2019 年)（华强等，2019）认为血压低于 140/90mmHg 为正常血压，高于 140/90mmHg 为高血压，本研究的结果中，所有受试者血压值在实验后均低于这一范围，初步证明了森林康养能够降低老年高血压患者的 DBP、SBP 指数，这与既往研究一致（Mao G X et al., 2012；Wu Q et al., 2020）。由于血压和许多其他生理指标都表现出周期性日夜节律（O'Brien E et al., 2013），实验期间所有指标的检测都在同一时间段进行，结果所得的 BP 值在实验组和对照组之间的变化情况与 Ohe Y 等人的森林疗法可以降低收缩压、尿肾上腺素和血清皮质醇的研究结果一致（Ohe Y et al., 2017；Kim J G et al., 2021）。在医学研究中，心率变异性（HRV）是心率随时间的变化情况，也是心跳不规律性的检测手段，直接反映自主神经对身体的调控能力（侯理伟等，2021），自主神经中交感神经的主要功能是使瞳孔散大，心跳加快，皮肤及内脏血管收缩，冠状动脉扩张，血压上升、立毛肌收缩等，当机体处于紧张活动状态时，交感神经活动起着主要作用，副交感神经活动则能起到与此相反的降压功能（Mena-Martín F J et al., 2006）。一般来说，HRV 越高个体心血管功能和抗压力能力越好，而 HRV 越低则焦虑、抑郁风险和死亡率也越高（张晓宇等，2021）。学者认为高频分量（HF）和低频分量（LF）反映副交感神经功能，低频与高频分量之比（LF/HF）反映交感神经活动（Zaza A et al., 2001）。本研究显示，实验组 LF 和 LF/HF 水平有明显升高的趋势，这表明森林康养可以通过降低交感神经活动来降低高血压患者的收缩压和舒张压。以往研究表明，减轻压力会降低全身皮质醇和交感神经活动（Kirschbaum C et al., 1994），森林浴改善年轻健康成年人的多种应激反应和自主活动指标，包括皮质醇和心率变异性检测血压的变化情况（Park B J et al., 2007），本研究中 HRV 的变化结果相同也与这些研究结果一致。本次实验中森林八段锦练习和森林静坐冥想都是调整呼吸，放松心情的运动，在此期间，实验组受试者 HRV 的升高趋势，进一步证明了森林环境能够增强交感神经和副交感神经系统的功能，降低焦虑和抑郁发病率的风险，这些结果也与孔海军等（2017）在森林环境中进行的一系列活动，对原发性老年高血压患者的血压调节起辅助作用，从而降低心血管意外事件的发生频率，减少临床事件的发生的实验结果一致。

（2）森林环境对生物学指标的影响

为了研究森林康养对高血压的作用机制，我们选择的心血管疾病相关指标包括 CRP、IL-6、皮质醇、MDA 和 GSH-Px，这些指标均与原发性高血压密切相关（Fan F et al., 2010；Remkova A et al., 2010）。一般情况下，CRP 值大于 100mg/L 表明患者病情严重（Bansal T et al., 2014），本研究结果显示，实验后血清 C 反应蛋白（CRP）水平显著降低，白细胞介素 6（IL-6）有升高趋势，这与以往的研究一致（O'Brien E et al., 2013；Mao G et al., 2012；Shao D et al., 2011）。Mena-Martín F J 等关于森林静坐的一项研究显示，当患者处于自然森林环境时，去甲肾上腺素水平升高，皮质醇水平下降（Takayanagi K et al., 2006），Chrousos G P 等（1998）的研究表明，森林浴对降低皮质醇和去甲肾上腺素水平有显著的作用，在本研究中皮质醇水平也显示下降趋势。丙二醛（MDA）参与脂质过氧化和抗氧化能力，MDA 降低可减缓细胞膜破坏，使血管弹性增加从而使得血压降低，本研究中 MDA 水平有降低趋势，通过分析，原因可能是受试者身处森林环境中，负氧离子能够增加组织氧化过程，同时适当的康养活动也能促进神经反射的调节，增进血液循环，改善细胞的物质吸收功能，从而减轻炎症反应。这也进一步证明了钱江源公园的森林环境能降低老年高血压患者血液中各项炎症因子水平，缓解血管炎症，降低病死的危险性。

（3）森林环境对情绪的影响

根据情绪状态量表（POMS）问卷的分析结果可以看出，森林康养实验后，受试者的有力 - 好动情绪显著增加，参与者对环境感到更舒适、自然和放松。此外，负向的紧张 - 焦虑情绪显著降低，愤怒 - 敌意和疲劳 - 惰性在实验组人群中呈现下降趋势。这项结果与 Hiroko Ochiai 等

（2015）的报告结果一致，说明森林环境比城市环境更舒适、更平静。亚洲国家的一些研究探讨了森林疗法的治疗效果，发现森林使慢性广泛性疼痛和抑郁症显著减少（Osgood C E et al., 1957；Kaplan R et al., 1989）。一些研究也认为，可能是森林中的活动项目如散步、静坐等促进了认知功能，使负向情绪如焦虑、愤怒、疲劳和抑郁更稳定（Li Q et al., 2011；Jung W H et al., 2014）。关于森林步行对中年高血压患者自主神经系统活动的影响研究发现，在森林中短暂的散步有助于中年高血压个体产生生理和心理上的放松效应（Song C R et al., 2015）。

7.3 森林色彩的生理与情绪效应

色彩的视觉感觉通过眼、脑作用而获得，传统的情绪识别采用人的面部表情（Azcarate A et al., 2005）、身体姿态和语音等外在特征（Calvo R A et al., 2010）。这些信号不需要通过仪器检测就可获取，但不足以代表人类丰富的情感。另一方面，观察景观时，人的视线并非是随机注视的，而是存在一定的规律性（Humphrey K G et al., 2009），传统的三研究如美景度评判只是基于景观整体比较，无法定位景观中的吸引点。人体视觉追踪技术通过判断最敏感的兴趣区分布和视觉注视规律，为森林景观评价提供辅助支持，成为森林景观美学研究的一个新方向。

7.3.1 视觉追踪在森林质量评价中的应用概述

7.3.1.1 视觉追踪技术研究

视觉追踪技术于 1901 年开始逐步成熟，在平面广告、产品测试、空间环境等商业和设计领域应用较为广泛（赵新灿等，2006）。直到 20 世纪 90 年代，该技术作为指示人体生理和心理指标的一种量化途径，被欧洲学者首先引用到森林景观研究中（Duchowski A T et al., 2002）。研究主要采用两种视觉刺激模式展开：图片景观和实地景观，这两种方式均可以客观地衡量人对景观的观察方式（Dupont L et al., 2014），比较而言，图片调查方法具有操作方便、实验可控性强、评估效果与实地景观无显著差异等优点，因而，应用更为普遍（Sevenant M L et al., 2010）。在景观评价中，视觉追踪技术主要用于以下几方面的研究：①从不同景观尺度、景观类型、景观特征入手，重点评估景观差异对观察者视觉行为的影响（Dupont L et al., 2016），发现森林中的构筑物会对人的视觉产生干扰，因此，在景观设计中应该合理规划与布设构筑物；②基于图片刺激，同一景观不同视角（仰视、平视与俯视），正常图片与全景图片，以及森林景观的开阔性和异质性的差异影响下，调查者视觉追踪是否产生变化（Ulrich R S,1984），结果表明，景观开放和异质化程度、全景程度均影响调查者视觉观察；③将被试者分组调查，研究不同专业背景、不同性别、不同国籍和文化背景等人群对森林景观兴趣差异（De Lucio J M et al., 1996；Dupont L et al., 2016）。结果表明，专家对景观的观察比普通人更加整体和富有深度、女性比男性更加重视景观不同部分的差异；④实验中加入指示性要求，从而监测在目的需求的指引下，被试者从视觉追踪中传达出来的兴趣喜好区域。例如，试验开始前要求被试者找出最适合休息和康养的森林环境，以此为目的追踪被试者视觉兴趣区域（Nordh H et al., 2013）；⑤在疲劳状态下，森林图片对于人体精神休息和恢复的作用（Berto R S et al., 2008；Haigh C A et al., 2014）。总体而言，目前视觉追踪技术主要围绕景观差异和被试群体两个层面展开，再结合森林资源美景度调查等内容，形成交互性结果，可与生理和心理的其他监测结果相互联系，从而构成对森林景观资源与公众感知的整体评价。在这一研究体系中，视觉追踪技术是基于人体视觉注视规律，分析规律下所反映的人们对图片或者实地景观的真实兴趣，这不仅局限于审美喜好，还可以通过问题设置，调动被试者大脑兴奋度，从而得出基于心理和思想变化下的视觉判断结果，以此可以指导更多方向的问题研究与解决。然而，在森林景观评价领域中，视觉追踪技术仍然是一个崭新的研究方法，目前我国鲜有研究，国外研究中所涉及的领域和覆盖的内容也较少，因此，该技术仍然有待于进一步探索。从研究方法上的革新以及对于森林景观内部机理关系评价内容的补足等意义来看，该技术是具有非常长远的发展前景的。当然，任何一个方面的研究中，眼动信息的采集与分析结果，都必须要利用眼动设备和专业分析软件来实现。

7.3.1.2　技术设备

目前对于视觉追踪技术的硬件设备很多，从研究角度来看，使用频率较多的是德国的三种眼动仪：EyeLink、SMI 和 Tobi（Dalmaijer E S et al.，2014）。从应用领域来看，EyeLink 用于文字读写视觉识别较多，SMI 用于平面图片视觉追踪和研究较多，Tobii 用于商业广告与媒体视觉评价较多，但从功能上来看，这三种设备并无太大区别。无论哪一类设备，都有多种型号的产品可以选择。从使用方式来看，可以分为遥测式、眼镜式、托颚固定式、头戴式。从适用刺激源来看，遥测式眼动仪是基于红外线反射的非接触式设备，容许头部和身体在一定范围内的移动，可以用来监测从屏幕或投影仪呈现的景观图片的注视规律；托颚固定式眼动仪是需要固定头部位置，以保证稳定监测人眼运动轨迹的设备，主要用来监测景观图片的注视规律；眼镜式眼动仪为无线式眼动追踪系统，通过与远程电脑或平板的数据传输，可以实时捕捉人体移动中视线范围内的眼动数据，因此主要用于室外实地景观的监测；头戴式眼动仪内部自带播放显示器，用于进行虚拟实景（VR）和 3 天可视化等仿真模拟视觉感知监测。从使用精度来看，托颚固定式精度最高（$h < 0.25°$），遥测式和眼镜式次之（分别为 $h < 0.4°$、$h < 0.5°$），头戴式相对精度较低（$0.5° < h < 1°$）。从眼球跟踪频率来看，一般为 60Hz，意味着每秒钟可追踪眼球动态 60 次，部分设备也有 30Hz、250Hz、500Hz 等频率范围的选择。

7.3.1.3　基于软件分析的评价因子

硬件设备采集后的数据通过配套专业软件进行分析，从而得出相关评价因子 ETM（Eye-tracking Metrics），用于衡量观察者的视觉行为。ETM 主要涵盖表现图形和原始数据两种形式。

（1）表现图形

表现图形包含眼动路径图（Scan Path）和注视热点图（Heat Map）等，眼动路径图表现被试者在观察森林景观时的先后次序以及每个注视点的位置，热点图是以颜色的深浅显示注视时间的动态变化。这两类图是最容易得到和解读的图像，可以直观地表征被试者对于单张图片的眼动追踪结果，传达不同图片关注重点的差异性，探究差异原因（植被类型、植物色彩、树种健康度或环境因素等），从而辨别森林景观中有利的促进元素和不利的干扰因子。但这两类图缺乏量化数据，无法进行不同景观和不同人群眼动规律对比分析。

（2）原始数据

与路径图和热点图相比，原始数据可以记录真实值来解释图像与被试者关注的关系，因此，更为准确和客观，适用于定量研究。常用的原始数据主要涵盖注视、非注视（眼跳）、兴趣区信

息、眼球生理运动等指标，这些指标可以表达不同的视觉追踪意义。

①注视点（Fixation）

注视点可以理解为当每次眼球静止时，设备采集的数据，其中静止时间的界定通常为100～200ms以上。注视时间、注视次数是两个常见的考量指标。注视时间长代表某森林图片具有特别吸引力；注视次数表示不断对某森林图片进行反复注视的数量，注视次数多常反映景观图片的信息较多。通过对不同图片的注视时间和注视次数综合比较，从而表现图片激发人体兴趣程度的深浅。

②眼跳（Saccade）

眼跳是从一个注视点到另一个注视点的变化过程，也可以理解为，眼跳过程是没有固定注视点的眼球移动的过程，眼跳是跟注视相对应的指标，在规定时间内，眼跳时间较长的话，注视时间就会缩短。眼跳时间、数量、速度、长度和幅度是常见的考量指标。眼跳指标经常是衡量被试者是否有找到感兴趣森林景观的指标，例如眼跳时间长、长度大的图片，经常是景观信息过于简单，或过于复杂的，都不利于被试者找到关注区域，可能会导致视觉疲劳。

③兴趣区AOIs（Areas of interest）

上述两种数据单表示的是某森林图片总体的视觉注视信息，但对于图片内部的某个区域视觉注视规律则无法体现，兴趣区的划定可以完美解决这一问题。适用于研究不同图片中相同的植被景观不同视觉注视规律，或者单一图片中不同植被景观的视觉注视规律。通过对研究目标（如某一类色彩斑块）划定重点研究区，记录注视数量，长度和次序和注视时间，可以进行不同兴趣区的比较研究。这种研究方式比较灵活，因为兴趣区可以在眼动实验结束，数据分析时进行，因此，可以依照研究目的，灵活地将图片分割成不同的兴趣区，从而进行数据挖掘。

④眨眼率（Blink frequency）和瞳孔直径（Pupil size）

眨眼率可以用于指示精神与疲劳状况，以及情绪波动。正常状态下，人眼瞳孔直径在凝视森林图片时，应为缓慢波动模式，但是当对图像产生视觉疲劳时，该指标值会减小。眨眼率变化与瞳孔直径类似，正常森林图片观看时，眨眼率为缓慢波动，当对森林图片产生视觉疲劳时，眨眼率会产生明显上下波动。因此，可以根据两个指标变化的幅度，在一定程度上解释森林图片对人体的刺激程度。

⑤细化数据

除上述四种应用较为广泛的原始数据之外，还有一些其他的微观层面的分析数据。例如第一次注视时长（First fixation duration）、潜在注视时长（Duration before）、兴趣区域被关注的次数（Sequence）、关注兴趣区的平均人数（Appearance count average）等，这些数据可以对森林图片划定的重点研究区进一步分析与解释。

视觉追踪表现图与原始数据，一般都是通过配套软件分析获得，例如，在常见的三种硬件设备中，BeGaze分析软件就是SMI眼动仪的配套支持系统，Tobii Studio是Tobii眼动仪的配套软件，而EyeLink眼动仪通常是利用EB（Experiment Buider）软件编程进行数据分析的，这三种软件都是使用频度非常高的数据分析工具。在分析软件中，数据种类非常多，并且都可以通过划定兴趣区域来进一步丰富数据类型。但是，合理选择与解释视觉追踪数据要比数据简单的罗列与计算重要得多，这也是近年来欧美学者的研究重点之一。

视觉追踪技术在森林景观资源评价研究中仍是一项新颖的技术，在该技术应用、试验方法的确定、数据的选择与分析、应用成果的转化等方面都有许多工作可以开展。同时，作为一项辅助森林景观评价的工具，将其灵活应用于该领域的研究工作中，可以帮助开展森林评价与预判森林改造和经营成效。从目前技术发展和欧美研究现状出发，结合我国的实际工作需要，未来的视觉追踪技术应用与实践可以从森林景观与美景度辅助评价、森林规划与设计合理性检验、森林仿真与景观可视化模拟、森林功能的感知与体验分析 4 个方面展开。本节尝试采用眼动仪开展森林色彩引起的人的视觉响应测试，并对生理和情绪响应开展关联研究。

7.3.2　研究区概况与研究方法

7.3.2.1　研究区概况

选择秋季森林景观美景度较高的九寨沟作为研究区，为大尺度的山地坡面林外森林景观。九寨沟是中国第一处以保护自然风景为主要目的的自然保护区，也是集世界自然遗产、国家重点风景名胜区和国家 AAAAA 级景区于一身的旅游地，具有重要的森林旅游观赏价值。九寨沟平均海拔为 3000m，面积为 7.2 万 hm²，森林覆盖率超过 80%，以天然次生林为主，观赏类型主要是离观赏者具有一定距离的较大尺度的山地坡面森林景观，也就是说，人们主要以远景形式进行森林景观欣赏，无法进入森林内部开展游憩活动。主要群落类型为桦木属（Betula）、冷杉属（Alibes）、栎属（Quercus）、油松（Pinus tabuliformis）、云杉属（Picea），主要的树种类型有白桦（Betula platyphylla）、红桦（Betula albosinensis）、四川黄栌（Cotinus szechuanensis）、青榨槭（Acer davidii）、湖北花楸 (Sorbus hupehensis)、巴东小檗（Berberis veitchii）、匍匐栒子（Cotoneaster adpressus）、黄果冷杉（Abies ernestii）、华山松（Pinus armandii）、山杨（Populus davidiana）、辽东栎（Quercus wutaishanica）、白蜡（Fraxinus chinensis）等。九寨沟森林植物组成方式多样，且在不同季节色彩变化显著，形成以黄色、红色为主的多种类型的秋季森林色彩景观。同时景观观赏性良好，具有较高的研究意义。

7.3.2.2　研究方法

（1）样地选择与调查

在对九寨沟风景区森林景观进行全面勘察的基础上，采用典型抽样调查方法，在三条主要的游览线路中选择观测点 35 处，分别设置样地开展调查，测量并记录基本信息；使用 GPS（Garmin Montana650，上海）记录观测点的经纬度、海拔；使用测距仪（Laser,Japan）测定目标森林的高度和观测距离，使用罗盘仪测定目标森林的坡向，使用数位式照度计（TES-1330A，台湾）测定相应时段的光照强度，同时记录天气情况以及目标森林的树种组成情况。

（2）图片采集与处理

为保证图片之间的可比性，需要对拍摄和图片处理进行规范操作（章志都，2010）。使用 1800 万像素的 CanonEOS-7D 相机对样地进行拍照取样。根据研究区的物候期，分为初秋时节、中秋时节和晚秋时节调查取景 3 次。于 2015 年 8 月 28 日、9 月 28 日、10 月 27 日晴好天气下分别拍摄，控制拍摄时间在 10:00 ~ 15:00 内，拍摄对象尽量避开除天空外其他非森林景观因素，每次拍摄统一拍摄位置、角度与拍摄模式。共拍摄图片 1000 余张，后期选择具有代表性的森林景观图片，剔除掉部分严重落叶的图片，以及前景与背景干扰过于强烈的图片，共挑选出图片 105 张。此外，为了避免天空色彩差异的干扰，后期利用 Photoshop 软件将每张图片的天空分别进行了纯白色、相同的蓝天白云两种处理，分别用于图片分析和视觉追踪监测。

（3）视觉响应实验

a. 实验对象

根据前人研究中实验设计方案以及生理和心理实验的特殊性，一般对于被试样本量的选择为 20～40 人之间（Deng S Q et al., 2013；陈燕，2014）。本研究中被试对象为随机选取的校内研究生共 34 人，其中男性 11 人，女性 23 人；年龄为 18～35 岁之间。被试者可佩戴眼镜进行试验，要求矫正后双眼视力高于 1.0。实验前对被试者进行色盲色弱检测，参与实验人员色彩识别能力均未见异常。

b. 实验设备

使用德国 SMI 公司生产的 RED250mobile 遥测式眼动仪进行测试，该仪器为非接触式、遥控红外眼部摄像自动记录设备，对于头部移动和视觉矫正具有高度的容错性（眼镜和隐形眼镜），利于被试者选择较为舒适的姿势进行实验，且在眼动数据测量时，容许轻微幅度的身体移动。本实验中借助独立的支架附着在分辨率为 1680×1050 的 22 寸宽屏彩色显示屏幕下端使用。通过反射红外线，该设备能够精确计算并持续记录被试者的注视点坐标，记录频率为 60Hz，即每秒钟记录 60 次。与大多数眼动仪不同的是，RED 眼动仪可以记录双眼的注视信息，因此，可以在右眼数据出现问题时，使用左眼数据进行分析。

c. 实验流程

实验在室内相对封闭的空间内独立进行，每个被试者实验时间约为 11min。调节被试者坐姿位置，保证平视，距离屏幕 60～70cm。并向被试者简单介绍实验流程，但不交代实验目的，以便于被试者依据喜好自由观看森林样本图片。实验开始前，分别对被试者进行五点校准，校准达标后进行正式图片播放。使用 iViewRED Sever 软件进行图片播放和数据记录，每张照片播放时间为 20000ms，单张图片播放结束后，自动切换下一幅直至结束。眼动设备的实验过程需要使被试者保持静止，以坐姿进行图片观察，对于被试者而言，实验时间过长会导致身体与视觉疲劳。故而，从保证实验质量的角度来看，通常实验时间设置为 10min 左右。本实验照片 104 张，因此，分 3 次进行播放，每次播放 34～35 张图片，每次播放时间间隔 10min，让被试者在休息区域保持平静状态，休息完成后重新进行注视校准，校准成功后继续试验。

d. 眼动指标选择

眼动指标主要是用来评定人对森林景观的注视情况，通过注视次数、频率等来判断森林景观的视觉吸引力。通过参考以往学者在不同领域中的研究内容，以及结合本文对于眼动规律的研究重点，主要使用数据量化级的指标进行视觉注视结果的评价，共选择指标 7 项。使用设备配套软件 BeGaze 进行指标的计算，软件中各量化指标的名称和含义解读见表 7-2。

（4）生理响应实验

参考已有研究成果，本文选取皮肤电导率 SC(Skin conductance)、呼吸频率 RR(Respiratory rate) 和心率 HR（Heart rate）3 个生理指标进行数据分析。皮肤电、心率和呼吸频率可以作为人体情绪唤醒程度的衡量指标，但是，并不能准确的区分出情绪的类别，只能反映生理上的刺激水平（Yan, 2014）。然而从一般类别的生理反应上来看，生理指标的升高或降低，仍然有据可循。皮肤电是探测皮肤表面的电传导能力的指标，当人体受到刺激时，汗腺被激活，皮肤电导值会下降，也就是说，紧张或焦虑等情绪下，皮肤电导值下降（李霞，2012），当人体放松时，皮肤电导值是上升的。同理，人体放松时期，心率下降。

表 7-2　眼动规律评定指标的选择

英文指标名称	中文指标名称	缩写
Fixation Count	注视点数目	FC
Fixation Frequency（count/s）	注视频率	FF
Fixation duration Average（ms）	平均注视持续时间	FDA
Saccade Count	眼跳次数	SC
Saccade Frequency（count/s）	眼跳频率	SF
Saccade Amplitude Average（°）	平均眼跳幅度	SAA
Saccade Velocity Average（°/s）	平均眼跳速度	SVA

生理指标监测与视觉追踪实验同时开展，即在监测被试者观看森林景观的视觉动态过程中，进行生理实验的同步开展。采用 Powerlab 多导生理仪（AD 公司，澳大利亚）和配套的数据录入和处理软件 LabChart 记录被试者的心率、皮肤电导率和呼吸频率。实验前进行空白对照组测试，分 3 次进行实验，每次间隔 10min，每次实验前都进行空白对照组监测。为避免图片切换中对被试者产生的波动影响，每张森林图片选取 5～20s 的生理指标进行数据分析。由于每个人的生理指标状态不同，因此，将监测数据与空白对照组求差值，用差值指标的变化情况来分析各指标波动大小。

（5）情绪响应实验

情绪状态评价是围绕状态 - 特质焦虑量表（State-Trait Anxiety Inventory）和简明心境状态量表（Profile of Mood States），量表中的项数也从 20～65 项不等。参照前人研究的相关结果（Han K T，2009），结合本研究需要，将这两个量表的指标进行精简，将评价状态缩减成 3 种：紧张程度、疲劳程度、烦躁程度，并通过 5 个指标来判定：平静、紧张、放松、厌烦、兴奋，用 5 级程度来进行分数测定：完全没有、有一点、适中、相当多、非常多，分别打分 1～5 分。其中，紧张度值等于紧张和放松的差值，疲劳度值等于负兴奋值，烦躁程度等于厌烦和平静的差值，从数据上来看，这 3 项指标值越大，说明越紧张、疲劳和烦躁。

实验对象与视觉和生理的被试者相同，但是独立于这两个实验单独开展。实验前，先让被试者填写症状自测量表 SCL-90，进行被试者心理健康程度的分析。筛选了 32 张图片进行评判，每张图片播放 20s，每张图片播放完成后，让被试者进行情绪自测，分 3 次进行实验，每次间隔 10min，直至实验结束。为避免被试者差异导致情绪指标因素得分量级的不同，最终计入分析的数据，为每张图片的情绪得分与被试者空白状态的情绪得分的差值。

（6）森林色彩指标提取

a. 森林色彩要素提取

参照 Chen 的量化方法，采用 HSV 色彩空间，将样本色画面分成 H:S:V = 16:4:4 共 256 种色彩（Chen X X et al.，2012），对非均匀色彩分级量化，在 Matlab2015a（Math Works）平台下通过程序计算图像中每种色彩所占的像素值，构建如下 5 个指标：

①色相比例：H1，H2，H3，……，H16 共 16 个色相所占的像素总数与总像素的比；②饱和度比例：S1，S2，S3，灰，白共 5 个饱和度所占的像素总数与总像素的比；③明度比例：黑，

V1，V2，V3 共 4 个明度所占的像素总数与总像素的比；④色彩个数 NC：在 147 个色彩中，像素占比不小于 1% 的色彩个数；⑤最大色相指数（MHI）：除黑白灰外，像素占比最大的色相比例值。

本研究所用原始图像总像素相同，本研究将天空归为背景剔除，不计入色彩指标的计算。

b. 森林色彩格局指数

采用 ArcGIS 10.3 软件勾画森林色彩斑块，并将矢量数据转为栅格数据后，借助 FRAGSTATS 软件计算色彩景观格局指数，包括针叶林色彩斑块占比（AP）、阔叶林色彩斑块占比（BP）、灌木林色彩斑块占比（SP）、森林色彩斑块数量（NP）、森林色彩斑块彩度（CD）、森林色彩斑块密度（PD）、最大色彩斑块指数（LPI）、森林色彩景观形状指数（LSI）、森林色彩斑块蔓延度（CON）、森林色彩斑块分割度指数（DIV）、森林色彩斑块分离指数（SPL）、森林色彩斑块多样性指数（SHDI）、森林色彩斑块均匀度指数（SIEI）、森林色彩斑块聚合度指数（AI）、森林相似色彩斑块邻接比例（PLA）、森林色彩斑块结合度指数（COH）、森林色彩斑块平均面积指数（ARP）等 17 个。

（7）统计分析

采用单因素方差分析法分析眼动指标等在不同分组中的差异性，采用 LSD 法进行多重比较；采用 Pearson 相关性分析色彩组成和色彩斑块构成各变量与公众响应的之间的相关关系；选取显著相关的变量、最大方差法对因子旋转，进行主成分分析，然后，利用归一化法将主成分进行简化，通过权重确定最终系数（毛斌等，2015）；采用回归分析分析影响因素的影响程度；采用系统聚类方法，选取组间联接和平方欧式距离对响应程度最优森林进行色彩类型聚类分析。主要采用 SPSS23.0、Excel 和 Viso 软件进行数据处理分析及图表绘制。

7.3.3　森林色彩特征与公众视觉响应

7.3.3.1　眼动指标与森林色彩特征的关系

现有视觉评价指标较多，通过 Pearson 相关性分析可以发现，注视点数目 FC、注视频率 FF、平均注视持续时间 FDA、眼跳次数 SC、眼跳频率 SF 之间彼此相关性最大，平均眼跳幅度 SAA 与平均眼跳速度 SVA 相关性显著（表 7-3），这说明评价指标间具有一定的线性共变规律。因此，利用主成分分析方法，对评价指标进行整合，从而得到两项视觉评价的综合指数。转化后 KMO 指数为 0.623，两个公因子累计贡献率分别为 73.784%、94.317%。从主成分矩阵（表 7-4）可以看出，第一主成分与注视点数目、注视频率、眼跳次数、眼跳频率呈显著的正相关，与平均注视持续时间呈显著的负相关，这几个指标反映了森林景观的视觉吸引力丰富度，因为当景观中吸引力点越丰富时，被试者的眼动更活跃，因此，将第一主成分定义为森林吸引力丰富度，用 F1 表示。第二主成分与平均眼跳幅度 SAA 与平均眼跳速度 SVA 均呈显著正相关关系，这两个指标是衡量森林景观是否在新的区域存在更具有吸引力的刺激，当森林视觉吸引力点能够调动被试者视线的活跃性时，眼跳幅度和眼跳速度会增加，因而，将第二主成分定义为注视活跃度，用 F2 表示，F2 值越大活跃度越高。

表 7-3　眼动规律评定相关性分析

指标	FC	FF	FDA	SC	SF	SAA	SVA
FC	1						
FF	0.992**	1					
FDA	−0.886*	−0.913*	1				
SC	0.950*	0.941*	−0.837*	1			
SF	0.955*	0.958*	−0.870*	0.995*	1		
SAA	−0.428	−0.473	0.332	−0.406	−0.431	1	
SVA	−0.348	−0.397	0.237	−0.363	−0.390	0.866*	1

注：** 表示相关性达极显著水平（$p < 0.01$）。

表 7-4　眼动指标主成分矩阵

指标	成分矩阵		得分系数矩阵	
	F1	F2	F1	F2
FC	0.968	0.183	0.187	0.127
FF	0.981	0.135	0.190	0.094
FDA	−0.892	−0.273	−0.173	−0.190
SC	0.956	0.176	0.185	0.122
SF	0.971	0.156	0.188	0.109
SAA	−0.584	0.767	−0.113	0.534
SVA	−0.521	0.817	−0.101	0.568

以两个视觉指标主成分为评价指标，与森林景观色彩特征指标进行 Pearson 相关性分析，取得如下结果：

（1）森林景观色彩特征与森林吸引力丰富度 F1 的相关关系

森林色彩明度（V2、V3）、灌木林色彩斑块比例（SP）、森林色彩斑块分割度指数（DIV）、森林色彩斑块分离指数（SPL）、森林色彩斑块多样性指数（SHDI）、森林色彩斑块均匀度指数（SIEI）与森林吸引力丰富度呈显著正相关关系；灰色色相 Grey、针叶林色彩斑块占比（AP）、最大色彩斑块指数（LPI）、森林色彩斑块结合度指数（COH）与森林吸引力丰富度呈显著的负相关关系（如图 7-5 和图 7-6）。其余指标同森林吸引力丰富关系不显著（$p > 0.05$）。这说明，森林景观视觉吸引力的丰富程度与森林色彩要素组成类别无关，无论是绿色、红色还是黄色占比居多的森林景观，都不影响公众对森林景观色彩信息获取的量级。而森林色彩明度和森林色彩斑块分布破碎度、森林色彩斑块大小等是直接影响森林色彩视觉刺激丰富度的指标。

（2）森林景观色彩特征与注视活跃度 F2 的相关关系

红色系色彩 H1 和 H2 与注视活跃度呈显著正相关关系，黄色系色彩 H4 与注视活跃度呈显著负相关关系。而其他森林色彩组成要素和森林色彩斑块构成指标均不对公众注视活跃度产生影响（图 7-7 和图 7-8）。这说明，公众在注视森林色彩景观时，红色系（H1 和 H2）树种的存在会促使人们感受到注视区域外的色彩刺激，增加注视活跃度，而过多黄色系（H4）树种的存在会阻滞森林色彩的活跃度刺激。森林秋叶色彩的差异性对注视活跃度影响最大，不同森林色彩斑块空间布局的关系对注视活跃度不产生影响。

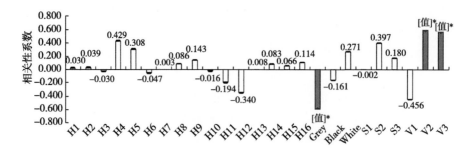

图 7-5　色彩组成要素与森林吸引力丰富度相关关系

注：* 表示相关性达显著水平（$p < 0.05$）。

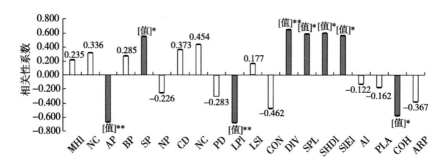

图 7-6　色彩斑块构成指标与森林吸引力丰富度相关关系

注：** 表示相关性达极显著水平（$p < 0.01$），* 表示相关性达显著水平（$p < 0.05$）。

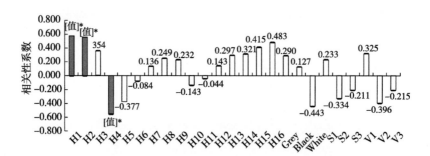

图 7-7　色彩组成要素与注视活跃度相关关系

注：* 表示相关性达显著水平（$p < 0.05$）。*denotes $p < 0.05$。

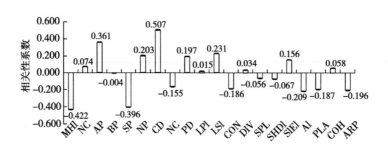

图 7-8　色彩斑块构成指标与注视活跃度相关关系

7.3.3.2　基于眼动规律的森林色彩特征指数构建

（1）基于森林吸引力丰富度的森林色彩特征指数

选取与森林吸引力丰富度相关系显著的色彩特征指标 :Grey、森林色彩明度（V2、V3）、灌木林色彩斑块比例（SP）、森林色彩斑块分割度指数（DIV）、森林色彩斑块分离指数（SPL）、森林色彩斑块多样性指数（SHDI）、森林色彩斑块均匀度指数（SIEI）、针叶林色彩斑块占比（AP）、最大色彩斑块指数（LPI）、森林色彩斑块结合度指数（COH），进行主成分分析。结果表明，上述指标可以降维成 2 个主要因子，前 2 个因子的累计贡献率分别为 51.304%、78.913%，转化后 KMO 指数验证为 0.627，说明变量进行主成分分析效果较好。主成分分析结果显示，不同因子在 PC 轴出现明显的分异（图 7-9）。

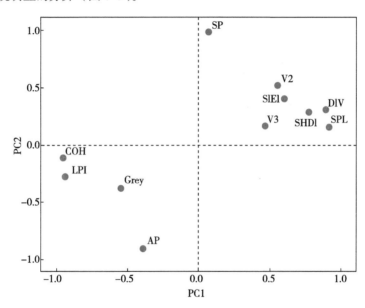

图 7-9　基于森林吸引力丰富度的森林色彩主成分载荷图

由表 7-5 可知，第一主成分与森林色彩斑块分割度指数（DIV）、森林色彩斑块分离指数（SPL）、森林色彩斑块多样性指数（SHDI）、森林色彩斑块均匀度指数（SIEI）、最大色彩斑块指数（LPI）、森林色彩斑块结合度指数（COH）关系最为显著，主要反映的是森林色彩斑块空间分布关系。主要的影响指标围绕森林色彩斑块分裂和聚合程度展开，因此，第一主成分可以看作是衡量森林色彩斑块分裂程度的指标，命名为森林色彩斑块分裂度指数，用 EC1 表示，EC1 值越大，说明色彩斑块越小而分散。第二主成分与 Grey、森林色彩明度（V2、V3）、针叶林色彩斑块占比 (AP)、灌木林色彩斑块比例 (SP) 关系显著，这说明不同色彩的斑块占比对该主成分影响较大，同时 SP 和 AP 与 V2 和 V3 具有显著的相关性，因此，第二主成分可以看作是衡量森林景观中斑块内色彩组成与明暗程度的指标，定义为森林斑块的色彩明暗指数，用 EC2 表示，EC2 值越大，说明斑块内暗灰色彩越少，针叶林占比越少。

经过归一化进行权重计算后，简化的主成分因子计算公式如下：

$$EC1 = -0.18 \times LPI + 0.17 \times DIV + 0.22 \times SPL + 0.14 \times SHDI + 0.05 \times SIEI - 0.24 \times COH \tag{7.1}$$

$$EC2 = -0.04 \times Grey + 0.16\%V2 + 0.08\%V3 - 0.32 \times AP + 0.4 \times SP \tag{7.2}$$

表 7-5　基于森林吸引力丰富度的森林色彩主成分得分矩阵

指标	成分矩阵		得分系数矩阵	
	EC1	EC2	EC1	EC2
Grey	−0.511	−0.620	−0.123	−0.054
V2	0.564	0.635	0.008	0.202
V3	0.274	0.591	0.003	0.103
AP	−0.304	−0.885	0.126	−0.397
SP	0.054	0.951	−0.213	0.493
LPI	−0.922	−0.298	−0.192	0.064
DIV	0.911	0.351	0.176	−0.032
SPL	0.904	0.105	0.233	−0.162
SHDI	0.818	0.339	0.152	−0.017
SIEI	0.616	0.508	0.054	0.122
COH	−0.976	−0.121	−0.250	0.171

（2）基于注视活跃度的色彩综合指数

与注视活跃度相关联的色彩指标很少，只有红色系色相指标 H1 和 H2 与其呈显著正相关，黄色系 H4 与其呈显著负相关。根据主成分分析结果，可以将这三个指标划分为一类中，用 EC3 表示，定义为森林红黄色彩指数。计算公式如下：

$$EC3 = 0.49 \times H1 + 0.49 \times H2 - 0.14 \times H4 \tag{7.3}$$

从成分得分系数上可以看出，红色系 H1 和 H2 对 EC3 的影响程度相同，高于黄色系 H4 的影响度。同时，红色系 H1 和 H2 较高时，公众对森林景观的注视更为活跃，当黄色系 H4 较高时，会降低公众注视的活跃度。

从上文结果中可以看出，对森林景观注视规律评价的两个指标中，各自影响的森林色彩因子具有完全的分异性。对森林色彩吸引力的丰富度影响较大的是色彩斑块间的分裂程度和色彩的明暗程度，对森林注视活跃度影响较大的是森林色彩的红黄属性。

7.3.3.3　森林色彩特征指数对眼动规律的影响

为了避免量纲的差别，标准化处理所有指标后，将眼动规律指数——森林吸引力丰富度 F1 和注视活跃度 F2 与森林色彩特征指数——森林色彩斑块分裂度指数 EC1、森林斑块的色彩明暗指数 EC2 和森林红黄色彩指数 EC3 进行一般线性回归（表 7-6），结果表明，色彩斑块分裂度指数和色彩明暗指数对森林吸引力丰富度的影响程度均等，森林色彩斑块分离指数的影响稍高。

表 7-6　注视指数和森林色彩指数的线性回归

眼动规律指数	R^2	P	线性回归方程
森林吸引力丰富度 F1	0.590	0.005	$F1 = 0.551 \times EC + 0.536 \times EC2 + 5.365 \times 10^{-15}$
注视活跃度 F2	0.396	0.012	$F2 = 0.629 \times EC3 - 3.975 \times 10^{-17}$

（1）对森林吸引力丰富度的影响

对基于眼动规律生成的森林综合指数及对其产生影响的众多指标单独进行分析，标准化处理色彩相关指标数据后，与指标所属的主成分因子建立线性和非线性的回归模型。表 7-7 代表的是森林色彩斑块分裂度指数 EC1 同其相关的指标之间的回归分析，判定系数 R^2 可以用来比较不同的回归模型的曲线拟合程度，从而选择最优模型。从结果中可以看出，在不同森林色彩指标和 EC1 的回归模型中，三次回归模型的拟合程度均是最好的，二次回归模型次之，线性模型最低，但从拟合精度和显著性上来看，线性模型和非线性模型差异多数不明显，SIEI 中线性模型最为显著。故而，选择相对简单的线性模型来表示森林色彩斑块分裂度和各指标间的关系，是更加直观的。此外，通过判定系数 R^2 的大小，确定不同色彩指标与森林色彩斑块分裂度指数的拟合精度的同时，可以将其解读为色彩指标对该综合指数的影响程度，R^2 较大的指标，说明指标与 EC1 的变化相关关系更显著，对 EC1 的影响程度更大。因此，从影响程度上来看，COH > DIV > LPI > SPL > SHDI > SIEI。

表 7-7　森林色彩斑块分裂度指数和相关指标的回归模型

指标	类型	R^2	P	回归方程
森林色彩斑块分割度指数 DIV	线性模型	0.829	0.000	$y = 0.911x$
	二次模型	0.870	0.000	$y = 0.128x^2+1.055x-0.119$
	三次模型	0.902	0.000	$y = 0.186x^3+0.471x^2+0.569x-0.243$
森林色彩斑块分离指数 SPL	线性模型	0.817	0.000	$y = 0.904x$
	二次模型	0.865	0.000	$y = -0.259x^2+1.156x+0.241$
	三次模型	0.873	0.000	$y = 0.115x^3-0.352x^2+0.948x+0.224$
森林色彩斑块多样性指数 SHDI	线性模型	0.669	0.000	$y = 0.818x$
	二次模型	0.680	0.001	$y = -0.056x^2+0.815x+0.052$
	三次模型	0.687	0.004	$y = -0.041x^3-0.06x^2+1.003x+0.054$
森林色彩斑块均匀度指数 SIEI	线性模型	0.380	0.014	$y = 0.616x$
	二次模型	0.404	0.045	$y = -0.105x^2+0.418x+0.098$
	三次模型	0.422	0.099	——
最大色彩斑块指数 LPI	线性模型	0.850	0.000	$y = -0.922x$
	二次模型	0.850	0.000	$y = -0.924x^2+0.015x-0.014$
	三次模型	0.877	0.000	$y = -0.144x^3+0.151x^2-0.544x-0.122$
森林色彩斑块结合度指数 COH	线性模型	0.952	0.000	$y = -0.976x$
	二次模型	0.954	0.000	$y = -0.036x^2-0.982x+0.033$
	三次模型	0.955	0.000	$y = -0.027x^3-0.053x^2-1.058x+0.053$

因而，结合线性回归方程升高或降低的变化趋势，可以分析出，在森林色彩斑块分裂度指数对视觉吸引力丰富度的影响中，森林色彩斑块结合度指数的影响最大。其他影响力规律主要表现

为：①森林色彩斑块空间连接性越高，视觉吸引力丰富度越低；②森林色彩斑块空间分裂度越高，视觉吸引力丰富度越高；③森林色彩最大斑块指数越大，视觉吸引力丰富度越低；④森林色彩斑块越分离，森林视觉吸引力丰富度越高；⑤森林色彩斑块越多样，森林视觉吸引力丰富度越高；⑥森林色彩斑块分布越均匀，视觉吸引力丰富度越高。

表 7-8 表示的是森林色彩明暗指数与其相关指标的线性和非线性回归分析结果，可以看出，根据灰色色相 Grey、中明度 V2、高明度 V3、针叶乔木林色彩斑块占比 AP、阔叶灌木林色彩斑块占比 SP 形成的综合指数——森林色彩明暗指数，与部分相关指标回归曲线拟合精度较低。这说明在解释一部分数据信息的森林色彩明暗指数 EC2 生成之后，灰色和高明度指数对森林视觉吸引力影响较小。通过对判定系数 R^2 进行比较，结果表明，在与森林色彩明暗指数进行回归模型构建时，中等明度 V2 的线性曲线拟合精度和显著性较高，针叶乔木林色彩斑块占比 AP 三次曲线的拟合精度最高，阔叶灌木林色彩斑块占比 SP 的线性和非线性拟合精度不存在明显差异。判定系数的结果排序为 SP > AP > V2，说明阔叶灌木林色彩斑块比例对吸引力丰富度指数影响最大，且呈正向变化趋势。

表 7-8　森林色彩明暗指数和相关指标的回归模型

指标	类型	R^2	P	回归方程
Grey	线性模型	0.262	0.051	——
	二次模型	0.279	0.140	——
	三次模型	0.322	0.216	——
V2	线性模型	0.404	0.011	$y = 0.635x$
	二次模型	0.404	0.045	$y = -0.021x^2 + 0.633x + 0.02$
	三次模型	0.409	0.110	——
V3	线性模型	0.075	0.324	——
	二次模型	0.361	0.068	——
	三次模型	0.395	0.124	——
AP	线性模型	0.783	0.000	$y = -0.885x$
	二次模型	0.810	0.000	$y = 0.295x^2 + 0.222x - 0.275$
	三次模型	0.867	0.000	$y = -0.658x^3 + 0.285x^2 + 0.064x - 0.430$
SP	线性模型	0.904	0.000	$y = 0.951x$
	二次模型	0.904	0.000	$y = 0.006x^2 + 0.946x + 0.006$
	三次模型	0.904	0.000	$y = -0.039x^3 + 0.034x^2 + 1.008x - 0.005$

（2）对注视活跃度的影响

从表 7-9 中可以看出，黄色色相 H4 与森林红黄色彩指数 EC3 不存在显著的拟合关联，说明进行指标降维处理后，黄色对森林红黄色彩指数 EC3 影响减弱。从结果来看，红色色相 H1 和 H2 对 EC3 影响较大，并且三次曲线拟合精度较高。从回归方程来看，都呈正向影响。因此，红色 H1 和 H2 的比例越大，森林注视活跃度越大。

表 7-9　森林红黄色彩指数和相关指标的回归模型

指标	类型	R^2	P	回归方程
H1	线性模型	0.969	0.000	$y = 0.985x$
	二次模型	0.973	0.000	$y = -0.06x^2 + 1.065x + 0.056$
	三次模型	0.974	0.000	$y = -0.03x^3 + 0.02x^2 + 1.072x + 0.019$
H2	线性模型	0.970	0.000	$y = 0.985x$
	二次模型	0.972	0.000	$y = 0.047x^2 + 0.937x - 0.044$
	三次模型	0.972	0.000	$y = -0.028x^3 + 0.113x^2 + 0.947x - 0.079$
H4	线性模型	0.085	0.293	——
	二次模型	0.264	0.158	——
	三次模型	0.351	0.175	——

7.3.3.4　视觉优势森林的色彩组成分析

（1）基于森林吸引力丰富度的森林色彩景观类型划分

使用标准化处理后的森林吸引力丰富度指数 F1 对森林色彩图片进行评价，选取 15 张丰富度指数较高的森林色彩景观进行聚类分析。利用基于森林吸引力丰富度指数构建的森林色彩特征指数作为划分森林色彩类型的指标，用平均欧式距离衡量色彩要素间差异的大小，采用组间联接方法对森林景观进行系统聚类。根据图 7-10 的聚类结果，将森林色彩景观划分为 3 类，各类别的示意图片详见图 7-11。选取上文中对森林色彩特征指数影响较大的色彩指标进行方差分析和 LSD 多重比较分析（表 7-10），结果显示，森林吸引力点较为丰富的森林景观中，明度、斑块分离度、均匀度和结合度相差不大。

差别较大的主要是针叶林和阔叶林色彩斑块的占比、最大色彩斑块指数、多样性指数和斑块分割度指数（$p < 0.05$）根据指标值的变化情况，说明森林视觉吸引力点较丰富的景观具有以下规律：①色彩明度处于中等水平；②色彩斑块较小，彼此分离且分布较均匀，最大色彩斑块占整体景观比例一般不超过 55%，色彩斑块多样性指数较高。在研究的所有森林景观中，这三个类别是森林吸引力丰富度值较高的，但从景观中色彩特征具体值再进一步细分，更为理想的景观类型依次为：类型 1 > 类型 3 > 类型 2。

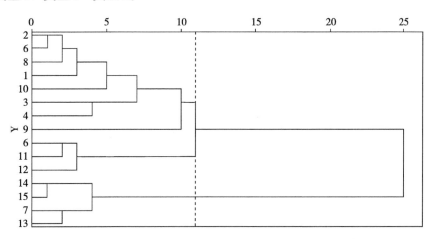

图 7-10　吸引力丰富度优势森林色彩景观聚类图

类型1　　　　　　　　　类型2　　　　　　　　　类型3

图 7-11　吸引力丰富森林色彩类型示意图

表 7-10　吸引力丰富度优势林的不同色彩要素特征方差分析

指标	平均值			标准误差			F	p
	Type1	Type2	Type3	Type1	Type2	Type3		
V2	0.465A	0.330A	0.466A	0.041	0.013	0.055	1.997	0.178
AP	0.434A	0.698B	0.159C	0.047	0.054	0.025	20.546	0.000
SP	0.348A	0.302B	0.841C	0.059	0.054	0.025	20.705	0.000
LPI	34.188A	59.569B	53.057B	3.532	4.421	6.493	8.281	0.005
DIV	0.792A	0.585B	0.634B	0.025	0.045	0.049	9.748	0.003
SPL	5.510A	2.476A	2.902A	0.937	0.299	0.422	3.397	0.068
SHDI	1.121A	0.752B	0.845A	0.081	0.118	0.081	4.360	0.038
SIEI	0.818A	0.850A	0.832A	0.037	0.044	0.077	0.087	0.917
COH	99.351A	99.608A	99.625A	0.093	0.027	0.036	3.136	0.080

注：同列不同字母表示差异显著（$p < 0.05$）。

（2）基于注视活跃度的森林色彩景观类型划分

使用标准化处理后的注视活跃度指数 F2 对森林色彩图片进行评价，选取 15 张注视活跃度较高的森林色彩景观进行聚类分析。利用与注视活跃度指数相关的森林色彩特征指数 EC3 作为划分指标，用平均欧式距离衡量色彩要素间差异的大小，采用组间联接方法对森林景观进行系统聚类。图 7-12 显示，可以将具有注视活跃度优势的森林景观划分为 3 类。各类型的森林代表图片如图 7-13。利用上文回归分析中判定的对 EC3 影响较大的红色系 H1 和 H2 指标进行方差分析和 LSD 事后多重比较，结果显示，两项指标均存在显著差异（表 7-11）。具有注视活跃度优势的森林景观具有共性规律：相比其他低活跃度的森林景观，红色系指标 H1 和 H2 占比越大，注视活跃度越高。根据数值大小，对 3 个类型进行比较，发现注视活跃度由高到低依次为类型 1 > 类型 2 > 类型 3。

表 7-11　注视活跃度优势林的不同色彩要素特征方差分析

指标	平均值			标准误差			F	p
	Type1	Type2	Type3	Type1	Type2	Type3		
H1	0.046A	0.020B	0.006C	0.004	0.002	0.003	26.075	0.000
H2	0.059A	0.040B	0.020C	0.007	0.003	0.005	15.610	0.000

注：同列不同字母表示差异显著（$p < 0.05$）。

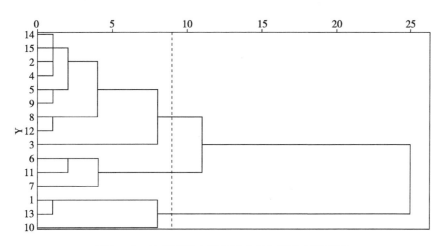

图 7-12　注视活跃度优势的森林色彩景观聚类图

类型 1　　　　　　　　　　　类型 2　　　　　　　　　　　类型 3

图 7-13　注视活跃度高的森林色彩类型示意图

（3）视觉优势森林的视域林冠层树种组成

　　根据实地调研时对森林视域范围内的林冠层树种的识别和记录，对上文中具有视觉优势的两类森林各 15 张图片进行树种组成分析。根据秋季变色的主要树种类型相似性，选取树种类别包含其他同类的森林作为典型森林代表，将样地进一步概括，基于视觉优势 1 的森林可概括成 6 类样地（表 7-12），基于视觉优势 2 的森林可概括成 7 类样地（表 7-13）。

表 7-12　基于视觉优势 1 的典型样地林冠层树种组成归类

序号	树种类型
1	方枝柏、油松、来苏槭、辽东栎、川滇小檗、色木槭、柞栎、尖叶白蜡树、钝叶蔷薇、松潘小檗
2	油松、冷杉、亮绿叶椴、白桦、陕甘花楸、色木槭、青榨槭、来苏槭、黄栌
3	冷杉、云杉、白桦、直穗小檗、青榨槭、色木槭、柞栎、山杏、连香树、华西小檗
4	油松、方枝柏、白桦、来苏槭、直穗小檗、色木槭、麦吊云杉、山杏、黄栌、漆树、构树、红麸杨、华椴、疏花槭、连香树
5	冷杉、油松、云杉、白桦、辽东栎、松潘小檗、亮绿叶椴、华椴、川陕鹅耳枥、柞栎、直角荚蒾、尖叶白蜡树
6	油松、华山松、方枝柏、刺柏、白桦、秦岭梣、色木槭、青榨槭、领春木、长叶溲疏

表 7-13　基于视觉优势 2 的典型样地林冠层树种组成归类

序号	树种类型
1	方枝柏、油松、来苏械、辽东栎、川滇小檗、色木槭、柞栎、尖叶白蜡树、钝叶蔷薇、松潘小檗
2	油松、冷杉、亮绿叶椴、白桦、陕甘花楸、色木槭、青榨槭、来苏械、黄栌
3	冷杉、云杉、白桦、直穗小檗、青榨槭、色木槭、柞栎、山杏、连香树、华西小檗
4	冷杉、油松、白桦、来苏械、黄芦木、色木槭、匍匐栒子、钝叶蔷薇、华西小檗、棣棠花
5	油松、方枝柏、白桦、来苏械、直穗小檗、色木槭、麦吊云杉、山杏、黄栌、漆树、构树、红麸杨、华椴、疏花槭、连香树
6	冷杉、油松、云杉、白桦、辽东栎、松潘小檗、亮绿叶椴、华椴、川陕鹅耳枥、柞栎、直角荚蒾、尖叶白蜡树
7	油松、华山松、方枝柏、刺柏、白桦、秦岭梣、色木槭、青榨槭、领春木、长叶溲疏

7.3.4　森林色彩特征与公众生理响应

7.3.4.1　生理评价综合指数

本文筛选了最常见的 3 个生理评价指标进行生理唤醒评价，从 Pearson 相关性分析结果中可以发现（表 7-14），皮肤电导率 DSC、呼吸频率 DRR 和心率 DHR 之间，彼此均存在极显著相关性（$p < 0.01$）。这说明在森林色彩景观图片作为刺激对象时，3 个指标衡量的生理变化状态是相近的。因而，为了简化生理评价指标，采用主成分分析法，将评价指标进行降维，从而得到 1 个生理评价综合指数，用 PI 表示。转化后 KMO 指数为 0.686,说明变量进行主成分分析效果较好。公因子的累计贡献率达到 81.909%，解释程度良好。从主成分矩阵中可以看出，生理综合指数对皮肤电导和心率的解释程度要优于呼吸频率。从得分系数可以推算出主成分 PI 的计算公式：

$$PI = 0.379 \times DSC + 0.34 \times DRR - 0.384 \times DHR \tag{7.4}$$

从式中可以看出，生理指数与皮肤电导率和呼吸频率呈正比，与心率的变化呈反比。从前文叙述中可知，刺激、兴奋、紧张等情绪影响下，皮肤电导会下降，心率会上升，与本文研究结果中的共变规律一致。因此，PI 指数变化越大，说明森林色彩图片越使人体舒缓放松。

森林具有帮助人们舒缓身心的功能，因此，对森林色彩的生理评估最终也多是指向于森林刺激人体产生放松或兴奋的积极作用（李霞，2012）。在本文中研究发现，对照空白组的生理评价综合指数与图片组存在极显著差异性（$p < 0.01$），本文对森林色彩的生理评估最终也是指向于森林的放松身心的功能。因此，当 PI 值越大时，可以解释为森林的放松和平静功能越强烈。当 PI 值越小，说明森林景观提升人体活力程度越强。

表 7-14　生理评价指标间的相关性分析

指标	皮肤电导率	呼吸频率	心率
皮肤电导率	1	0.631[**]	−0.880[**]
呼吸频率	0.631[**]	1	−0.666[**]
心率	−0.880[**]	−0.666[**]	1

注：** 表示相关性达极显著水平（$p < 0.01$）。

7.3.4.2　森林景观色彩特征与生理指数的相关关系

对森林色彩指标与生理指数 PI 进行 Pearson 相关性分析,如图 7-14 和图 7-15 所示,结果表明,森林色相组成类别和占比与生理指数存在显著相关关系($p < 0.05$),饱和度和明度的变化对生理指数影响不显著,森林色彩斑块的组成和空间结构也与生理指数无显著关系。具体来说,黄色系 H4、绿色系 H5 和最大色相占比 MHI 与生理指数产生正相关关系,红色系 H2 和 H16、橘黄色 H3、蓝紫系 H14 和 H15、针叶林占比与生理指数产生负相关关系。这说明,在九寨沟森林中,色相是影响生理结果的主要因素,黄色系和绿色系色彩能够帮助人体放松,且这两个色彩中最大色相占比越高,人体越放松。红色和蓝紫色系、针叶林占比会提高人体的活力水平,其中在色相类别对人体生理产生影响的结果中,与李霞(2010)的研究结果一致。

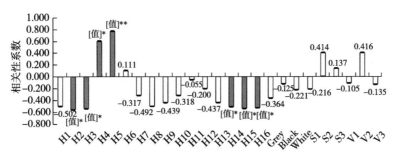

注:** 表示相关性达极显著水平($p < 0.01$),* 表示相关性达显著水平($p < 0.05$)。

图 7-14　色彩组成要素与生理综合指数的相关关系

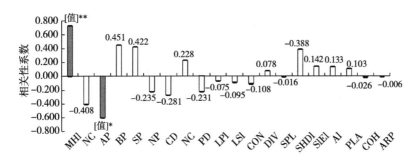

图 7-15　色彩斑块构成指标与生理综合指数的相关关系

7.3.4.3　基于生理指数的森林色彩特征指数构建

选取与生理指数相关性显著的色彩特征指标:H2、H3、H4、H5、H14、H15、H16、MHI、AP,进行主成分分析(图 7-16)。结果表明,H2、H3、H5、H14、H15、H16、MHI 更趋近于轴 1,H4、AP 更趋近于轴 2。因此,将上述指标降维成 2 个主成分因子,KMO 指数为 0.623,说明变量适合进行主成分分析。前两个因子的累计贡献率分别为 58.471%、80.947%,解释效果良好。

从表 7-15 可知,第一主成分与 H2、H3、H5、H14、H15、H16、MHI 有关,与 H2、H3、H14、H15、H16 呈正相关,与 H5、MHI 呈负相关,这几个指标反映了森林彩叶程度对生理指标的影响,因此,第一主成分定义为森林彩叶指数,用 $PHC1$ 表示,$PHC1$ 值越大,说明红色系、蓝紫色系占比较大,且植物色彩多样性较高。第二主成分与 H4 和 AP 有关,与 H4 呈显著正相

关，与 AP 呈显著负相关，这两个指标反映了森林黄色系和针叶林暗绿色色彩占比，从色彩上来看，两者色彩存在较大的对比度差异，因此，将主成分命名为森林黄绿对照指数，用 $PHC2$ 表示，$PHC2$ 值越大，说明黄色系色彩表现力越明显。

经过归一化进行权重计算，简化后的主成分因子计算公式如下：

$$PHC1 = 0.15 \times H2+0.14 \times H3-0.13 \times H5+0.15 \times H14+0.15 \times H15+0.16 \times H16-0.13 \times MHI \qquad (7.5)$$

$$PHC2 = 0.49 \times H4-0.51 \times AP \qquad (7.6)$$

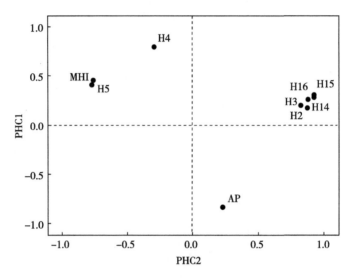

图 7-16　基于生理综合评价指数的森林色彩指标主成分载荷图

表 7-15　基于生理综合评价指数的森林色彩主成分得分矩阵

指标	成分矩阵		得分系数矩阵		公因子方差提取
	$PHC1$	$PHC2$	$PHC1$	$PHC2$	
H2	0.875	0.178	0.166	0.088	0.797
H3	0.829	0.197	0.157	0.097	0.726
H4	−0.296	0.802	−0.056	0.396	0.731
H5	−0.766	0.457	−0.145	0.226	0.795
H14	0.882	0.267	0.168	0.132	0.850
H15	0.922	0.278	0.175	0.138	0.928
H16	0.923	0.309	0.175	0.153	0.948
MHI	−0.775	0.409	−0.147	0.202	0.768
AP	0.231	−0.830	0.044	−0.410	0.742

7.3.4.4　森林色彩特征指数的影响分析

将生理综合指数和森林色彩特征指数分别设为因变量，森林色彩指数和森林色彩相关指标设置为自变量，进行线性和非线性的回归分析，并通过比较判定系数的大小，可以明晰各回归曲线的拟合精度，从而确定森林色彩特征指数对生理响应的影响力大小，以及森林色彩指标对森林色彩特征指数的影响力大小。

（1）对人体生理的影响

将生理综合指数 PI 和森林彩叶指数 $PHC1$、森林黄绿对照指数 $PHC2$ 构建多元线性回归模型，方程如下：

$$PI = -0.727 \times PHC1 + 0.482 \times PHC2 - 6.205 \times 10^{-17} \tag{7.7}$$

该模型的拟合精度 R^2 为 0.762，说明曲线拟合程度良好。由回归模型可以看出，生理综合指数 PI 与森林彩叶指数 $PHC1$ 呈负相关关系，即 $PHC1$ 值越大，PI 值越小，森林对人体的刺激越大，使人越兴奋；森林综合指数 PI 与森林黄绿对照指数 $PHC2$ 呈显著正相关，说明 $PHC2$ 值越大，PI 值越大，人体更加放松和舒缓。此外，从系数绝对值大小来看，森林彩叶指数对生理的影响力更大。

（2）对色彩综合指数的影响

将森林色彩综合指数 $PHC1$ 和 $PHC2$ 与相关的影响指标进行一般线性和非线性回归分析，并建立线性和非线性的回归模型，结果参见表 7-16 和表 7-17。表 7-16 代表的是森林彩叶指数 $PHC1$ 和相关指标间的回归结果，通过判定系数 R^2 的大小可以看出，在所有的线性和非线性模型中，所有指标建立的三次回归曲线拟合精度均最高，并且指标间存在显著差异。其次是二次回归曲线，线性回归曲线拟合精度最低。但从拟合精度的结果上来看，线性和非线性的模型差异并不大，并且共变趋势也无显著差异。故而，选择相对简单的线性模型来表示森林彩叶指数 $PHC1$ 和各指标之间的关系，是更加直观的。此外，通过判定系数 R^2 的大小，来比较各指标对色彩综合指数的影响程度，结果发现，从影响程度由大到小的排序来看，H16 > H15 > H14 > H2 > H3 > H5 > MHI。通过回归方程来看，H2、H3、H14、H15、H16 随着比例的增加，森林彩叶指数 $PHC1$ 越大；H5 和 MHI 的比例越大，森林色彩指数 $PHC1$ 越小。

表 7-17 代表的是森林黄绿对照指数 $PHC2$ 和相关指标间的回归结果，通过判定系数 R^2 的大小可以看出，在所有的线性和非线性模型中，所有指标建立的三次回归曲线拟合精度均最高，并且指标间存在显著差异。其次是二次回归曲线，线性回归曲线拟合精度最低，与森林彩叶指数规律一致。但从拟合精度的结果上来看，线性和非线性的模型差异并不大，并且共变趋势也无显著差异。故而，选择相对简单的线性模型来表示森林黄绿对照指数 $PHC2$ 和各指标之间的关系，是更加直观的。此外，通过判定系数 R^2 的大小，来比较各指标对色彩综合指数的影响程度，结果发现，从影响程度由大到小的排序来看，AP > H4。通过回归方程来看，随着黄色 H4 比例的增加，$PHC2$ 的值增加，随着 AP 比例的增加，$PHC2$ 的值减少。

表 7-16　森林彩叶指数和组成指标的回归模型

指标	类型	R^2	p	回归方程
H2	线性模型	0.766	0.000	$y = 41.897x - 0.691$
	二次模型	0.793	0.000	$y = -426.841x^2 + 65.093x - 0.784$
	三次模型	0.798	0.000	$y = 12869.162x^3 - 1697.946x^2 + 94.49x - 0.835$
H3	线性模型	0.687	0.000	$y = 10.597x - 1.002$
	二次模型	0.688	0.001	$y = 7.496x^2 + 8.876x - 0.949$
	三次模型	0.692	0.004	$y = -195.266x^3 + 75.461x^2 + 3.019x - 0.865$

（续）

指标	类型	R^2	p	回归方程
H5	线性模型	0.586	0.001	$y = -5.703x + 1.257$
	二次模型	0.605	0.004	$y = 7.927x^2 - 10.066x + 1.701$
	三次模型	0.606	0.014	$y = 10.601x^3 - 0.709x^2 - 8.112x + 1.584$
H14	线性模型	0.778	0.000	$y = 3054.546x - 0.729$
	二次模型	0.797	0.000	$y = -2.471 \times 10^6 x^2 + 4.965 \times 10^3 x - 0.852$
	三次模型	0.798	0.000	$y = -4.75 \times 10^8 x^3 - 1.84 \times 10^6 x^2 + 4.756 \times 10^3 x - 0.843$
H15	线性模型	0.851	0.000	$y = 2.072 \times 10^3 x - 0.693$
	二次模型	0.870	0.000	$y = -1.116 \times 10^6 x^2 + 3.341 \times 10^3 x - 0.785$
	三次模型	0.872	0.000	$y = 1.082 \times 10^8 x^3 - 3.131 \times 10^6 x^2 + 4.236 \times 10^3 x - 0.822$
H16	线性模型	0.853	0.000	$y = 1029.132x - 0.683$
	二次模型	0.888	0.000	$y = -3.354 \times 10^5 x^2 + 1.828 \times 10^3 x - 0.813$
	三次模型	0.889	0.000	$y = -7.12407 \times 10^8 x^3 - 8.003 \times 10^4 x^2 + 1.624 \times 10^3 x - 0.798$
MHI	线性模型	0.601	0.001	$y = -7.361x + 1.992$
	二次模型	0.626	0.003	$y = 12.875x^2 - 15.471x + 3.111$
	三次模型	0.638	0.009	$y = 121.558x^3 - 98.961x^2 + 15.603x + 0.508$

表 7-17　森林黄绿对照指数和相关指标的回归模型

指标	类型	R^2	p	回归方程
H4	线性模型	0.643	0.000	$y = 15.899x - 1.208$
	二次模型	0.693	0.001	$y = -100.769x^2 + 36.362x - 1.942$
	三次模型	0.693	0.004	$y = -241.572x^3 - 32.582x^2 + 31.186x - 1.839$
AP	线性模型	0.688	0.000	$y = -0.026x + 1.535$
	二次模型	0.703	0.001	$y = -0.049x + 1.96$
	三次模型	0.703	0.003	$y = 1.372 \times 10 - 7x^3 - 0.048x + 1.944$

7.3.4.5　生理优势森林的色彩组成分析

（1）生理优势森林的色彩组成类型

一般地，美景度值高说明森林景观更美，视觉评定指标越高说明森林更具有视觉吸引力。但生理指标的高低并不存在明显的好坏差别。在本文中，生理综合指数 PI 越大，说明森林越使人体放松和舒缓，生理综合指数 PI 越低，说明森林景观越对人体产生了强烈的刺激，从而产生了较大的生理指标波动。但是，当 PI 较低时，并不代表此种森林景观不好，而是说明此种森林使人更加活跃。考虑到森林的主要功能仍是减轻压力、舒缓身心，因此，本部分主要从 PI 增加的方向上入手，筛选使被试者最为放松的森林景观 15 张，对森林景观的色彩类型进行聚类分析，利用基于生理综合指数构建的森林色彩特征指数 $PHC1$ 和 $PHC2$ 作为划分森林色彩景观类型的指标，用平均欧式距离衡量色彩要素间差异的大小，采用组间联接方法对森林进行系统聚类分析。从图 7-17 中可以看出，森林色彩景观可以划分为 3 类。

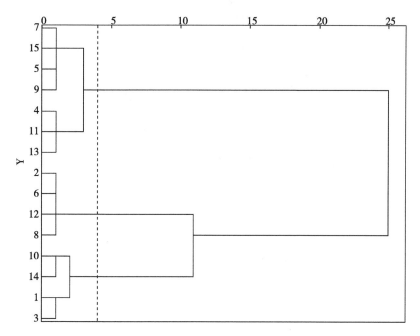

图 7-17　基于生理响应的森林色彩景观聚类图

表 7-18　生理指数值高的森林不同色彩要素特征方差分析

指标	平均值			标准误差			F	p
	Type1	Type2	Type3	Type1	Type2	Type3		
H2	0.038A	0.010B	0.009C	0.013	0.004	0.003	5.38	0.021
H3	0.250A	0.065A	0.159A	0.101	0.02	0.073	1.165	0.345
H4	0.085A	0.069A	0.100A	0.013	0.022	0.032	0.293	0.751
H5	0.231A	0.317A	0.331A	0.054	0.048	0.028	1.675	0.228
H14	0.000A	0.000A	0.000A	0	0	0	0.209	0.814
H15	0.000A	0.000A	0.000A	0	0	0	0.073	0.93
H16	0.001A	0.001A	0.000A	0	0	0	0.374	0.696
MHI	0.337A	0.328A	0.383A	0.066	0.037	0.033	0.494	0.622
AP	0.465A	0.681B	0.152C	0.054	0.011	0.041	99.339	0

注：同行不同小写字母表示差异显著（$p < 0.05$）。

对每个类型中的森林色彩指标进行方差分析和 LSD 多重比较分析（表 7-18），结果表明，红色系 H2 和针叶林色彩斑块占比 AP 在不同类型中存在显著差异（$p < 0.05$），但其他指标均不存在显著差异。这说明在生理指数 PI 较高的森林景观中，也就是在使人体更加放松和平静的森林景观中，黄色系、绿色系、蓝紫色系和最大色相占比相似，橘黄色系 H3 占比处于 6% ~ 25% 之间，黄色系 H4 占比处于 6% ~ 10% 之间，绿色 H5 占比处于 23% ~ 33% 之间，蓝紫色的占比几乎为 0，同时，最大色相的占比处于 32 ~ 38% 之间。

可见，当色相黄色和绿色占比较大时，森林使人体生理变化趋于舒缓状态。在两个差异显著的指标中，H2 的占比处于 1% ~ 3% 之间，比例相对较小，因此，在森林中红色较为不明显。所以，分组差异最大的指标是针叶林色彩斑块的占比。从图 7-18 中也可以看出，类型 1 中针叶林占比处于中等水平，类型 2 针叶林占比相对较高，类型 3 针叶林占比最低。

类型1　　　　　　　　　　　类型2　　　　　　　　　　　类型3

图 7-18　理指数值高的森林色彩类型示意图

（2）生理优势森林的视域林冠层树种组成

本部分围绕实地调研时对森林视域范围内的林冠层树种的识别和记录，对上文中生理优势度较高的 15 张图片进行树种组成分析。根据秋季变色的主要树种类型相似性，将 13 类样地概括成为 6 类，选取树种类别包含其他同类的森林作为典型森林代表，进行详细树种划分（表7-19）。

表 7-19　基于生理优势的典型样地林冠层树种组成归类

序号	树种类型
1	方枝柏、油松、来苏槭、辽东栎、川滇小檗、色木槭、柞栎、尖叶白蜡树、钝叶蔷薇、松潘小檗
2	油松、冷杉、白桦、山杏、色木槭、青麸杨、红桦、川陕鹅耳枥
3	冷杉、油松、花楸、椴树、珍珠梅、柞栎、青榨槭、白桦
4	油松、方枝柏、白桦、来苏槭、直穗小檗、色木槭、麦吊云杉、山构树、红麸杨、华椴、疏花槭、连香树
5	冷杉、油松、云杉、白桦、辽东栎、松潘小檗、亮绿叶椴、华椴、川陕鹅耳枥、柞栎、直角荚莲、尖叶白蜡树
6	油松、华山松、方枝柏、刺柏、白桦、秦岭梣、色木槭、青榨槭、领春木、长叶溲疏

7.3.5　森林色彩特征与公众情绪响应

7.3.5.1　情绪评价综合指数

经 Pearson 相关性分析结果显示（表 7-20），3 类情绪指标间存在极显著的关联性。这说明，森林景观使人体的紧张、疲劳和烦躁的感受同时发生相近的变化。因而，可以将指标进一步的降维，综合处理后形成新的情绪评价指标。为了简化指标，采用主成分分析方法，可以得到 1 个情绪评价的综合指标，用 PH 表示。转化后 KMO 指数为 0.728，累计贡献率达到 90.814%（表 7-20）。从主成分矩阵可以看出，紧张度、疲劳度和烦躁度对情绪综合指数的影响接近。从得分系数可以推算出主成分 PH 的计算公式：

$$PH = 0.343 \times T + 0.349 \times F + 0.357 \times D \tag{7.8}$$

式中：T 为紧张度差值；F 为疲劳度差值；D 为烦躁度差值。

从式中可以看出，情绪指数与三个情绪指标均呈正相关，从前文可知，紧张、疲劳和厌烦指标越小，说明森林对情绪的影响越积极，因此，PH 值越小，森林对情绪的影响越积极。从结果来看，本文空白对照组和森林图片实验组的情绪指数对比发现，两者存在极显著差异（$p < 0.01$），空白对照组的紧张、疲劳和厌烦情绪明显高于森林景观组，这也重新验证了森林对舒缓心情起到的积极作用。

表 7-20　情绪评价指标间的相关性分析

指标	紧张度	疲劳度	烦躁度
紧张度	1		
疲劳度	0.804**	1	
烦躁度	0.872**	0.910**	1

注：** 表示相关性达极显著水平（$p < 0.01$），* 表示相关性达显著水平（$p < 0.05$）。

7.3.5.2　森林景观色彩特征与情绪指数的相关关系

森林色彩指标与情绪指数 PHI 的 Pearson 相关性分析结果表明（图 7-19 和图 7-20），在森林色彩要素组成类别中，黄色系 H4、绿色系 H5、中等饱和度 S2、中等饱和度 V2 与情绪指数呈显著负相关关系，Grey 与情绪指数呈显著正相关关系。其余指标与情绪指数相关性不明显。这说明，森林中的黄色和绿色较多时，更有利于人体情绪的放松，中等饱和度和明度的森林色彩对人体舒缓身心具有益处。森林色彩灰度过高，会影响人体的紧张、疲劳和烦躁值升高。从图 7-19 中可以看出，最大色相指数 MHI、灌木林色彩斑块占比 SP、色彩斑块多样性指数 SHDI 与情绪指数呈显著负相关关系，针叶林色彩斑块占比与其呈显著正相关关系。这说明当黄色和绿色系色彩较多，比例上具有优势时，并且灌木林色彩斑块占比较大，斑块的类型较为多样时，森林对受测者的情绪产生了有益的影响，当针叶林色彩斑块占比较大时，会对情绪产生负面影响。

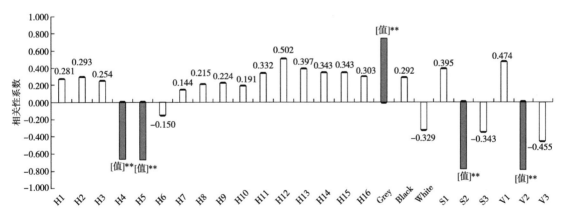

图 7-19　色彩组成要素与情绪综合指数的相关关系

注：** 表示相关性达极显著水平（$p < 0.01$）。

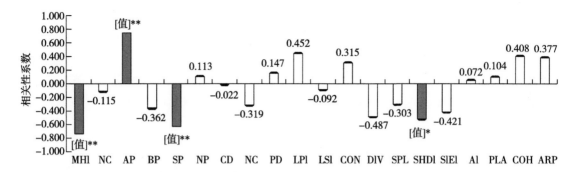

图 7-20　色彩斑块构成指标与情绪综合指数的相关关系

注：** 表示相关性达极显著水平（$p < 0.01$）。

7.3.5.3　基于情绪指数的森林色彩特征指数构建

选取与情绪指数相关性显著的色彩特征指标：H4、H5、Grey、S2、V2、MHI、AP、SP、SHDI，进行主成分分析（图 7-21）。结果表明，KMO 指数 0.643，前两个因子的累计贡献率分别为 61.225%、76.588%。从表 7-21 可知，第一主成分与 H5、Grey、S2、V2、MHI 关系密切，与绿色系占比、饱和度和明度关系密切，定义为森林绿色系指数，用 PH_1 表示。第二主成分与 H4、AP、SP、SHDI 关系密切，与黄色系占比、针阔林色彩斑块占比和斑块多样性关系密切，因此，定义为森林黄色系多样指数，用 PH_2 表示。

经过归一化进行权重计算，简化后的主成分因子计算公式如下：

$$PH_1 = 0.25 \times H5 - 0.15 \times Grey + 0.22 \times S2 + 0.08 \times V2 + 0.3 \times MHI \tag{7.9}$$

$$PH_2 = 0.22 \times H4 - 0.31 \times AP + 0.34 \times SP + 0.13 \times SHDI \tag{7.10}$$

从公式中可以看出，PH_1 与 H5、S2、V2、MHI 呈正相关关系，与 Grey 呈负相关关系。PH_2 与 H4、SP 和 SHDI 呈正相关关系，与 AP 呈负相关关系。说明 PH_1 越大时，森林色彩绿色系占比、中等饱和度和明度色彩占比越高；当 PH_2 越大时，森林黄色系占比，灌木林占比以及色彩的多样性较高，针叶林的占比较低。

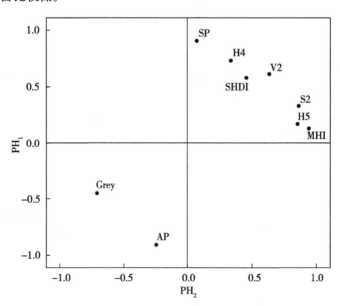

图 7-21　基于情绪指数的森林色彩主成分载荷图

表 7-21　基于情绪指数的森林色彩主成分得分矩阵

指标	成分矩阵		得分系数矩阵	
	PH_1	PH_2	PH_1	PH_2
H4	0.335	0.732	−0.055	0.260
H5	0.853	0.171	0.318	−0.148
Grey	−0.710	−0.452	−0.181	−0.025
S2	0.863	0.332	0.278	−0.074
V2	0.632	0.611	0.104	0.122
MHI	0.941	0.128	0.367	−0.192
AP	−0.243	−0.905	0.140	−0.368
SP	0.071	0.906	−0.214	0.414
SHDI	0.455	0.580	0.038	0.155

7.3.5.4　森林色彩特征指数的情绪影响分析

通过将情绪综合指数和森林色彩特征指数分别设置为因变量，同时将森林色彩指数和森林色彩相关指标设置为自变量，进行线性和非线性的回归分析，并通过比较判定系数的大小，可以明确回归曲线的拟合精度，从而比对自变量对因变量的影响力大小。

（1）森林色彩特征对人体情绪影响的回归分析

将情绪指数 PHI 和森林绿叶指数 PH_1 和森林黄色多样指数 PH_2 构建多元线性回归模型，从表 7-22 中可以看出，该模型的拟合精度 R^2 为 0.801，色彩指数与情绪指数之间具有显著相关性（表 7-23）。基于指数间的相关性构建的回归方程如下：

$$PHI = -0.895 \times PH_1 - 0.001 \times PH_2 - 6.928 \times 10^{-16} \tag{7.11}$$

由回归模型可以看出，情绪综合指数 PHI 与森林绿叶指数 PH_1 和森林黄色多样指数 PH_2 均呈负相关关系，即森林绿叶指数和黄色多样性指数越高时，PHI 值越低，森林对人体的影响趋于舒缓的紧张、疲劳和烦躁情绪的积极作用。

（2）森林色彩指标对色彩综合指数的影响

将森林色彩综合指数 PH_1 和 PH_2 与相关的影响指标进行一般线性和非线性的回归分析，并建立线性和非线性的回归模型，结果参见表 7-22 和表 7-23。表 7-22 代表的是森林绿色指数 PH_1 和相关指标间的回归结果，通过判定 R^2 的大小可以看出，在所有拟合模型中，三次回归曲线的拟合精度最高，其次是二次曲线，线性回归曲线较低。因此，可以选择三次曲线模型对色彩组成要素对森林色彩指数的影响力进行评估。结果发现，按影响力从大到小的排序中，GREY > V2 > S2 > H5 > MHI。通过回归方程来看，随着 GREY 比例增加，PH_1 的值越来越小，随着 V2、S2、H5、MHI 比例的增加，PH_1 的值越来越大。表 7-23 代表的是森林黄色多样指数 PH_2 和相关色彩指标间的回归结果，通过判定系数 R^2 的大小可以看出，在所有的线性和非线性模型中，所有指标建立的三次回归曲线拟合精度最高，并且指标间存在显著差异。其次是二次曲线，线性回归曲线拟合精度最低。通过判定系数值的大小，比较各色彩指标对森林黄色多样指数的影响程度，结果发现，按影响程度从大到小的排序来看，H4 > SHDI > SP > AP，说明在森林黄色多样指数 PH_2 中，黄色系 H4 和色彩斑块多样性指数的影响是最大的。并且随着黄色系比例、色彩斑块多样性和灌木林色彩斑块的增加，PH_2 的值增加；随着 AP 比例的增加，PH_2 的值减少。

表 7-22　森林绿色指数和组成指标的回归模型

指标	模型	R^2	p	回归方程
H5	线性模型	0.557	0.001	$y = 5.558x-1.225$
	二次模型	0.612	0.003	$y = 13.45x^2-1.846x-0.473$
	三次模型	0.702	0.003	$y = -163.415x^3+146.575x^2-31.972x+1.329$
Grey	线性模型	0.688	0.000	$y = -9.332x+1.395$
	二次模型	0.782	0.000	$y = 31.031x^2-22.331x+2.416$
	三次模型	0.849	0.000	$y = -321.284x^3+235.007x^2-57.978x+4.103$
S2	线性模型	0.744	0.000	$y = 6.472x-1.842$
	二次模型	0.744	0.000	$y = 1.157x^2+5.807x-1.765$
	三次模型	0.754	0.001	$y = 34.527x^3-29.501x^2+13.365x-2.213$
V2	线性模型	0.771	0.000	$y = 6.497x-2.273$
	二次模型	0.820	0.000	$y = 13.708x^2-2.854x-0.914$
	三次模型	0.820	0.000	$y = 17.407x^3-4.254x^2+2.781x-1.432$
MHI	线性模型	0.613	0.001	$y = 7.436x-2.013$
	二次模型	0.619	0.003	$y = 6.463x^2+3.365x-1.451$
	三次模型	0.693	0.004	$y = -309.326x^3+291.051x^2-75.709x+5.174$

表 7-23　森林黄色多样指数和组成指标的回归模型

指标	模型	R^2	p	回归方程
H4	线性模型	0.548	0.002	$y = 14.684x-1.116$
	二次模型	0.559	0.007	$y = 47.383x^2+5.063x-0.771$
	三次模型	0.610	0.013	$y = -2353.953x^3+711.82x^2-45.378x+0.24$
AP	线性模型	0.622	0.000	$y = -0.025x+1.459$
	二次模型	0.622	0.003	$y = -0.021x+1.392$
	三次模型	0.624	0.011	$y = 0.001x^2-0.057x+1.851$
SP	线性模型	0.438	0.007	$y = 0.023x-0.756$
	二次模型	0.536	0.010	$y = 0.064x-1.227$
	三次模型	0.589	0.017	$y = 0.002x^2+0.002x-0.947$
SHDI	线性模型	0.529	0.002	$y = 2.404x-1.855$
	二次模型	0.531	0.011	$y = -0.263x^2+2.807x-1.987$
	三次模型	0.538	0.032	$y = -1.45x^3+3.052x^2+0.882x-1.807$

7.3.5.5　情绪优势森林的色彩组成

（1）情绪优势森林的色彩组成类型

情绪指数 PHI 属于负向值，代表的是紧张、疲惫和烦躁值，因此，PHI 指数越低越好。本部分筛选了 PHI 值较低的 15 张图片，代表对公众情绪健康影响较大的 15 个森林景观，选取对情绪健康影响相关的森林绿色指数 PH_1 和森林黄色多样指数 PH_2 为分类指标，进行聚类分析，将同样色彩特征的森林归为一类。采用平均欧式距离衡量色彩要素间差异的大小，采用组间联接方法对森林进行系统聚类分析。从图 7-22 可以看出，具有较高情绪舒缓能力的森林色彩景观可以分为 4 类。各类别的示意图详见图 7-23。

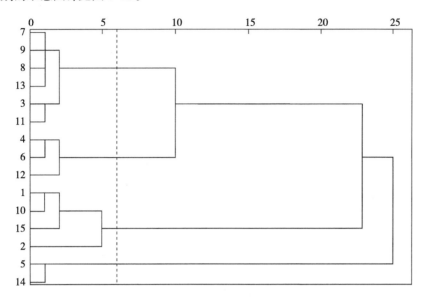

图 7-22　具有情绪积极影响力的森林色彩景观聚类图

类型 1　　　　　　　　　　　　　　　类型 2

类型 3　　　　　　　　　　　　　　　类型 4

图 7-23　情绪指数值高的森林色彩类型示意图

对每类指标中的森林色彩指标进行方差分析和 LSD 多重比较分析（表 7-24），结果表明，在情绪影响积极度较高的森林中，针叶林色彩斑块占比和阔叶林色彩斑块占比存在极显著差异（$p <$

0.01），但其他指标在不同类别间差异不明显。这说明在具有正面情绪刺激的森林景观中，黄色系和绿色系占比、灰色占比、饱和度和明度占比、色彩斑块多样性相似。具体而言：①黄色系H4占比处于7%～10%之间，绿色系H5占比处于23%～29%之间；②灰色系占比较低，处于6%～13%之间；③中等饱和度色彩处于30%～36%之间，中等明度色彩处于42%～48%之间；④色彩斑块多样性处于0.94～1.13之间。

情绪影响力较积极的森林景观中的4个类型，主要是受针叶林色彩斑块占比和灌木林色彩斑块占比影响的，从各类型的具体指标值来看，4个类型中灌木林色彩斑块占比从大到小依次为类型1＞类型2＞类型3＞类型4，从紧张、疲劳和烦躁等情绪状态的疏解能力上来看，也是类型1＞类型2＞类型3＞类型4。

表7-24　具有情绪积极影响力的森林不同色彩要素特征方差分析

指标	平均值				标准误差				F	p
	Type1	Type2	Type3	Type4	Type1	Type2	Type3	Type4		
H4	0.101A	0.082A	0.071A	0.112A	0.045	0.009	0.017	0.06	0.294	0.829
H5	0.298A	0.239A	0.239A	0.267A	0.067	0.036	0.053	0.072	0.303	0.823
Grey	0.122A	0.136A	0.133A	0.065A	0.041	0.032	0.049	0.058	0.41	0.749
S2	0.357A	0.353A	0.297A	0.361A	0.062	0.06	0.096	0.124	0.125	0.943
V2	0.422A	0.483A	0.423A	0.427A	0.026	0.043	0.02	0.197	0.324	0.808
AP	0.268A	0.597B	0.610C	0.044D	0.061	0.04	0.045	0	41.159	0
SP	0.721A	0.347B	0.063C	0.038D	0.065	0.015	0.049	0.038	48.397	0
SHDI	0.935A	1.127A	0.969A	0.978A	0.134	0.144	0.191	0.438	0.276	0.841

注：同列不同字母表示差异显著（$p < 0.05$）。

（2）情绪优势森林的视域林冠层树种组成

本部分围绕实地调研时对森林视域范围内的林冠层树种的识别和记录，对上文中情绪优势度较高的15张图片进行树种组成分析。根据秋季变色的主要树种类型相似性，将13类样地概括成为6类，选取树种类别包含其他同类的森林作为典型森林代表，进行详细树种划分（表7-25）。

表7-25　基于情绪优势的典型样地林冠层树种组成归类

序号	树种类型
1	方枝柏、油松、来苏槭、辽东栎、川滇小檗、色木槭、柞栎、尖叶白蜡树、钝叶蔷薇、松潘小檗
2	油松、冷杉、白桦、山杏、色木槭、青麸杨、红桦、川陕鹅耳枥
3	冷杉、油松、花楸、椴树、珍珠梅、柞栎、青榨槭、白桦
4	油松、方枝柏、白桦、来苏槭、直穗小檗、色木槭、麦吊云杉、山杏、黄栌、漆树、构树、红麸杨、华椴、疏花槭、连香树
5	冷杉、油松、云杉、白桦、辽东栎、松潘小檗、亮绿叶槭、华椴、川陕鹅耳枥、柞栎、直角荚蒾、尖叶白蜡树
6	油松、华山松、方枝柏、刺柏、白桦、秦岭梣、色木槭、青榨槭、领春木、长叶溲疏

7.3.6 小　结

本节从视觉、生理和情绪三个层面分析了森林色彩与公众的响应关系，一方面确定了分别影响公众视觉、生理和情绪响应的森林色彩特征因子，并通过众多影响因子推导出产生影响作用的主要色彩特征；另一方面，基于视觉、生理和情绪的影响作用，提炼出具有积极影响的森林色彩景观类型。

7.3.6.1　视觉响应规律

通过主成分分析，将视觉评价指标——注视点数目 FC、注视频率 FF、平均注视持续时间 FDA、眼跳次数 SC、眼跳频率 SF、平均眼跳幅度 SAA 与平均眼跳速度 SVA 划分为森林吸引力丰富度 F1 和注视活跃度 F2。

Pearson 相关性分析发现，森林色彩明度（V2、V3）、灌木林色彩斑块比例（SP）、森林色彩斑块分割度指数（DIV）、森林色彩斑块分离指数（SPL）、森林色彩斑块多样性指数（SHDI）、森林色彩斑块均匀度指数（SIEI）与森林吸引力丰富度呈显著正相关关系；灰色 Grey、针叶林色彩斑块占比（AP）、最大色彩斑块指数（LPI）、森林色彩斑块结合度指数（COH）与森林吸引力丰富度呈显著的负相关关系；红色系色彩 H1 和 H2 与注视活跃度呈显著正相关关系，黄色系色彩 H4 与注视活跃度呈显著负相关关系。这些指标可以用森林色彩斑块分裂度指数 EC_1、森林斑块的色彩明暗指数 EC_2、森林红黄色彩指数 EC_3 概括。一般线性回归发现色彩斑块分裂度指数和色彩明暗指数对森林吸引力丰富度的影响程度均等，森林色彩斑块分离指数的影响稍高。

通过聚类分析发现，森林视觉吸引力点较丰富的景观具有以下规律：①色彩明度处于中等水平；②色彩斑块较小，彼此分离且分布较均匀，最大色彩斑块占整体景观比例一般不超过55%，色彩斑块多样性指数较高。具有注视活跃度优势的森林景观具有共性规律：相比其他低活跃度的森林景观，红色系指标 H1 和 H2 占比越大，注视活跃度越高。

眼动指标综合处理后，将两个主成分因子与美景度进行 Pearson 相关性分析，结果发现眼动规律综合指数与美景度值无显著相关性（$p > 0.05$），所有眼动指标中，只有注视点数目 FC 与美景度呈显著正相关关系（$p > 0.042$)），其他指标均无显著相关性。这说明，公众对森林景观的注视关注动态，与美景度值存在一定的关联性，但总体上，仍是两个相对独立的关注指标。这是因为，视觉注视规律表示的是被试者对于森林景观信息的视觉获取和关注过程，与森林景观的色彩信息丰富度关系较为密切，因此，从实际上看，视觉注视规律表达的是森林景观的吸引力，与美景度值存在差异性。

7.3.6.2　生理响应规律

主成分分析法将生理评价指标——皮肤电导率 DSC、呼吸频率 DRR 和心率 DHR 归为一个生理综合指数 PI。PI 指数变化越大，说明森林色彩图片使人体更加舒缓放松。Pearson 相关性分析发现，黄色系 H4、绿色系 H5 和最大色相占比 MHI 与生理指数产生正相关关系，红色系 H2 和 H16、橘黄色 H3、蓝紫系 H14 和 H15、针叶林占比与生理指数产生负相关关系。主成分分析可将这些影响指标归纳为森林彩叶指数 *PHC1* 和森林黄绿对照指数 *PHC2*。由回归模型可以看出，生理综合指数 PI 与森林彩叶指数 *PHC1* 呈负相关关系，从系数绝对值大小来看，森林彩叶指数对生理的影响力更大。一般线性和非线性回归分析可将众多指标影响程度从大到小的排列。生理指数 PI 较高的森林景观中，也就是在使人体更加放松和平静的森林景观中，黄色系、绿色系、蓝紫色系和最大色相占比相似，橘黄色系 H3 占比处于 6%～25% 之间，黄色系 H4 占比处于

6%～10% 之间，绿色 H5 占比处于 23%～33% 之间，蓝紫色的占比几乎为 0，同时，最大色相的占比处于 32%～38% 之间。可见，当色相黄色和绿色占比较大时，森林使人体生理变化趋于舒缓状态。在两个差异显著的指标中，H2 的占比处于 1%～3% 之间，比例相对较小。此外，通过视域范围内林冠层的树种类型可以将森林概括成 6 种类型。

7.3.6.3 情绪响应规律

情绪指标平静、紧张、放松、厌烦、兴奋可以概括为紧张度（T）、疲劳度（F）和烦躁度（D），通过主成分分析，将情绪评价指标概括为 1 个综合的评价指标 PH，PH 值越小，森林对情绪的影响越积极。对森林色彩指标与情绪指数 PHI 进行 Pearson 相关性分析，发现黄色系 H4、绿色系 H5、中等饱和度 S2、中等明度 V2 与情绪指数呈显著负相关关系，Grey 与情绪指数呈显著正相关关系。最大色相指数 MHI、灌木林色彩斑块占比 SP、色彩斑块多样性指数 SHDI 与情绪指数呈显著负相关关系，针叶林色彩斑块占比与其呈显著正相关关系。将众多指标降维呈 2 个主成分因子，根据特征概括为森林绿色系指数 PH_1 和森林黄色系多样指数 PH_2。回归分析表明，森林绿叶指数和黄色多样性指数越高时，PH_1 值越低，森林对人体的影响趋于舒缓的紧张、疲劳和烦躁情绪的积极作用。此外，通过回归结果的判定系数值大小，比较了各色彩指标对森林黄色多样指数的影响程度。通过森林色彩景观聚类，发现在具有正面情绪刺激的森林景观中，黄色系和绿色系占比、灰色占比、饱和度和明度占比、色彩斑块多样性相似。具体而言：①黄色系 H4 占比处于 7%～10% 之间，绿色系 H5 占比处于 23%～29% 之间。②灰色系占比较低，处于 6%～13% 之间。③中等饱和度色彩处于 30%～36% 之间，中等明度色彩处于 42%～48% 之间。④色彩斑块多样性处于 0.94～1.13 之间。此外，针对色彩特征对具有视觉、生理和情绪优势的森林进行色彩组成类型的划分，并不包含森林的树种类别的影响，也就是说，不同树种组成下的相同色彩特征森林，在针对色彩特征的聚类分析中会归为同一组。因此，为了进一步分析具有各响应优势的森林树种组成情况，对视域范围内林冠层的树种类型进行了概括和划分。

第8章

森林色彩的观赏效应

8.1 色彩的心理效应

色彩的心理效应是指人对色彩产生的一种心理感应。色彩经视觉神经传入大脑后，经过思维，与以往的记忆及经验产生联想，从而形成一系列的色彩心理反应，包括色彩的感觉、联想、象征等，具有一定的主观性、特殊性、复杂性和广泛性，通常与个人或团体的文化背景及社会环境有关，随着地域、时间、民族的不同而不同。

8.1.1 色彩的感觉

每种色彩都具有自己的特征，当人们受不同色彩的影响会产生各种各样的感觉，如色彩的冷暖感、轻重感、软硬感、空间感、华丽与朴素感、快乐与忧伤感等，带有色彩直感性心理效应特征。

色彩的冷暖感。色彩的冷暖感是由色彩引起人们对冷暖感觉的心理联想，而并非物理上的冷暖温度差别，色彩的冷暖感首先取决于色彩的色相，其次受彩度、明度的影响。从色彩心理学角度，橙色被视为最暖的颜色，蓝色被视为最冷的颜色，其余为介于冷暖之间的中间色如绿色、紫色、黑色、白色（图 8-1）。色彩的冷暖感与明度也有着直接的关系，高明的色彩一般有冷感，低明度的色彩一般有暖感，加白可提高明度，让色彩变冷，加黑可降低明度，让颜色变暖。色彩的冷暖感与彩度有关，在暖色色相中，色的彩度越高，暖的感觉就越强，在冷色色相中，色的彩度越高，冷的感觉就越强。

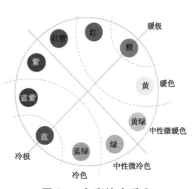

图 8-1 色彩的冷暖感

色彩的轻重感。物体表面的色彩不同，从视觉上会产生轻重不同的感觉，色彩的明度和色相是影响色彩重量感、体量感的主要因素。高明度色显轻，具有上浮感和扩张前进感，如白、浅绿、浅蓝、浅黄色等；低明度色显重，具有下沉感和收缩后退感，如藏蓝色、黑色、棕黑、深红、土黄色等。

色彩的软硬感。色彩的软硬感与明度和纯度有关，与色相几乎无关。高明度色显柔和，低明度色显生硬；暖色、低彩度色显柔和，冷色、高彩度显生硬。

色彩的空间感。造成色彩空间感觉因素主要是色的前进和后退，色彩将暖色称为前进色，冷色称为后退色。色彩的空间感是色相、彩度、明度、面积等多种对比造成的错觉现象。

色彩的华丽感与朴素感。色彩的华丽、朴素感与色彩色相关关系最大，其次是纯度与明度。

红、黄等暖色和鲜艳而明亮的色彩具有华丽感，青、蓝灯冷色和浑浊而灰暗的色彩具有朴素感。有彩色系具有华丽感，无彩色系具有朴素感。在心理感觉上，明度与彩度高的色彩、丰富且强对比的色彩感觉更华丽辉煌。明度低、彩度低的色彩，单纯、弱对比的色彩感觉质朴、古雅。

色彩的快乐感与忧郁感。在视觉心理上，波长较长的红、橙、黄色等暖色系容易产生兴奋、快乐的感觉，波长较短的青、绿黄、蓝色等冷色系容易产生沉静、忧郁的感觉。明度高的鲜艳的色彩，因其明快而带来欢乐、喜悦、兴奋的感觉，而明度低的色具有沉静、忧郁感，白色兴奋感最强。在彩度方面，彩度高的色具有兴奋快乐感，纯度低的色具有沉静、忧郁感（图8-2）。

图8-2　色彩的感觉

8.1.2　色彩的联想与象征

人们对某个色彩赋予某种特定的内容称为色彩的象征。色彩的象征既是历史积淀的特殊文化的结晶，也是约定俗成的文化现象，能深刻表达人的观念和信仰，并且在社会行为中起到标示和传播的作用。

当看到某一色彩时，人们常常会回忆起以往的一些经历和物体，将色彩同这些经历和物体结合起来，产生联想，包括由某一颜色联想到某种抽象的概念和由某一颜色而联想到某一具体事物（表 8-1）。

表 8-1　色彩的联想

色彩	联想
红	抽象联想：热情、活力、兴奋、危险、紧张、愤怒、嫉妒、爱、燃烧、革命、强烈、禁止
	具体联想：太阳、红旗、炎症、血、苹果、草莓、玫瑰、不倒翁、灭火器、消防车、辣椒
橙	抽象联想：活泼、幸福、快活、高兴、明朗、开放的、温暖的、欢闹、家庭、团聚
	具体联想：柑橘、柿子、胡萝卜、橙汁、火烧云、太阳
黄	抽象联想：快乐、快活、明朗、健康、希望、甜美、焦急、可爱、热闹、骚乱、注意
	具体联想：柠檬、香蕉、蛋黄、向日葵、菜花、银杏、咖喱、信号、蜜蜂
绿	抽象联想：生机、怡和、新鲜、青春、鲜明、生命力、健康、自然、和平、安全、理想
	具体联想：树木、山峰、森林、叶子、草坪、高原、信号、蔬菜、黄瓜、青椒
蓝	抽象联想：冷、诚实、沉稳、清洁、清凉、智慧、透明、理智的、忠实、孤独、平静、深远
	具体联想：天空、海、湖、水、宇宙、游泳池、夏天、玻璃
紫	抽象联想：优雅、神秘、高贵、高级、崇高、上品、典雅、成熟、魅力、病态、传统
	具体联想：紫罗兰、绣球花、紫藤、葡萄、薰衣草
白	抽象联想：清洁、神圣、高尚、纯真、纯粹、洁白、公明、明亮、新、冷、永远、空虚
	具体联想：白雪、百合、婚纱、葬礼、豆腐、衬衫、医院、白云、牙齿、白糖
灰	抽象联想：都市的、柔软、沉着、暧昧、忧郁、孤独、不安
	具体联想：灰尘、猫、云、老鼠、混凝土
黑	抽象联想：悲哀、有条理的、严肃、沉重、庄严、恐怖、强硬、失望、罪过、不安、死亡
	具体联想：礼服、夜、黑发、煤炭、葬礼

8.1.3　森林色彩的观赏效应

人类通过五大感官——视觉、听觉、嗅觉、味觉和触觉感知外部世界，相比于听觉、触觉、嗅觉等，视觉感知显得尤为直接和有效（Danlel T C，2001），经验显示，人欣赏美景时，对形体的注意力只占 20%，而对色彩的注意力达 80%，直至 5min 后，色彩和形体对人的感知才趋于平衡（Shuttlreorth S et al.，1980）。森林的美学特性包括形象、色彩、韵味、声音等要素（赵绍鸿，2009），其中色彩是最活跃、最敏感的因子，也是森林最具观赏价值的特征。从森林色彩美学角度看，能带给观者舒适、愉悦的色彩都是美的。因此，和谐的色彩或者对比强烈的色彩虽然有着截然不同的观赏体验，但可能都会产生正向的、美的共鸣；"万山红遍，层林尽染"是美的，"浓绿万枝红一点，动人春色不须多"也是美的；又如对于北京山桃针叶树群落，当山桃与常绿树种面积比为 2∶1 且山桃斑块分布为综合型或密集型时，色彩审美价值最高（李效文等，2010）。

为探讨人类对森林色彩的审美情趣、偏好与规律，森林色彩美学评价研究成为长盛不衰的研究课题。早期的森林色彩评价主要基于文字描述的定性评价，通过色彩调和（Munsell A H，1969）、色彩心理学（Wilson G D，1966）、色彩四季学（Johannes I，1997）等理论基于色彩频率表现法、色彩构成分类法（陈嘉婧等，2019）、色彩量化加权法（冯书楠等，2018）对林木个体、群体进行色彩搭配、色彩分类、景观配置等方面进行评价研究。然而，在不同视觉尺度上如何提升林木色彩景观质量，需进一步对林木色彩进行量化和评价。

从评价的材料上看，评价由现场评价改进为照片评价，并且将2D照片发展为3D全景照片或VR技术，从而提高了评价的视觉精度；图片处理上，借鉴城市规划、地理信息、景观生态等相似学科的研究成果，如采用空间分析工具GIS对景观进行动态分析（廖艳梅，2007）；从评价方法看，学者们大多采用美景度评价法（SBE）、层次分析法（AHP）（杨永至等，2009）、语义分析法（SD）（裴源政等，2017）或多种评价方法结合（安静等，2014；朱志鹏等，2017）对森林色彩观赏效果展开评价，并形成4类学派（翟明普等，2003）：专家学派（Expert Paradigm）是由景观、环境艺术等领域的专家以分类分级的方式对各种景观要素定义"度"从而进行景观评价，其缺点是缺乏公众参与且模型的可靠性较低（Kopka S，Ross M，1984）；认知学派（Cognitive Paradigm）靠人的感觉和直觉来评价风景，强调景观特性和人的体验之间的联系，但无法将体验与自然客观特性联系起来（Daniel T C et al.，1976）；经验学派（Experimental Paradigm）认为人的经验认知与景观之间相互影响，注重理论研究但实际应用较为困难（Daniel T C et al.，1983）；心理物理学派（Psychophysical Paradigm）主要建立景观客体要素与评价值间的数学模型（陈鑫峰等，2000），但它所建立的模型只适用于某些与研究样地相似的类型，其优点是采用公众评价且便于实际应用。心理物理学评价方法目前被广泛利用的有两类（李效文等，2007），一类为SBE法（Scenic Beauty Estimation Procedure）美景度评价法，该方法以归类评判法为依据，对每张图片进行评分，评分一般在1~7分之间，图片之间则不进行横向比较。另一类为LCJ法（Law of Comparative Judgment）比较判断法，该方法主要通过参加测试者比较一组照片来得到一个美景度量表，探讨林木群落中哪些优势特征更受大众喜爱，不完全区组比较法更利于相互比较，适合群落数量少的小样本研究（王冬梦等，2016）。

从评价对象与内容上看，主要涵盖3个尺度即林木单株色彩、林木组合色彩以及林木群体色彩（张喆等，2017）。林木单株色彩的评价主要基于特定的季节单一林木或器官展开研究，涵盖林木不同器官的色彩差异性或同一器官的色彩丰富性（Hondo T et al.，1992；Byrne A et al.，2003）、不同季节单株林木叶色色彩的多变性（Hicks T A，2010；王秋月，2019）、林木季节性色彩的呈色物候（杨敏娣，2012）及单株色彩构成特征（王晓博，2008）等方面。针对个体林木色彩的研究，为森林景观建设实践中植物材料的选育提供了依据，但其色彩表征相对简单，使用范围较小。林木组合主要是指视觉距离较近，尺度较小的林内色彩景观，选定样地对林木个体组合进行景观评价，分析林木组合的色彩构成因子，并建立美景度模型，探讨色彩的数量、属性等对林木组合景观的影响（赵秋月等，2018）。林木群体色彩是指视觉距离较远、尺度较大的林外色彩，常以视域范围为单元开展相关研究。

从评价指标上看，早期的森林构景因子涵盖了诸如群落结构、林冠特征、植物形态、季相变化与环境质量等众多因素，而色彩只是其中一个影响因素，导致植物色彩组合与审美关系研究比较浅显，不能深入了解色彩组合机理对审美的影响。目前，我国一些研究开始从林木的器官、林木个体、群落、森林景观等多种尺度，获取美景度量值和林木色彩指标，如色彩种类、数量、面积比例等数量指标（郑宇等，2016），或与色相、明度、饱和度等相关的色彩属性指标，或借用色彩斑块数量、面积、景观丰度、形状指数，多样性指数等景观格局指标，展开森林色彩美学研究，通过回归分析、灰色理论等数学分析，建立观赏效应模型，揭示色彩美景度受关键色彩指标的影响规律。

但研究过程中有不足之处：首先，研究尺度多集中于中小尺度，对较复杂的大尺度林木色彩组合的景观研究较少。其次，在观赏效应评价过程中，色彩指标均取其数量指标如色彩数量、种类、面积比例、色彩属性指标，而对色彩单要素指标、合成色彩要素指标、图片分区量化指标未有深入研究。再次，在色彩数量与属性相同或相似的情况下，不同的空间格局将产生截然不同的视觉效果，但由于表征空间格局的指标量化较为困难，目前的相关研究较少，大多采用描述方法避免量化计算。

8.2　森林色彩三要素独立变化对观赏效应的影响

有关色彩对森林美学价值的影响，多包含于森林美学综合因子研究之中，色彩作为构景因子之一，常以色彩丰富度、色彩指数等定性、半定量指标纳入评价模型。色彩三要素作为基本色彩组成因素，各自量值变化及其不同组合具有不同的观赏效应与观赏感受。为探讨森林色彩三要素指标对观赏效应的影响，本小节通过景观模拟试验，设置森林色彩三要素变化梯度，研究观赏效应对色彩三要素独立变化的响应规律，以期为森林色彩观赏效应研究和色彩应用提供依据。

8.2.1　研究方法

8.2.1.1　实验设计
根据色彩类型、数量、格局分布等信息的不同，选取不同地区、不同季相成熟稳定具有代表性的景观林图片样本 24 张，作为研究所需的原始图片样本，参考正交试验法，分别设置色相、纯度、明度为实验三因素，每因素设五水平，即 5 个变化梯度，制作试验图片，总计 360 张。由图片形成的因素—水平组合变化为一个重复，共 24 个重复。

8.2.1.2　水平设置
每张图片分绿色基底和色彩两个区域，其中绿色基底不做处理，对色彩区域进行单因素变化处理。处理以保持视觉真实性为原则，确定边界，然后以原始图片为中心，向上（明度、纯度增加、色相倾向绿色）、向下（明度、纯度降低、色相倾向紫色）各两等分，每个等分点及原始图片各设为一个水平，共五水平。以原始图片为基准（对照），处理水平为 0，向上变化到极限的 HSB 组合为 H_{max}、S_{max}、B_{max}，设置处理水平为 2，向上变化到中间点的 HSB 组合为 $H_{max/2}$、$S_{max/2}$、$B_{max/2}$，处理水平为 1，同理设置两个向下处理水平分别为 $-2(S_{min}$、$B_{min})$ 和 -1（$H_{min/2}$、$S_{min/2}$、$B_{min/2}$）。

8.2.1.3　观赏效应评价
参照 SBE 评价法，将已处理好的图片分为 24 个大组（重复）、每大组 3 个小组（因素），每小组 5 张图片（水平）制作成一幅幻灯片，共 72 幅，进行幅内（即水平间）比较评价，评判时间设为每幅幻灯片 1.5min。利用李克特（LIKERT）五分量表法设计评价标度，将 1～5 分分别定义为：很差、差、一般、好、很好。评价标准见表 8-2。采用情绪状态量表（POMS），进行色彩色相的观赏心理评价。设计规范化描述语言，如：明快、活力、天真、热情、兴奋、华丽、恬静、柔和、朴实、凝重、阴郁、冷淡、神秘、邪乎、恐怖、洁净、肮脏等，要求评判者作出选择，可同时多选，评价样表见表 8-3。

表 8-2　森林色彩三要素观赏效应评价标准

等级（分值）	评价标准
很差（1）	图片感受很差，无法反映森林色彩的真实情况，色彩三要素搭配极不合理
差（2）	图片感受较差，在一定程度上无法反映森林色彩的真实情况，色彩三要素搭配不合理
一般（3）	图片感受一般，基本可以反映森林色彩的真实情况，色彩三要素搭配有一定程度的失真
好（4）	图片感受较好，可以较好地反映森林色彩的真实情况，色彩三要素搭配较合理
很好（5）	图片感受很好，可以很好地反映森林色彩的真实情况，色彩三要素搭配非常合理

表 8-3　森林色彩三要素观赏效应评价样表

年龄：　　　　性别：　　　　学历：　　　　专业：　　　　评价日期：

图号	优美度	观赏感受
1		明快 / 活力 / 天真 / 热情 / 兴奋 / 华丽 / 恬静 / 柔和 / 朴实 / 凝重 / 阴郁 / 冷淡 / 神秘 / 邪乎 / 恐怖 / 洁净 / 肮脏
2		明快 / 活力 / 天真 / 热情 / 兴奋 / 华丽 / 恬静 / 柔和 / 朴实 / 凝重 / 阴郁 / 冷淡 / 神秘 / 邪乎 / 恐怖 / 洁净 / 肮脏
3		明快 / 活力 / 天真 / 热情 / 兴奋 / 华丽 / 恬静 / 柔和 / 朴实 / 凝重 / 阴郁 / 冷淡 / 神秘 / 邪乎 / 恐怖 / 洁净 / 肮脏
4		明快 / 活力 / 天真 / 热情 / 兴奋 / 华丽 / 恬静 / 柔和 / 朴实 / 凝重 / 阴郁 / 冷淡 / 神秘 / 邪乎 / 恐怖 / 洁净 / 肮脏
5		明快 / 活力 / 天真 / 热情 / 兴奋 / 华丽 / 恬静 / 柔和 / 朴实 / 凝重 / 阴郁 / 冷淡 / 神秘 / 邪乎 / 恐怖 / 洁净 / 肮脏

本次研究发放调查问卷共 325 份，收回问卷 325 份，有效问卷 307 份，有效收回率 94.5%。本研究评判者分为学生组与非学生组，学生组中林学及相关专业学生 60 人，非相关专业学生 60 人，其中本科学历 94 人，硕士学历 23 人，博士学历 3 人；非学生组来自随机选取的城市及农村居民 205 人，其中男性 93 人，女性 112 人。

8.2.1.4　色彩提取

选择线性色彩空间 HSB 作为色彩空间，对全部 360 张图片样本，分别提取色彩区域的色彩信息，包括色块数量（设定为 10）、每个色块的 16 进位编码（Hex）、色彩三要素 HSB（Hue、Saturation、Brightness）值以及色块所占面积（%）。其中，H 取值范围为 0～360℃，S 为

0 ~ 100%，B 为 0 ~ 100%。色彩信息利用 ColorImpact 软件提取。同时，针对每个色块的 HSB 值，求取其与面积的加权平均值，作为后继运算的基本数据。

8.2.1.5　数据分析

将评价所得结果进行标准化计算观赏效应值。应用 SPSS20.0 软件，通过单因素方差分析法和最短显著极差法（Shortest Significant Ranges，SSR）分析色彩三要素的变化对林相观赏效应影响的差异显著性，用双变量 Pearson 相关系数分析相关性。采用偏相关分析法，在其他两个色彩要素为控制变量的前提下，单一色彩要素变化与林相观赏效应之间的相关性。

8.2.2　结果分析

8.2.2.1　森林色彩单因素变化与观赏效应变化

（1）单因素不同处理水平的观赏效应

根据不同处理水平对观赏效应的影响进行方差分析，结果见表 8-4。单因素不同处理水平对观赏效应的影响均显著（$p < 0.01$），水平内对观赏效应的影响不显著，表明试验设计突出了水平间的作用而限制了水平内的影响，达到预期目标。色彩不同要素、不同处理水平的观赏效应得分统计见表 8-5。色彩三要素试验样本中均存在观赏性最好的图片，即原始图片，随着处理水平不断偏离中央原始状态，观赏性也不断降低，且两相邻处理水平间观赏效应差异均为显著，表现出一致的规律。表 8-5 中观赏效应百分值相当于评价结果的百分制得分，以色相为例，–2、–1、0、1、2 五个处理的效应值分别为 36.19%、68.67%、100%、82.60%、59.40%，从这个序列可见，基准图片左右两侧对应位置（–2 与 2，–1 与 1）的得分不同，左侧显著低于右侧，表明加强紫色倾向相比于加强绿色倾向，更容易引起观赏效应下降。纯度、明度的变化也有类似结果，即降低比提高更容易引起观赏效应下降。

表 8-4　色彩三要素处理水平与观赏效应单因素方差分析

类别		平方和	df	均方	F	显著性
色相（H）	处理水平间	77.06	4	19.26	189.00	0.00
	处理水平内	8.66	85	0.10		
	总数	85.72	89			
纯度（S）	处理水平间	77.76	4	19.44	248.22	0.00
	处理水平内	6.66	85	0.08		
	总数	84.42	89			
明度（B）	处理水平间	95.63	4	23.908	340.55	0.00
	处理水平内	5.97	85	0.07		
	总数	101.60	89			

（2）单因素变化—观赏效应曲线拟合

为进一步揭示色彩不同要素、不同处理水平对观赏效应影响的数学规律、两者关系的密切程度，将观赏效应评价值作为因变量 Y，图片平均明度、色相、纯度变化分别作为自变量 X，进行单因子曲线回归，所得最优的均为二次曲线（图 8-3）。图 8-3 显示了随着处理水平不断偏离曲线中央，观赏性不断降低的趋势。曲线拟合效果良好（$R^2 > 0.8321$），表明色彩单因素变化与观赏效应之间有着密切的关系，单因素试验具有一定统计意义，但未达到完全拟合的精度（R^2 接近 1），表明试验因素与控制因素之间可能存在某种关联，从而综合影响观赏效果。同时，色相、纯度、明度与观赏效果三个拟合曲线的回归决定系数略有不同，分别为纯度（0.8873）> 色相（0.8613）> 明度（0.8321），意味着因素独立性也是不同的。

表 8-5　色彩三要素不同处理水平观赏效应得分

变化形式	色彩三要素					
	色相评价值	色相效应（%）	纯度评价值	纯度效应（%）	明度评价值	明度效应（%）
−2	1.56 ± 0.27d	36.19	1.60 ± 0.29d	37.12	1.40 ± 0.13e	32.48
−1	2.96 ± 0.44c	68.67	2.79 ± 0.30c	64.73	2.82 ± 0.45c	65.43
0	4.31 ± 0.10a	100	4.31 ± 0.10a	100	4.31 ± 0.10a	100
1	3.56 ± 0.37b	82.60	3.79 ± 0.27b	87.94	3.78 ± 0.31b	87.70
2	2.56 ± 0.41c	59.40	2.92 ± 0.44c	67.75	2.33 ± 0.28d	54.06

注：数值为得分平均值 ± 标准差；同行不同小写字母表示在 0.01 水平上差异显著。

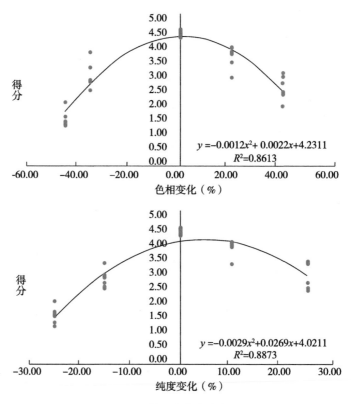

图 8-3　观赏效应单因素变化曲线

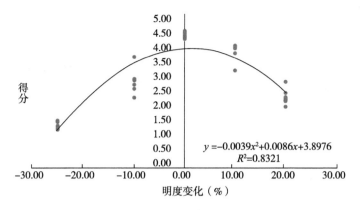

图 8-3　观赏效应单因素变化曲线（续）

计算得到基准图片的平均 HSB 值为 124/53/57。由图 8-3 可知，相对于基准图片（Y 轴），H、S、B 最佳观赏位置（曲线顶点）均有小幅右移，其中纯度的右移最为明显，最佳观赏值在 57+4.6379% 处，色相的右移最不明显，在 124+0.9167% 处，明度介于两者之间，在 53+1.1026% 处，见表 8-6。

表 8-6　观赏效应单因素变化曲线的顶点坐标

项目	二阶系数	一阶系数	常数	x	y
H	−0.0012	0.0022	4.2311	0.9167	4.2321
S	−0.0029	0.0269	4.0211	4.6379	4.0835
B	−0.0039	0.0086	3.8976	1.1026	3.9023

（3）色彩三要素作用机制分析

色彩三要素之间是相互影响、相互依存的关系，其中一个要素的改变会引起其他两个要素的相应变化，同时影响整体画面的观赏性。取色相、明度、纯度单因素试验结果分别作为分析数据集，进行三要素之间的 Pearson 相关、三要素与观赏效应之间的二阶偏相关分析，结果汇总见表 8-7、表 8-8。

由表 8-7 可知，色相、纯度、明度之间的相关性为极显著（$p < 0.01$）且均为正相关，即色彩明度增加，有提高纯度、增加绿色倾向的作用；纯度提高，也有增加画面亮度，增强绿色倾向的效果，反之，明度（纯度）降低，则有促进纯度（明度）降低，画面变暗，紫色倾向加强的作用。

表 8-7　色彩三要素变化相关性

项目	色相变化		纯度变化		明度变化	
	相关性	显著性（双侧）	相关性	显著性（双侧）	相关性	显著性（双侧）
色相（H）	1		0.861[**]	0.000	0.935[**]	0.000
纯度（S）	0.873[**]	0.000	1		0.960[**]	0.000
明度（B）	0.858[**]	0.000	0.861[**]	0.000	1	
数据集	色相试验		纯度试验		明度试验	

注：** 表示在 0.01 水平上显著相关。

表 8-8　色彩三要素变化与观赏效应二阶偏相关性

指标	Pearson 相关系数	偏相关系数	显著性	df
色相变化	−0.892[**]	−0.705[**]	0.000	86
明度变化	−0.836[**]	−0.783[**]	0.000	86
纯度变化	−0.921[**]	−0.490[**]	0.008	86

注：** 表示在 0.01 水平上显著相关。

由表 8-8 可见，当控制两个色彩要素时，另一个要素的变化与观赏效应之间依然均为极显著负相关（$p < 0.01$），观赏效应随色彩三要素变化幅度的增大而降低。因此，明度与其他两个色彩要素相关性最大，与观赏效应的简单相关性最大，但二阶偏相关最低，表明明度是一个综合性更强的要素，通过其他要素而综合影响观赏效应。从综合效应看，明度的影响最为显著，其次为色相，最后为纯度。

统计结果还显示，当色彩色相、明度、纯度分别为试验变量，其他两个色彩要素为影响因素时，试验变量的变化范围较大（20%～60%），而影响因素的范围较小 (5%～20%)，说明试验设计基本上达到了控制相关变量、突出目标变量的目的。

8.2.2.2　森林色相与观赏感受

根据色彩心理学研究，不同色相会使人产生不同的心理感受。在艺术表达中，红色象征青春与生命力，给人以喜庆欢乐的感觉；绿色象征希望与和平，给人以安宁朴实的感觉；黄色可以缓解烦恼与焦虑，给人以亲切柔和的感觉；紫色华丽而厚重，给人以神秘深邃的感觉（野村顺一，2014）。在实际生活中，暖色调的环境让人感到温暖，同时也使人感觉时间过得比较慢，冷色调则给人带来相反的感受。森林色彩是一种有着生命活力的色彩，其观赏感受如何呢？本研究对观赏心理的评判选项进行简单频数统计，取频率 10% 以上者参与计算，结果如图 8-4。可见，基准图片给人的感受以柔和朴实为主，绿色倾向图片的感受以冷淡、宁静为主，紫色倾向则以神秘、华丽、兴奋为主，与其他物质材料的色彩观感基本一致。

图 8-4　色相变化引起的观赏感受变化

8.2.2.3　森林色彩最佳观赏范围

以基准图片为标准提取所有色块，计算 HSB，按 H = 124+0.9167°、S = 57+4.6379%、B = 53+1.1026 右偏处理，从低到高排序，获得 HSB 变化范围，分别为 22°～226°、35%～70%、37%～78%，代表森林色彩最佳观赏范围。其中包含了无穷的色彩组合，以 HSB 值 22-226/70/78、22-226/35/78、22-226/70/37、22-226/35/37 为例分别制作色轮，得到最佳观赏效应的极端色彩，如图 8-5。当色彩三要素取值超过此范围，即过高或过低时观赏效应都会降低。

　　图 8-5 直观显示了明度变化效应显著于纯度变化效应的现象，如色轮（1）与（2）相比纯度升高，明度不变，视觉感受变化较小，而（1）与（3）相比明度升高，纯度不变，视觉感受变化较大。色轮（4）与（2）、（4）与（3）相比，也是明度变化时视觉感受大，纯度变化时小。由此可以看出，色相决定色彩的属性，纯度与明度决定色彩的品质，明度变化对于画面视觉感受影响较大，而纯度影响较小，在实际应用中应更加注重对于色彩明度的调整与利用。

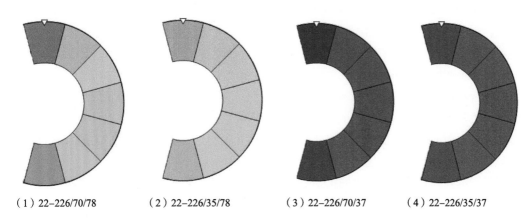

（1）22-226/70/78　　　　（2）22-226/35/78　　　　（3）22-226/70/37　　　　（4）22-226/35/37

图 8-5　最佳观赏效应范围色轮

8.2.3　小　结

8.2.3.1　结　论

　　HSB 单因素梯度变化与观赏效应均成极显著相关（$p < 0.01$）。梯度序列中，观赏性最佳的图片是原始图片，随着处理水平不断偏离原始状态，观赏效果不断降低。其中色彩明度变化所引起的观赏效应变化最为强烈，其次为纯度变化，最后为色相变化。明度对比是色彩构成中最重要的因素，从单因素变化的观赏效应看，明度的影响是色相的 3.25 倍，是纯度的 1.34 倍，与艺术领域的相关研究结果类似（唐勤，2012）。观赏效应随处理水平的变化符合二次曲线，拟合效果良（$R^2 > 0.8321$），表明单因素试验具有一定统计意义。

　　色相是反映色彩不同品质与形象的要素，色相的变化将引起色彩性质的变化，从而影响观赏心理。基准图片所带来的观赏感受最好，同时向绿色方向变化与向紫色方向变化的图片感受明显不同。向绿色方向变化的图片给人以宁静、冷淡之感，向紫色方向变化给人以神秘、华丽和兴奋之感，与色彩心理学的研究结果相似。

　　森林观赏效应随目标要素离基准值（原始状态时的取值）距离的增大而降低，每组图片中的基准图片所得评分最高，观赏性最强。色彩三要素的最佳观赏范围为：色相 22°～226°、纯度 35%～70%、明度 37%～78%。色彩三要素最佳观赏范围居于其分布范围的中等水平，色彩对比较为柔和时其观赏性最强，色彩三要素偏高或者偏低达到一定程度后均无法得到较好的观赏感受。

　　试验结果显示，目标因素的变化与观赏效应均成极显著相关，其他两个色彩要素的变化与试验因素成极显著相关（$p < 0.01$），但在控制条件下，其变化幅度显著低于目标因素，对整体画面观赏效应的贡献有限。可见，试验要素为主要影响因素，影响整体画面的变化进而影响观赏效应的变化，其他两个要素为辅助影响因素，色彩单因素控制试验方法可行。

8.2.3.2 讨 论

森林作为有生命的景物，色彩变化和观赏感受受到环境与季节的影响。在进行彩色植物材料选择配置森林色彩时，应遵循宁亮勿暗，宁绿勿紫的原则，选用色彩明度与纯度相对较高、偏向暖色系的植物，相比于灰暗、紫色倾向的植物更有利于保持森林景观的观赏性，如色彩鲜艳的树种（如三角枫、野漆树、山乌桕）（庄梅梅，2011），其观赏效应要优于色彩灰暗的树种（如部分枫香、水杉），明度较高的黄色系树种（如银杏、无患子），优于明度较低的紫色系树种（如紫叶李）。在森林色彩景观营造中，应根据不同场合和目标运用不同的方案，如要营造静谧环境，应以绿色植物为主，色彩数量不宜丰富，以给人安全、宁静之感；繁华之处可以应用偏向紫色、红色、黄色的暖色调植物，同时适当调整色彩丰富度，给人以华丽、兴奋之感。

本研究旨在通过色彩单因素控制试验，揭示色相、纯度、明度因子对观赏效应的单独影响规律，仅仅是色彩现象分析研究的一个方面。然而，影响色彩观赏效应的原因十分复杂，需要进行分析与综合多方面的研究才能获得最终成果，关于森林色彩三要素对观赏效应的综合影响、森林色彩格局分析以及森林色彩可量化模板的提取与建设都有待进一步研究。

色彩是影响森林景观观赏效果的重要因素之一，合理的色彩搭配能营造丰富多彩、令人愉快的森林景观，而色彩搭配主要通过树种的配置来体现，树种配置不当直接影响色彩搭配的最终效果。本研究中基准图片均取自于已经成熟稳定的景观林，因此具有借鉴意义。可将其色彩基本信息与色彩格局进行量化形成模板，对应相应的树种组合，以期为今后的林相建设与改良提供良好的依据。

8.3　秋色叶树木色彩观赏效应关键指标构建

在林木色彩观赏效应评价中，所涉指标除基于种类、数量、面积等色彩整体数量指标外，对色相、明度、彩度等色彩三要素指标也开始关注，并评选出一些重要指标（孙亚美，2015；冯书楠等，2018）。总体上看，所涉色彩指标较为直观浅显，易于获取，均以直接可测量指标为主，普遍应用于色彩景观的目视解释与定性指标的建立，缺乏对色彩要素组合机理的指标研究，影响研究的客观性与可重复实验性。而深入挖掘、系统比选、归纳合成研究的较少，面对色彩量化依赖三维矢量描述的问题，如何实现单一值量化缺少有效方法。例如色差，是色彩视觉设计领域一个重要的概念，但在现状森林色彩美学评价研究中尚未应用。另一方面，由于林木色彩丰富多样，任意研究样本可能包括多种色彩，按颜色逐一赋予指标值繁琐甚至无效。在画面色彩提取中，通常对样本色彩做单一化处理，或只提取画面主要色彩进行研究（马冰倩等，2018），对画面色彩分类（主色、辅助色、点缀色等）研究较少，对色彩信息的深化利用不够。基于艺术领域画面色彩分类（孙洛伊等，2014；胡蓓真，2015）的指标提取，或可在一定程度上克服此困境，但在林木色彩研究领域尚未应用。此外，在色彩量化与指标计量过程中所选色彩空间的不同，色彩合并、色差计算过程中所用模型、基准颜色定义等的不同，均可能导致指标效用产生差异，差异如何，目前尚不清楚。本节以秋色叶树木单株为对象，应用色彩搭配原理，在样本色彩分类的基础上，按类提取色彩色相、明度、彩度、面积比例等常见量化指标，应用软件与模型进行色彩合并及色差、离差等指标计算，尝试比较不同色彩空间、不同量化方法所得指标的效用，利用统计分析方法筛选影响色彩观赏效应的关键因子及其获取方法，为完善色彩观赏效应评价指标体系提供参考。

8.3.1　研究方法

8.3.1.1　研究区选择

选择呼和浩特地区 38 种秋色叶树木单株作为样本，于 2019 年 9 月 6 日至 11 月 20 日，每隔 3 ～ 7 天拍摄一次，共 17 次，选择晴朗天气 10:00 ～ 14:00 之间，提取树木整株照片。采用 Canon D 天相机，105mm 镜头，相机高度距地面 1.5m，视距 10 ～ 15m，焦距 55mm，顺光，定点拍摄。每次拍摄 38 种树木，每种 4 张，共计 2584 张。将 17 期照片统计归类，依据变色率情况分为 5 个时期分别为：变色率达 0% ～ 20% 为树木基础色期、变色率在 20% ～ 45% 为变色早期、变色率在 45% ～ 75% 为变色中期、变色率在 75% ～ 95% 为变色盛期、变色率达 95% 以上为变色末期（即枯萎色彩），选取每个树种 5 个时期中各 1 张典型照片共 190 张，用于色彩指标提取和观赏效应评价。

8.3.1.2　图片处理与色彩分类

为开展不同色彩空间与观赏效应（SBE）之间的关系分析，选择 RGB 色彩空间、HSV 色彩空间分别进行色彩量化。为排除背景与噪音，利用 Photoshop 工具，将照片画面中除了树木对象外的其他景物去除，并将背景设为纯白色（非对象颜色）。统一画面尺寸，像素为 3840×2560。

将画面分为主色、辅色、点缀色，阴影色。主色为画面中面积占优势（30% ～ 60%）的色系，辅色为有一定面积（20% ～ 40%）的色系，点缀色为除主、辅色外面积较小（＜ 20%）的其他颜色，包括树木的投影、枝叶空隙所产生的暗色系阴影，面积通常占 5% ～ 20%。对阴影色的处理采用两种方案：一是将它并入主色、辅色和点缀色，形成画面色彩三分类方案；二是将阴影色单独划为一类，与主色、辅色、点缀色一起形成四分类方案（图 8-6）。背景处理后的照片，利用 ColorImpact 软件，提取每种色彩的 H、S、V 与 R、G、B 要素值和面积占比。通过加权（面积）平均合并画面同类相近色彩，并把同类颜色分为主色、辅色、点缀色和阴影色，所有色彩合并得全色。

树木色彩三分类　　　　　　　　树木色彩四分类

图 8-6　三分类、四分类示意图

8.3.1.3　评价指标构建

基于 HSV、RGB 色彩空间，设计色彩指标分色彩三要素指标、色差、离差指标、色彩基本数量指标 4 类，19 组共计 119 个（表 8-9）。

（1）HSV、RGB 色彩三要素指标

①基本指标。由 ColorImpact 软件直接提取主色、辅色、点缀色和阴影色的 H、S、V、R、G、B 值及其对应面积占比，如主色彩度、辅色明度、点缀色色相等。

表 8-9 色彩属性指标

指标分类	组		指标	指标含义
RGB、HSV三要素（60个）	HSV三要素（30个）	色相	三分类主色 H、辅色 H、主辅色 H、全色 H	分主色、辅色、主辅色、全色分别设置色相
			四分类主色 H、辅色 H、主辅色 H、主辅点 H、主辅阴 H、全色 H	分主色、辅色、主辅色、主辅点、主辅阴、全色分别设置色相
		彩度	三分类主色 S、辅色 S、主辅色 S、全色 S	分主色、辅色、主辅色、全色分别设置彩度
			四分类主色 S、辅色 S、主辅点 S、主辅色 S、主辅阴 S、全色 S	分主色、辅色、主辅色、主辅点、主辅阴、全色分别设置彩度
		明度	三分类主色 V、辅色 V、主辅色 V、全色 V	分主色、辅色、主辅色、全色分别设置明度
			四分类主色 V、辅色 V、主辅点 V、主辅色 V、主辅阴 V、	分主色、辅色、主辅色、主辅点、主辅阴、全色分别设置明度
	RGB三要素（30个）	红色	三分类主色 R、辅色 R、主辅色 R、全色 R	分主色、辅色、主辅色、全色分别设置红色
			四分类主色 R、辅色 R、主辅点 R、主辅色 R、主辅阴 R、全色 R	分主色、辅色、主辅色、主辅点、主辅阴、全色分别设置红色
		绿色	三分类主色 G、辅色 G、主辅色 G、全色 G	分主色、辅色、主辅色、全色分别设置绿色
			四分类主色 G、辅色 G、主辅色 G_{IV}、主辅点 G、主辅阴 G、全色 G_{IV}	分主色、辅色、主辅色、主辅点、主辅阴、全色分别设置绿色
		蓝色	三分类主色 B、辅色 B、主辅色 B、全色 B	分主色、辅色、主辅色、全色分别设置蓝色
			四分类主色 B、辅色 B、主辅色 B、主辅点 B、主辅阴 B、全色 B	分主色、辅色、主辅色、主辅点、主辅阴、全色分别设置蓝色
色差（39个）	RGB、HSV欧氏色差（15个）	欧式内色差	主色、主辅色、全色欧式内色差	主色、主辅色、全色与内基色色彩欧氏公式合成色差
		欧式外色差	主色、主辅色、全色欧式外色差	主色、主辅色、全色与外基色色彩欧氏公式合成色差
		欧式色相差	主色色相、主辅色色相、全色色相欧式外色差	主色色相、主辅色色相、全色色相与外基色色彩欧氏公式合成色差

（续）

指标分类	组		指标	指标含义
色差 （39 个）	RGB、HSV 欧氏 加权色差 （12 个）	欧式加权内 色差	主色、主辅色、全色欧式加权 内色差	主色、主辅色、全色与内基色 色彩欧氏加权公式合成色差
		欧式加权外 色差	主色、主辅色、全色欧式加权 外色差	主色、主辅色、全色与外基色 色彩欧氏加权公式合成色差
	RGB、HSV 偏移指数 （6 个）	偏移指数外 色差	主色、主辅色、全色偏移指数 外色差	主色、主辅色、全色与外基色 色彩合成偏移指数绝对值
	HSV 圆锥 （6 个）	圆锥内色差	主色、主辅色、全色圆锥内色差	主色、主辅色、全色与内基色 坐标值合成色差
		圆锥外色差	主色、主辅色、全色圆锥外色差	主色、主辅色、全色与外基色 坐标值合成色差
离差 （8 个）	RGB、HSV 离差（8 个）	HSV 离差	全色 H、全色 S、全色 V 离差	全色色相、彩度、明度离差
			全色 HSV 离差	全色色相 × 全色彩度 × 全色明 度离差加权平均
		RGB 离差	全色 R、全色 G、全色 B 离差	全色红色、绿色、蓝色离差
			全色 RGB 离差	全色红色 × 全色绿色 × 全色蓝 色离差加权平均
基本数 量指标 （12 个）	色彩相对 面积	计数	最小色彩分类数	最小色彩分类数
			最大色彩分类数	最大色彩分类数
		三分类相 对面积	主色面积、辅色面积、主辅色面 积、全色面积	三分类主色、辅色、主辅色、全 色的相对面积
		四分类相 对面积	主色面积、辅色面积、主辅色面 积、主辅点面积、主辅阴面积、 全色面积	四分类主色、辅色、主辅色、主 辅点、主辅阴、全色的相对面积

②合成指标。由上述基本指标中的 2 个或 2 个以上合并而成的指标，采用加权平均法（面积占比为权）计算。如主辅色明度由主色、辅色明度合并而成，主辅点色彩度由主色、辅色、点缀色彩度合并而成，全色色相由全部类别的色相合并而成等。以四分类全色明度（Whole of Value，V_W）为例：

$$V_w = \frac{V_D M_D + V_S M_S + V_I M_I + V_S M_S}{M_D + M_S + M_I + M_S} \tag{8.1}$$

式中：V_W 为四分类全色明度值；V_D、V_S、V_I、V_S 分别为主色、辅色、点缀色、阴影色明度值；M_D、M_S、M_I、M_S 分别为主色、辅色、点缀色、阴影色面积占比。

（2）色差指标

如何将一个色彩的三要素值转换为单一值是人们不懈探索的问题，如，Kaufmal A J（2004）、马冰倩等（2018）采用一维特征矢量算式：

$$L = HQ_sQ_v+SQ_v+V \qquad (8.2)$$

式中：L 为三要素单一化值；H、S、V 分别为色彩的色相、彩度和明度值；Q_s、Q_v 分别是 S、V 的量化级数，将 3 个颜色分量合为一维特征矢量，提出了一条降维思路，但未解释算式的物理意义。

色差是指颜色的偏差，是两种颜色相似程度的一种度量指标，可用颜色空间中两色彩点之间的距离来表达（顿邵坤等，2011），物理意义明晰。距离越远，色差越大，物理意义明晰。本研究将色差定义为某目标色彩与基色（通常为绿色）的色差，色差越小，色彩越接近基色，色差越大越偏离基色。其中基色的选取有两种：一种是分别以每个树种所对应的基础色期照片色彩作为其他 4 期的基色，即种内基色（简称内基色，相应色差简称内色差（Interior of Chromatic Aberration）；另一种是以全部树种基础色期照片的平均色作为统一基色，即种外基色，简称外基色，相应色差简称外色差（External of Chromatic Aberration），以便开展研究比较。选取 HSV 与 RGB 两种色彩空间，利用四种色差公式计算主色、主辅色、全色的内、外色差。如：主色彩度欧式内色差、主辅色欧式外色差、全色偏移指数等。

①欧式色差公式（Chromatic Aberration of Euclidean）

以 RGB 色彩空间的主色欧式内色差（$ICAE_d$）、HSV 色彩空间的主色欧式外色差（$ECAE_D$）为例：

$$ICAE_D = \sqrt{(R-R_j)^2+(G-G_j)^2+(B-B_j)^2} \qquad （8.3）$$

式中：$ICAE_D$ 为 RGB 色彩空间中某目标色彩与基色的欧式内色差；R、G、B 为某目标色彩的三要素值；R_j、G_j、B_j 为内基色三要素值。

$$ECAE_D = \sqrt{(H-H_j)^2+(S-S_j)^2+(V-V_j)^2} \qquad （8.4）$$

式中：$ECAE_D$ 为 HSV 色彩空间中某目标色彩与基色的欧式外色差；H、S、V 为基色三要素值；H_j、S_j、V_j 为外基色三要素值。

②欧式加权色差公式（Chromatic Aberration of Weighted Euclidean）

为反映人眼对红、绿、蓝三原色敏感程度的差异，可引入权重调整（杨振亚等，2010）以 RGB 色彩空间的主辅色欧式加权内色差（$ICAWE_{D+S}$）、HSV 色彩空间的主辅色欧式加权外色差（$ECAWE_{D+S}$）为例：

$$ICAE_{D+S} = \sqrt{3(R-R_j)^2+4(G-G_j)^2+2(B-B_j)^2} \qquad （8.5）$$

$$ECAWE_{D+S} = \sqrt{3(H-H_j)^2+4(S-S_j)^2+2(V-V_j)^2} \qquad （8.6）$$

式中：$ICAWE_{D+S}$ 为 RGB 欧式加权内色差、$ECAWE_{D+S}$ 为 HSV 欧式加权外色差；3、4、2 为权重。

③偏移指数公式（Biased Exponent）

偏移指数也是一种距离，但与欧氏距离不同，即 H、S、V 的差值可互相补偿，以彩度与明度为例，一种彩度较高（高于基色彩度）、明度较低（低于基色明度）的色彩景观与另一种彩度较低而明度较高的色彩景观，偏移指数的取值可能是相等的，两种景观的观赏效果也可能是类似的（徐碧珺等，2020）。参照 Kaufmal（2004）和马冰倩（2018）的色彩指标降维思想，设计偏移指数，以期与欧式距离相区别，即 R、G、B，H、S、V 的差值可互相补偿，而非正值累加。偏移指数只针对外基色，以 HSV 色彩空间的全色偏移指数（BE_{D+A+I}）为例：

$$BE_{D+A+I} = |(H - H_j) + (S - S_j) + (V - V_j)| \tag{8.7}$$

式中：BE_{D+A+I} 为 HSV 偏移指数，H、S、V 为某色彩三要素值，H_j、S_j、V_j 为外基色三要素数值。

④圆锥公式（Circular Cone）

应用于 HSV 色彩空间，以主辅色圆锥外色差（$ECACC_{D+A}$）为例：

$$ECACC_{D+S} = \sqrt{(X - X_j)^2 + (Y - Y_j)^2 + 2(Z - Z_j)^2} \tag{8.8}$$

式中：$ECACC_{D+A}$ 为 HSV 圆锥外色差，X、Y、Z，X_j、Y_j、Z_j 分别为三维正交空间中任意一个色彩与基色的坐标，将 HSV 圆锥空间转换为 XYZ 空间的计算式为：

$$x = r \times V \times S \times \cos H$$
$$y = r \times V \times S \times \sin H$$
$$z = h \times (1 - V)$$

式中：r 为 HSV 圆锥体底面半径，以 R 为斜边长，h 为高；H、S、V 为圆锥空间中的色彩坐标。

（3）离差指标

离差，与色彩离散程度有关，画面中色彩越相互接近，色彩越调和，离差越小。应用 ColorImpact 软件对图片色彩进行最细分类，得到各类色彩三要素值。计算 H、S、V、R、G、B 及其组合的离差。如全色色相离差、全色彩度离差、全色彩度明度离差等，共计 14 个色彩指标。

（4）色彩基本数量指标

色彩基本数量指标主要是指色彩的数量与面积指标。

①色彩计数指标。指画面色彩数量，与色彩丰富度有关，含最大色彩分类数、最小色彩分类数 2 个指标。基于 ColorImpact 的分类规则，对每张照片进行最少、最多色彩种类划分，获取的类目数。

②色彩相对面积。指树木色彩面积占树木影像轮廓面积的百分比，按三分类、四分类选取主色、辅色、点缀色及阴影色及其组合形式，其中全色相对面积是投影在影像平面上的叶幕，与树木挂叶率密切相关，可作为树叶稀疏程度的度量指标。如三分类辅色面积、四分类主辅色面积等，共计 13 个色彩指标。

8.3.1.4　美景度评价

（1）评价对象与内容

采用美景度评价法获取树木照片色彩美景度值（SBE）。依据树木的变色率，把每个树种分基础、早、中、盛、末 5 期各选取 1 张典型图片，共 190 张作为评价媒体。选取树木全株照片，不进行背景去除，以保证景观的真实性，同时保证被评价树木处于主景地位，避免干扰。参照 Daniel 的 SBE 法调查标准，对问卷语言与情况描述进行规范，图片美景度分值按 7 级量表制定，即很好（7 分）、好（6 分）、较好（5 分）、一般（4 分）、较差（3 分）、差（2 分）和很差（1 分）。美景度评价主要针对树木色彩景观，因此在问卷调查开始前做简要说明，分值高低代表树木色彩美景度高，分值低代表林木色彩美景度低。在评价时需要排除树木形体、背景树木及房屋等的影响。

有学者研究结果表明，不同类型的人群在景观评价上具有显著的一致性（Briggs D J et al.，1988；Buhyoff G J et al.，1980）。基于此，本次试验选择林学、园林学专业人员和非专业人员 820 人实施评判打分（俞孔坚，1986）。评价采用线上形式，通过填写网上调查问卷，实施结果共

回收有效问卷 800 份。

（2）数据检验

Kolmogorov-Smirnova 检验结果显示，全部参评人员（不分组）美景度评判值（SBE）略向较大方向偏移，但在 $\alpha = 0.05$ 的检验水准下服从正态分布（$W = 0.973$，$p = 0.057$）。按性别、年龄、职业、文化程度分组后，组内各类 SBE 值服从正态分布（$p = 0.052 \sim 0.144$）。

经方差分析显示，性别（$p = 0.679$）、年龄（$p = 0.821$）、职业（$p = 0.213$）、文化程度（$p = 0.835$）各分组组内 SBE 均值差异不显著，各组之间的交互效应均无显著差异（$p = 0.110 \sim 0.989$），与前人的研究结果一致（Briggs D J et al., 1988；Buhyoff G J et al., 1980），调查数据可以支持相关统计分析。

8.3.1.5 数据处理

所设指标全部为定量（定序）指标，借助 SPSS 和 DPS 软件，基于 Pearson 相关分析进行指标初步筛选，比较不同类型色彩指标与 SBE 值的相关性及色彩指标的独立性，筛选影响观赏效应的色彩指标。应用单因素拟合，分析色彩指标对 SBE 值的影响特性，应用二次多项式回归，建立 SBE 值与色彩指标的统计模型，筛选关键指标，构成 SBE 的评价指标体系。

8.3.2 结果与分析

8.3.2.1 不同色彩空间、不同类型色彩指标对观赏效应的影响

（1）色彩基本数量指标与 SBE 相关性分析

由表 8-10 可见，色彩基本数量指标中，两类指标与 SBE 相关性由高到低依次为色彩面积四分类主色面积（$r = 0.521$）＞色彩数最大色彩数（$r = 0.302$）；色彩面积指标中，四分类面积指标与 SBE 之间的相关性高于三分类面积指标，其中相关性最高的为四分类主色面积（$r = 0.521$），其次为四分类主辅色面积（$r = 0.475$）、四分类主辅点面积（$r = 0.473$）、四分类主辅阴面积（$r = 0.440$）、四分类全色面积（$r = 0.322$）。

表 8-10　色彩数量指标与 SBE 相关性分析

色彩数量	最大色彩数	最小色彩类数	三分类主色相对面积	三分类辅色相对面积	三分类主辅色相对面积	三分类全色相对面积
SBE	0.302**	0.109	0.232**	0.406**	0.322**	0.322**
色彩数量	四分类主色相对面积	四分类辅色相对面积	四分类主辅色相对面积	四分类主辅阴相对面积	四分类主辅点相对面积	四分类全色相对面积
SBE	0.521**	0.234**	0.475**	0.440**	0.473**	0.322**

注：** 表示 $p < 0.01$，* 表示 $p < 0.05$。

（2）三分类、四分类色彩属性指标与 SBE 相关性分析

三分类、四分类色彩属性指标与 SBE 的相关性见表 8-11、表 8-12。主辅点三分类对应色彩三要素指标与 SBE 的相关性整体高于主辅点阴四分类对应三要素指标。

三分类色彩三要素指标中，彩度与 SBE 呈极显著正相关，高低次序为辅色彩度（$r = 0.539$）、全色彩度（$r = 0.532$）、主辅色彩度（$r = 0.528$）、主色彩度（$r = 0.479$）；明度与 SBE 呈极显著相

关，高低次序为主辅色明度（$r = 0.307$）、全色明度（$r = 0.302$）、主色明度（$r = 0.205$）。整体看，明度指标均低于彩度指标，色相指标与 SBE 之间无极显著相关。

表 8-11　三分类属性指标与 SBE 相关性

RGB 指标	主色 R	主色 G	主色 B	辅色 R	辅色 G	辅色 B	主辅色 R	主辅色 G	主辅色 B	全色 R	全色 G	全色 B
r	0.182*	0.168*	−0.210**	0.089	0.048	−0.400**	0.256**	0.239**	−0.392**	0.252**	0.233**	−0.408**
HSV 指标	主色 H	主色 S	主色 V	辅色 H	辅色 S	辅色 V	主辅色 H	主辅色 S	主辅色 V	全色 H	全色 S	全色 V
r	0.023	0.479**	0.205**	0.106	0.539**	0.142	0.061	0.528**	0.307**	0.167	0.533**	0.302**

注：** 表示 $p < 0.01$，* 表示 $p < 0.05$。

表 8-12　四分类属性指标与 SBE 相关性

RGB 指标	主色 R	主色 G	主色 B	辅色 R	辅色 G	辅色 B	主辅色 R	主辅色 G	主辅色 B
r	0.122	0.118	−0.303**	0.132	0.150*	0.252**	0.206**	0.194**	−0.349**
HSV 指标	主色 H	主色 S	主色 V	辅色 H	辅色 S	辅色 V	主辅色 H	主辅色 S	主辅色 V
r	−0.041	0.392**	0.167*	0.026	0.399**	0.170*	−0.025	0.454**	0.270**
RGB 指标	主辅点 R	主辅点 G	主辅点 B	主辅阴 R	主辅阴 G	主辅阴 B	全色 R_{IV}	全色 G_{IV}	全色 B_{IV}
r	0.208**	0.193*	−0.364**	0.184*	0.171*	−0.393**	0.182*	0.167*	−0.407**
HSV 指标	主辅点 H	主辅点 S	主辅点 V	主辅阴 H	主辅阴 S	主辅阴 V	全色 H_{IV}	全色 S_{IV}	全色 V_{IV}
r	−0.054	0.462**	0.272**	−0.022	0.489**	0.274**	−0.056	0.486**	0.272**

注：** 表示 $p < 0.01$，* 表示 $p < 0.05$。

比较表 8-11、表 8-12，三分类时，色彩三要素指标（整体平均 $r = 0.533$）与 SBE 的相关性高于色彩面积指标（整体平均 $r = 0.350$）；四分类时，色彩面积指标（$r = 0.497$）与 SBE 的相关性高于色彩三要素指标（$r = 0.479$）。综合看，三分类色彩三要素指标略优于四分类色彩面积指标，与 SBE 相关性最大的均为三分类色彩三要素指标。因此，本研究后续分析以三分类指标为主。

（3）不同色差、离差指标与 SBE 相关性分析

不同色差计算方法所得指标值与 SBE 的相关性有较大差异。由表 8-13 可见，从所选基色情况看，除圆锥公式外，欧式色差、欧式加权色差、偏移指数三组公式外色差指标与 SBE 的相关性均高于内色差指标，本文以下分析均针对外色差。

从四组色差公式计算结果与 SBE 的相关性高低看，HSV 色彩空间的偏移指数与 SBE 相关性最高，其中主辅色偏移指数（$r = -0.515$）与 SBE 的相关性最高、然后为全色偏移指数（$r = -0.492$）、主色偏移指数（$r = -0.439$）。其次为欧式加权色差，其中相关性最高的指标为 HSV 色彩空间的全色欧式加权外色差（$r = -0.365$），然后为主辅色欧式加权外色差（$r = -0.355$）、主色欧式加权外色差（$r = -0.295$）。再次是欧式色差，最高的 HSV 色彩空间的全色欧式外色差，仅为 $r = -0.300$。最后为 HSV 色彩空间的圆锥指标，与 SBE 之间相关性均为 $r < 0.250$，或无显著相关（$p > 0.05$）。此外，用欧式色差公式进行色彩彩度单要素色差计算，所得结果与 SBE 的相关性普遍高于三要素色差指标，依次为全色彩度欧式外色差（$r = -0.533$）> 主辅色彩度欧式外色差（$r = -0.529$）> 主色彩度欧式外色差（$r = -0.479$）。

表 8-13　不同色差公式与 SBE 的相关性

指标	RGB/HSV	主色内色差	主色外色差	主辅色内色差	主辅色外色差	全色内色差	全色外色差
欧氏色差	RGB	0.107	0.124	0.111	0.165*	0.115	0.149*
	HSV	−0.105	−0.243**	−0.142	−0.295**	−0.141	−0.300**
	H	−0.170*	−0.183*	−0.170*	−0.188*	−0.163*	−0.167*
欧氏加权色差	RGB	0.120	0.147	0.143	0.207**	0.148	0.195**
	HSV	−0.122	−0.295**	−0.154*	−0.355**	−0.153*	−0.365**
偏移指数	RGB	–	0.104	–	0.128	–	0.113
	HSV	–	−0.439**	–	−0.515**	–	−0.492**
圆锥	HSV	0.221**	0.149*	0.116	0.133	0.108	0.106

注：** 表示 $p < 0.01$，* 表示 $p < 0.05$。

色彩离差指标与 SBE 的相关性见表 8-14。HSV 色彩离差指标与 SBE 呈负相关，RGB 色彩离差指标与 SBE 呈正相关，HSV 指标与 SBE 的相关性整体高于 RGB 指标。在 HSV 色彩空间指标中，与 SBE 呈极显著负相关的依次有全色色相离差（$r = -0.410$）、全色色相彩度明度离差（$r = -0.327$）、全色彩度离差（$r = -0.310$）、全色明度离差（$r = -0.158$）。

表 8-14　色彩离差指标与 SBE 的相关性

离差 −HSV	全色 H 离差	全色 S 离差	全色 V 离差	全色 HSV 离差
r	−0.410**	−0.310**	0.158**	−0.327**
离差 −RGB	全色 R 离差	全色 G 离差	全色 B 离差	全色 RGB 离差
r	0.228**	0.186*	0.088	0.172*

注：** 表示 $p < 0.01$，* 表示 $p < 0.05$。

比较表 8-13 与表 8-14，整体上色彩离差指标与 SBE 的相关性低于色差指标。

（4）不同色彩空间指标与 SBE 相关性分析

由表 8-10 至表 8-14 可见，不同色彩分类方案、不同色差计算公式下，HSV 色彩指标与 SBE 之间的相关性优于 RGB 色彩指标，无论是极值，还是平均情况，几乎所有指标均为 HSV 优于 RGB。可见 HSV 色彩空间更适合树木色彩问题研究，因此，以下研究选择 HSV 色彩空间进行。

8.3.2.2　色彩指标之间的独立性分析

从每组指标中选取 2～3 个与 SBE 相关系数（r）最大的指标及 $|r| > 0.300$ 的指标，汇总结果见表 8-15。入选指标主要为主色、辅色、主辅色及全色指标，无点缀色指标。从分组上看，与 SBE 相关性最大的有度、偏移指数、相对面积 3 组指标，每组均含有 $|r| > 0.500$ 的特效指标，分别为辅色彩度（$r = 0.539$）、全色彩度（$r = 0.533$）、主辅色偏移指数（$r = -0.515$）、主色相对面积（$r = -0.521$）、全色相对面积（$r = -0.519$）。与 SBE 相关性较大的有明度、色差、欧氏内色差、欧氏外色差、离差及计数 6 组，其中 $|r| > 0.300$ 的指标有 12 个。色相组指标与 SBE 无相关性。

各组间指标相关性较低。除欧氏外色差与色差指标之间最高有 $r = 0.864$ 的正相关、欧氏外色差与偏移指数之间最高有 $r = 0.681$ 的正相关外，其余各组指标间相关性不超过 $r < 0.620$，表明所选指标组的独立性较好，有可能从不同角度有效揭示色彩指标对色彩观赏效应的影响。

表 8-15　色彩指标 pearson 相关系数

组	指标	SBE	主色彩度	辅色彩度	全色彩度	主辅色明度	全色明度	主色相	全色相	主辅色相差	全色相差	主色欧式内色差	主辅欧式内色差	主欧式外色差	全色欧式外色差	主色偏移指数	主辅偏移指数	全色偏移指数	全色色相离差	全色明度离差	主色相对面积	辅色相对面积	全色相对面积	最大色彩分类数
彩度	主色彩度	0.479**	1																					
	辅色彩度	0.539**	0.812**	1																				
	全色彩度	0.533**	0.976**	0.905**	1																			
明度	主辅色明度	0.307**	0.507**	0.503**	0.537**	1																		
	全色明度	0.302**	0.501**	0.505**	0.530**	0.998**	1																	
色相	主色相	0.023	-0.326**	-0.268**	-0.321**	-0.244**	-0.249**	1																
	全色相	0.047	-0.401**	-0.333**	-0.397**	-0.255**	-0.256**	0.814**	1															
色相差	主辅色相差	-0.188**	-0.095	-0.063	-0.092	0.152*	0.168*	-0.015	-0.058	1														
	全色相差	-0.167*	-0.053	-0.043	-0.057	0.137	0.156*	0.048	-0.078	0.954**	1													
欧式内色差	主色欧式内色差	0.362**	0.354**	0.364**	0.372**	0.342**	0.339**	-0.246**	-0.260**	0.288**	0.276**	1												
	主辅欧式内色差	0.316**	0.284**	0.287**	0.296**	0.225**	0.221**	-0.201**	-0.207**	0.324**	0.308**	0.970**	1											
欧式外色差	主欧式外色差	-0.355**	-0.589**	-0.500**	-0.586**	-0.055	-0.037	0.210**	0.210**	0.827**	0.771**	0.038	0.088	1										
	全色欧式外色差	-0.300**	-0.473**	-0.399**	-0.473**	0.043	0.063	0.232**	0.160**	0.850**	0.864**	0.086	0.122	0.964**	1									
偏移指数	主色偏移指数	-0.439**	-0.520**	-0.382**	-0.505**	-0.458**	-0.441**	-0.169*	-0.040	0.519**	0.461**	-0.072	0.013	0.596**	0.527**	1								
	主辅偏移指数	-0.515**	-0.464**	-0.427**	-0.480**	-0.405**	-0.393**	-0.213**	-0.328**	0.530**	0.485**	-0.037	0.035	0.600**	0.540**	0.814**	1							
	全色偏移指数	-0.492**	-0.401**	-0.392**	-0.427**	-0.388**	-0.376**	-0.183**	-0.378**	0.518**	0.541**	-0.016	0.052	0.556**	0.553**	0.764**	0.967**	1						
离差	全色色相离差	-0.377**	-0.493**	-0.456**	-0.518**	-0.243**	-0.218**	-0.121	0.127	0.567**	0.471**	-0.032	0.037	0.687**	0.605**	0.729**	0.574**	0.574**	1					
	全色明度离差	0.150*	-0.050	0.072	-0.005	-0.450**	-0.444**	0.014	-0.030	-0.079	-0.053	-0.021	-0.032	-0.094	-0.110	0.247**	0.186	0.176*	0.069	1				
相对面积	主色相对面积	0.521**	0.234**	0.228**	0.249**	0.013	0.003	0.003	-0.027	-0.129	-0.119	0.499**	0.457**	-0.224**	-0.208**	-0.180*	-0.161*	-0.140	-0.237**	0.113	1			
	辅色相对面积	0.406**	0.230**	0.223**	0.255**	-0.012	-0.023	-0.113	-0.116	-0.119	-0.132	0.395**	0.392**	-0.267**	-0.164*	-0.021	-0.044	-0.043	-0.164*	0.165*	0.745**	1		
	全色相对面积	0.519**	0.121	0.148	0.143	-0.213**	-0.221**	0.043	0.016	-0.170*	-0.147	0.397**	0.374**	-0.221**	-0.219**	-0.042	-0.046	-0.025	-0.188**	0.320**	0.886**	0.743**	1	
计数	最大色彩分类数	0.302**	0.114	0.171*	0.133	0.083	0.092	-0.146	-0.106	0.028	0.036	0.327**	0.333**	-0.060	-0.026	0.092	0.040	0.042	0.039	0.289**	0.421**	0.392**	0.513**	1
指标	最小色彩分类数	0.109	-0.189*	-0.138	-0.201**	-0.288**	-0.282**	0.103	0.181**	-0.081	-0.098	0.059	0.020	0.003	-0.031	0.219**	0.117	0.090	0.163*	0.169*	0.236**	0.275**	0.322**	0.243**

注：** 表示 $p<0.01$，* 表示 $p<0.05$。

组内指标中，离差组、计数组指标因类型有异，相互间相关性较低（$r < 0.243$）；其余8组内指标间相关性高（$r > 0.741$），其原因为指标类型相同，仅有色彩类别之分，而色彩类别之间存在合成关系，如主辅色由主色与辅色合成，全色由主辅色与点缀色合成，因此呈高度正相关。

8.3.2.3 色彩指标对SBE的影响特性

（1）色彩三要素指标

在色彩三要素指标中，彩度、明度指标与SBE有良好的线性关系。彩度越高，色彩越纯粹、鲜艳，SBE越高，如全色彩度与SBE的关系，其他彩度指标类似；明度越高，色彩越明亮，SBE越高，如主辅色明度与SBE的关系。彩度与明度极显著正相关（$r > 0.503$），表明相互间具有一定程度的补偿性。色相与SBE线性无关，但有一定的二次曲线关系，总体呈倒"U"形，色相在居于93基色附近时，SBE最高（图8-7）。

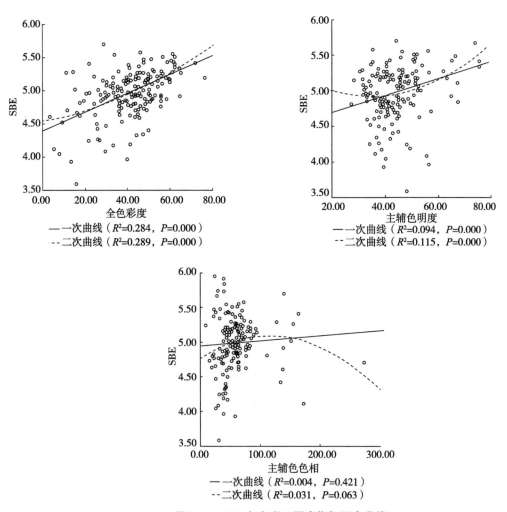

图8-7 SBE与色彩三要素指标拟合曲线

（2）色差指标

色相差、欧氏外色差与偏移指数属单一基色的外色差，三者与SBE有良好的线性关系和二次曲线关系，但SBE随着色差的增加而下降（图8-8）。这是由于在色相处于100附近（黄绿色区域）时，具有较高彩度与明度，SBE 也较高；在偏离 100 时，伴随树木落叶、常绿比例增加，彩度与明度降低，SBE 也降低，而所取的单一基色正位于 100 附近（$H = 93$，$S = 75$，$V = 39$）。

内色差则以 38 个树种基础色期的色彩为基色，分树种计算的欧氏色差。内色差与 SBE 的关系以二次曲线为优（$R^2 = 0.206$），随着内色差的增加，即逐渐偏离基础色（黄绿为主），SBE 呈先平后升变化；内色差与 SBE 也有一定的线性关系，SBE 随着内色差的增加而增加。相比与外色差，由于基色选取的不同，内色差的计算范围限定在树种内，色差的影响是局部性的，而外色差进行全局对比，反映的是全局变化情况。

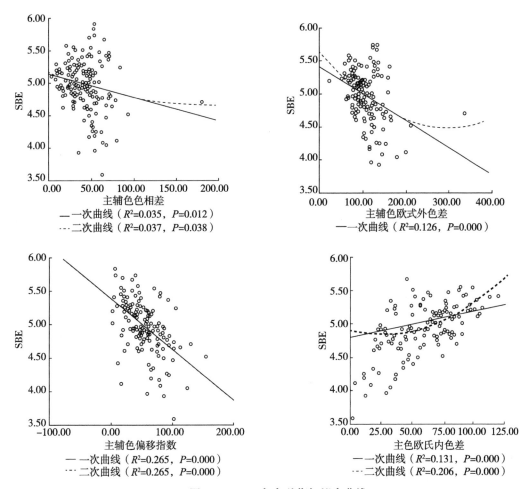

图 8-8　SBE 与色差指标拟合曲线

（3）离差、色彩相对面积与计数指标

由图 8-9 可见，在离差指标中，色相离差与 SBE 呈开口向上的二次曲线关系（$R^2 = 0.196$），在中值附近时，SBE 最低；离差减小或增大，即色相或趋向调和单一或趋向强烈对比时，均有利于提高 SBE。

明度离差与 SBE 呈开口向下的二次曲线关系（$R^2 = 0.032$），以全色明度离差为例，在明度离差范围约三分之二（30.00）处，SBE 最高，随着离差向两侧变化，SBE 降低，即景观中存在明显的明暗对比有利于提高 SBE，但如果明暗对比过于强烈，对提升 SBE 无益。

色彩相对面积与 SBE 有良好的二次曲线关系（$R^2 = 0.326$），以全色相对面积为例，随着取值增大，相当于挂叶率提高，观赏效果提高；挂叶率达到一定程度（0.8）后继续增加，观赏效果不再提高，甚至略微下降。

色彩最大分类数与SBE有良好的二次曲线关系（$R^2 = 0.148$），随着取值增大，即色彩种类增加，丰富度提高，观赏效果最佳；色彩最大分类数达到一定程度（40类）后继续增加，观赏效果下降。

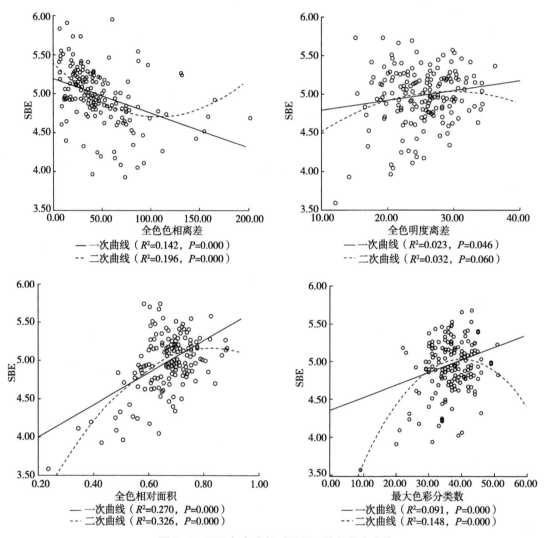

图 8-9　SBE 与色彩相对面积、计数拟合曲线

以上 SBE 单指标拟合分析，是在不考虑其他指标影响状况下的简单分析，所涉色彩指标从不同角度反映了 SBE 随之变化的规律，这些指标对 SBE 的综合影响尚需进一步分析。

8.3.2.4　色彩指标对树木美景度的综合影响体系构建

为筛选影响 SBE 的关键指标，获得 SBE 的综合评价指标体系，并考虑色彩指标与 SBE 之间存在非线性关系，采用二次多项式逐步回归法构建 SBE 评价模型，结果见表 8-16。

表 8-16　观赏效应评价模型指标统计

指标	符号	非标准化系数	标准化系数	偏相关系数	T	p
常量		2.0931	4.9953			
主辅色色相差	X_1	−0.0110	−0.2282	−0.2439	3.2695	0.0013
全色彩度	X_2	0.0197	0.2845	0.4052	5.7615	0.0001
主辅色偏移指数	X_3	−0.0059	−0.1493	−0.4089	5.8251	0.0001
主辅色欧氏外色差	X_4	0.0107	0.3603	0.3320	4.5762	0.0001
全色明度离差	X_5^2	0.0002	0.0440	0.1883	2.4920	0.0137
全色相对面积	X_6	5.1365	0.1555	0.2904	3.9449	0.0001
全色相对面积	X_7^2	−2.600 5	−0.022 1	−0.1924	2.5489	0.0117

　　模型包含的主辅色色相差、全色彩度、主辅色偏移指数、主辅色欧氏外色差、全色明度离差、全色相对面积 6 个指标，构成 SBE 综合评价的指标体系，指标合成形式为：$SBE = 2.0931 - 0.0110X_1 + 0.0197X_2 - 0.0059X_3 + 0.0107X_4 + 0.0002X_5^2 + 5.1365X_6 - 2.6005X_7^2$。模型调整后决定系数 $R^2 = 0.807$，$F = 47.626$，$df = (7,169)$，$p = 0.000 \sim 0.0137$，共线性检验结果可接受，指标容忍度在 0.125 ~ 0.857 之间。

　　主辅色欧氏外色差与 SBE 的 Pearson 相关为负值（表 8-15），而偏相关为正值（表 8-16），作用方向相反，这是由于偏相关考虑了指标间相互影响所致。与主辅色欧氏外色差有关联影响的至少有主辅色色相差和主辅色偏移指数，且这 2 个指标与 SBE 呈负偏相关，从标准化回归系数及指标的计算方法分析看，欲使观赏效应提高，唯有降低色相差，提高彩度、明度差并尽可能形成"补偿"关系，即彩度差与明度差正负符号相反。除主辅色欧氏外色差外，其他指标偏相关与 Pearson 相关的符号一致。由图 8-7 至图 8-9 有关模型指标与 SBE 的拟合曲线可得，对应 SBE 达到最大时的指标理论取值，如全色彩度，其值越高，SBE 越大，但考虑取值范围，最大取值为 75；全色相对面积，与 SBE 呈二次曲线关系，在 85 附近 SBE 取最大值；主辅色欧式外色差、主辅色偏移指数，主辅色色相差与 SBE 呈线性关系，其色差越小，SBE 越高，其值分别可取 120、0、20 附近时，SBE 最高；全色明度离差取 25 时，SBE 最高。

　　综合模型全部指标可见，林木挂叶率较高、色相接近于黄绿区域、全色色彩纯粹鲜艳、明度层次分明，且主辅色彩度与明度两个因素中，一方对比强烈而另一方调和的色彩景观，观赏效果好。

8.3.3　小　结

8.3.3.1　结　论

（1）不同色彩空间、不同量化方法所得指标与 SBE 的相关性高低比较结果显示：HSV 色彩空间指标高于 RGB 色彩空间指标；树木照片按主色、辅色、点缀色等分类提取的色彩指标，略优于不分类提取指标，主色＋辅色＋点缀色三分类指标高于主色＋辅色＋点缀色＋阴影色四分类指标；色差指标与 SBE 的相关性整体高于离差指标；色彩外色差指标与 SBE 的相关性整体高于内色差指标；四组色差公式所得色差与 SBE 的相关性由大到小为：偏移指数＞欧氏加权色差＞欧氏色差＞圆锥色差。

（2）将样本色彩划分为不同类型（主色、辅助色、点缀色），再按类合成，实现了色彩指标

的分析计算。从彩度、偏移指数、相对面积 3 个指标组中得到了分析评价 SBE 的特效指标 5 个：辅色彩度（$r = 0.539$）、全色彩度（$r = 0.533$）、主辅色偏移指数（$r = -0.515$）、主色相对面积（$r = -0.521$）、全色相对面积（$r = -0.519$）；从明度、色相差、欧氏内色差、欧氏外色差、离差及计数 6 个指标组中得到有效指标（$|r| > 0.300$）12 个。各组间指标相关性较低，除欧氏外色差与色相差、偏移指数之间有较高的正相关外，其余各组指标间独立性较好（$r < 0.620$）。普遍呈高度正相关为组内类型相同、仅有色彩类别之分的指标。

（3）三要素指标中，彩度、明度指标与 SBE 有良好的线性关系，色相与 SBE 线性无关，转换为色相差后，与 SBE 呈显著相关。色差指标物理意义明确，是实现色彩指标降维量化、提升效能的有效指标。色相差、欧氏外色差及偏移指数均属单一基色的外色差，与 SBE 有良好的线性递减关系；欧式内色差与 SBE 则呈线性递增关系或先平后升的二次曲线关系。色差指标对 SBE 的作用，与基色选取和计算方式有关。色相离差、明度离差、色彩相对面积、最大色彩分类数与 SBE 的关系均以二次曲线为优。

（4）色彩观赏效应评价模型为二次多项式：

SBE = $2.0931 - 0.0110X_1 + 0.0197X_2 - 0.0059X_3 + 0.0107X_4 + 0.0002X_5^2 + 5.1365X_6 - 2.6005X_7^2$ 模型包含的 6 个指标——主辅色色相差、全色彩度、主辅色偏移指数、主辅色欧氏外色差、全色明度离差、全色相对面积，可作为色彩观赏效应综合评价的指标体系。综合模型全部指标可见，林木挂叶率较高、色相接近于黄绿区域、全色色彩纯粹鲜艳、明度层次分明，且主辅色彩度与明度两个因素中，一方对比强烈而另一方调和的色彩景观，观赏效果好。

8.3.3.2 讨　论

（1）森林色彩丰富多样，研究样本一般含有众多色彩成分，目前通行做法是将样本色彩单一化处理，可能丢失有用信息。本文在逐一提取色彩成分指标值的基础上，借用视觉艺术设计领域色彩配置原理，将样本色彩划分为不同类型（主色、辅助色、点缀色、阴影色），再按类合成，结果部分分类指标，如三分类辅色彩度、三分类主辅色明度、四分类主色面积等比相应全色指标（相当于均一化色彩指标值）更优，实现了色彩指标的分析计算，得到了 17 个有效指标（$|r| > 0.300$），表明色彩分类分析有可能起到优化指标的作用。而对林木群体对象是否具有适用性，有待研究证实。本文比较研究了不同色彩空间、不同量化方法所得指标与 SBE 的相关性，其中 HSV 色彩空间优于 RGB 色彩空间，可能是因为 HSV 属于根据人类直观视觉特性而建立，色彩空间与视觉效应线性关系良好，因此在森林美学研究中广泛应用。

（2）色彩三要素指标中，彩度与观赏效应的相关性高于明度，高于色相，与秦一心（2016）"明度变化对观赏效应影响最大"的研究结论有异，可能与研究材料选取有关。本文以北方秋色叶树木为对象，与南方树木样本有别。北方秋色叶树木彩度较高（40～60）且变化范围较大（10～70），相比之下明度较低且集中（35～55），因此，北方秋色叶树木色彩的鲜艳明亮主要由彩度变化而引起。

（3）色彩量值的三维矢量特征，导致色彩量化问题复杂、指标效能不高，寻求有效的合成指标是色彩美学研究的重要课题。本文在色彩三要素、色彩相对面积及计数指标的基础上，引入色差、离差指标，明确其物理意义，并证实与观赏效应间极显著相关，对实现色彩降维量化、提升指标效能有一定意义。色差、离差指标值的获取均基于 HSV 色彩三要素值，属于可计量指标，具有更强的客观性、可重复实验性。

色差指标中，色相差、欧氏外色差及偏移指数均属单一基色的外色差，与 SBE 有良好的线性关系，但曲线为减函数，随着色差的增加，SBE 下降，与预想不符。这主要是由于基色的彩度、明度较高，随着色差增大，色彩向红色或蓝紫方向移动，树木落叶与常绿比例增加，彩度、明度下降，SBE 反而下降，体现了 SBE 影响因素的复杂性，不但受色相，还受彩度与明度，甚至枝叶密度、树形因子的综合影响。与外色差不同，内色差的计算限定在树种内，是树木色彩与各自基色（黄绿色为主）的色差，内色差与 SBE 则呈正相关关系。由此可见，色差指标对 SBE 的作用方向，与基色选取有关。

（4）利用二次多项式多元回归，建立了 SBE 评价模型，$R^2 = 0.807$，与同类研究结果相当，但模型所含指标数量减少，表明本文所设的指标综合效用较高。

由于研究所用的样本树木多样，色彩与树形结合在一起（陈勇等，2014；李逸伦等，2018），相应两类因子难以完全分离；尽管 SBE 评判时要求针对色彩因子，但实际评判过程中不能完全排除树形的影响，为验证此设想，尝试引入"树形整齐性"指标，可使模型拟合效果提高（$R^2 = 0.863$），反映了色彩评价的复杂性。如采用色彩、树形等多类型指标综合评价，应该能进一步提高回归模型的精度，有待于今后研究。

（5）色彩特征指标的构建与计量是林木色彩评价的关键，目前尚处于尝试阶段，尚未形成学科认可的研究手段。林木色彩，无论是通过实体，还是影像呈现，本质上都是以空间为载体，可以分解为一系列不同大小的空间单元，一幅数字化色彩图像需要一个多维数组才能完整描述。目前，技术上可以实现这类数据的提取、存储和分析，并已成功应用于图像识别、分类、检索（邢强等，2002；员伟康等，2016；卢洪胜等，2021），但还无法在色彩量化分析，特别是在评价研究中直接应用。在当前的色彩指标研究中，像无限可分的时间序列一样，色彩图像也是通过提取特征统计量来量化描述，如颜色矩（color moments），包括均值、方差、偏度（skewness）、峰度（kurtosis）、能量（energy）等，反映的是色彩的数量分布状态，却丢失了色彩的空间位置信息、指标之间的联系状态，如最大明度与其所对应的色相很可能分开量化成不相关的两个指标，这是当前色彩指标量化的通行做法，也是尚未逾越的难题。

8.4　森林色彩景观格局对观赏效应的影响

色彩作为重要的构景因子受到重视。在视觉质量评价中，大多取色彩种类、数量、面积比例等数量指标，或与色调、明度、色相等相关的色彩属性指标进行分析研究、统计建模等（郑宇等，2016）。事实上，在色彩数量与属性相同或相似的条件下，不同的空间格局将产生截然不同的视觉效果，但由于表征空间格局的指标量化较为困难，目前相关研究较少，或者采用描述方法避免量化计算，如赵秋月（2018）在福州市西湖公园园林林木景观评价研究中，将主色格局分为较差、一般、合理 3 级。

随着地理学、景观生态学与计算机技术的发展，景观空间分析方法已趋成熟，其中景观格局指数作为景观空间结构与景观异质性的定量描述工具，在景观格局与生态效应相关关系研究中取得了丰硕成果（史久西等，2009；傅伯杰等，2002；King A W et al.，2002），能否借此工具开展森林色彩格局量化研究，建立其与观赏效应之间的联系，正引起学者注意（毛斌等，2015；刘丽莉，2004；Schirpke U et al.，2013）。但相关工作刚刚起步，研究对象尺度较小、指标类型有限，研究结论有待验证、深入和完善。本研究以长三角地区森林色彩景观为对象，在小班、林班尺度下研究森林色彩景观格局指数（简称色彩格局指数）、色彩属性指标对观赏效应的影响，为该尺度下森林色彩格局配置提供指导，也为大尺度自然演替过程中，林木景观变化的分析提供借鉴。

8.4.1 研究方法

8.4.1.1 研究区选择

森林图片主要摄自杭州市富阳区环山乡、龙门镇、洞桥镇和淳安县威坪镇。场景为山地森林秋季景观，在 200~500m 中等视距下，以一至数个小班为视野范围，用 Canon 5D 105mm 镜头摄取森林全景（不含天空）图片，并选出典型图片 40 张作为研究样本。所选图片在色彩性质上尽量一致，均以红、黄色系为目标颜色，绿色为底色，而在色彩斑块数量、大小、形状、空间排列方式上尽量有所区别，以突出色彩格局变化与影响。同时，为丰富色彩格局类型，按上述条件要求从网络媒体上筛选长三角地区森林景观图片 20 张以作补充，总计 60 张。

8.4.1.2 图片色彩分类

利用 Photoshop 软件，根据图底关系和面积大小，将画面色彩分为主色、辅色、点缀色、背景色 4 类。其中主色为画面中占优势的彩色色系；辅色为有一定面积的彩色色系；点缀色为除主色、辅色、背景色外的其他色系。其中背景色为森林绿色底色（景观基底），指照片画面占比最大（＞50%）的色彩、主色指画面占比次大的色彩、辅助色指画面占比次小的色彩、点缀色指画面占比最小（＜5%）的色彩。

此 3 类色系形成 3 个色彩斑块类型，是本研究的主要对象，三个色系叠加后形成全色，用于景观水平色彩格局指数计算。背景色为森林绿色底色（景观基底），不参与指数计算（图 8-10）。

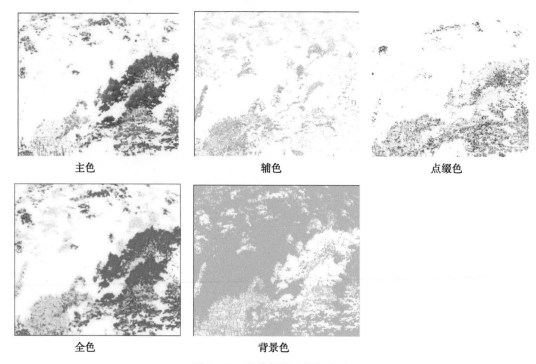

主色　　　　　　　　　辅色　　　　　　　　　点缀色

全色　　　　　　　　　背景色

图 8-10　图片色彩分割与合成

8.4.1.3　色彩指标构建

以色彩格局指数为主，兼顾少量色彩属性构建色彩指标。景观格局指数分为两个类型，即景观水平（Landscape-level）格局指数和斑块（Class-level）水平格局指数（傅博杰等，2002），前者基于全色斑块计算，后者对主色、辅助、点缀色 3 类斑块分别计算（图 8-11）。将色彩分类结果按类导出，通过中间软件 CAD 转化为 dwg 文件，实现矢量化。矢量文件 dwg 由 ArcMap 读取，滤去对视觉影响不大的细小色斑，制作栅格文件（图 8-10），调用 Fragstics 计算色彩格局指数。

为开展不同指标类型与观赏效应间的关系分析，选择色相、彩度、明度和色差为色彩属性指标，基于线性色彩空间 HSB（Hue、Saturation、Brightness），利用 ColorImpact 软件分别提取图片样本主色、辅色、点缀色的 H（色相）、S（彩度）、B（明度）及所占面积值，并以面积值为权合成全色三要素值即全色色相、全色彩度、全色明度。

（1）景观水平森林色彩格局指数

全色相对面积：景观中主色、辅色、点缀色色彩之和、色彩面积占画面总面积的百分率。

最大斑块相对面积：景观中最大斑块的面积占景观总面积的百分比。

景观丰度：景观中所有斑块类型的总数。

斑块数量：景观中所有斑块的总数，是表征景观破碎度的简单指标。

斑块密度：景观单位面积内的斑块数。

边缘密度：景观单位面积内斑块边界的总长度。

平均斑块大小：所有斑块平均面积，指景观尺度中某类景观要素斑块面积的算术平均值。

平均斑块方差：景观中所有斑块面积的方差，反映斑块规模的变异程度。

平均（斑块）形状指数：景观中所有斑块周长与等面积的圆周长之比，用来衡量斑块形状与圆形的相差程度。

平均斑块分维数：景观中所有斑块的形状复杂程度，其值越大，斑块形状越复杂。

周长面积比：反映斑块形状的圆满度和复杂性，周长面积比越大，斑块越狭长，边缘越复杂。

蔓延度指数：表征景观中不同斑块类型的聚集程度或延展趋势，其值越大，表明斑块的连接性越好，聚集程度越高。

相似毗邻百分比：景观中趋于相互领接的斑块数占总斑块数的比例。该指标值越大，表明斑块聚集度越大，反之，斑块趋向分散。

斑块结合度：反映所有斑块类型的物理连接度，当该类型的斑块分布的聚集度增加时，斑块结合度指数值增加。

分离度指数：景观中不同斑块个体分布的离散程度。该指标值越大，表示斑块越离散，斑块间距离越大。

香侬多样性指数：景观尺度上等于各类斑块的面积比乘以其值的自然对数之后的和的负值。该指标值越大，表明景观中的斑块类型增加或各类型斑块趋向均衡化分布。

斑块聚合度：反映了一定数量的景观要素在景观中的相互分散性。该指标值越大，代表景观聚合程度越高。

森林色彩分布模式：本研究设计的表示森林色彩分布特点一个自定义指标，具体是森林色彩分布，分为波纹、聚散、集聚、点从、分散 5 个模式（表 8-17，图 8-11），并按自然性、秩序性、疏密感由高到低的次序排序，按刘丽莉（2004）排序数据量化的方法进行量化。

表 8-17　森林色彩分布模式描述

模式	排序	说明	计算
波纹	1	色彩斑块呈纵、横或斜向的自然波纹分布，形成一定肌理，秩序良好	−1.2816
聚散	2	色斑有大块聚集，也有小块或点状分散，疏密有致，色彩边界自然，秩序性较好	−0.5244
集聚	3	色彩大块状集聚，边界曲折自然，疏密感较差，秩序性无	0.0000
点丛	4	绿色基底中色彩成分呈单株或数株丛状分布，主题突出，视点集中	0.5244
分散	5	色彩斑块较小且大致相等，点状分布，间隔距离基本一致，似满天星，自然性与疏密感较差，秩序机械	1.2816

波纹模式　　　　　　　　　　　聚散模式

集聚模式　　　　　　　　点丛模式　　　　　　　　分散模式

图 8-11　森林色彩分布模式

（2）斑块水平森林色彩格局指数

主色相对面积、辅色相对面积、点缀色相对面积：主色、辅色、点缀色面积占色彩斑块总面积的百分比。

主色边缘密度、辅色边缘密度：分主色、辅色计算的边缘密度。

主色形状指数、辅色形状指数：分主色、辅色计算的形状指数。

主色平均斑块分维数、辅色平均斑块分维数：分主色、辅色计算的平均斑块分维数。

（3）森林色彩属性指标

①主色彩度、辅色彩度：利用 ColorImpact 软件提取。

②主色明度、辅色明度：利用 ColorImpact 软件提取。

③全色明度：主色、辅色、点缀色的明度值的加权平均值：

$$PB = \frac{B_a M_a + B_b M_b + B_c M_c}{M_a + M_b + M_c}$$

（8.9）

式中：PB 为全色明度值；B_a、B_b 和 B_c 分别为主色、辅色和点缀色的明度值；M_a、M_b、M_c 分别为主色、辅色、点缀色的相对面积。

④全色彩度：主色、辅色、点缀色的彩度值的加权平均值。

⑤主色、辅色、全色色差：按下式计算。

$$D = \sqrt{(H_b - H_t)^2 + (S_b - S_t)^2 + (B_b - B_t)^2} \tag{8.10}$$

式中：D 为色差；H_b、S_b、B_b 分别为背景色的色相、彩度、明度三要素值；H_t、S_t、B_t 为目标颜色（主色、辅色、全色）三要素值。

8.4.1.4 美景度评价

按美景度评价法，将样本照片共 60 张排成活动展板作为评价媒体。利用李克特（LIKERT）五分量表法设计评价标度，即：很差（1 分）、差（2 分）、一般（3 分）、好（4 分）、很好（5 分），评判时提示参评者主要针对色彩格局进行美景度判分。对景观美景度的众多研究表明，不同背景人群对同一景观的评价无显著差异（Tahvanainen L et al., 2001），因此组织林学、园林学专业本科生、研究生共 240 人参与评判，结果回收有效问卷 238 份。

8.4.1.5 数据处理

SBE 评价值采用平均值法计算。借助 SPSS 软件进行色彩格局指数、色彩属性指标与 SBE 值的 Pearson 相关分析和逐步回归分析，筛选指标，建立观赏效应评价模型。

8.4.2 结果与分析

8.4.2.1 色彩指标对观赏效应的影响

通过 Pearson 相关性分析，对 36 个色彩格局指数和色彩属性指标进行初步筛选，保留 22 个与 SBE 相关性较大的指标，结果列于表 8-18。

色彩格局指数与 SBE 的相关性分析结果表明：与 SBE 呈显著正相关的有点缀色相对面积（$r = 0.311$）和平均斑块分维数（$r = 0.322$），与 SBE 呈显著负相关的是最大斑块相对面积（$r = -0.331$）；而辅色相对面积（$r = 0.451$）、景观丰度（$r = 0.655$）与 SBE 呈极显著正相关，主色相对面积（$r = -0.390$）和森林色彩分布模式（$r = -0.690$）则为极显著负相关。

表 8-18 所选 21 个指数中，景观水平的指数数量（16 个）大于斑块水平的指数数量（3 个），两个水平的指数与 SBE 相关性最高的前 3 个指数分别为森林色彩分布模式（$r = -0.690$）、景观丰度（$r = 0.655$）、蔓延度指数（$r = -0.398$）和辅色相对面积（$r = -0.451$）、主色相对面积（$r = -0.390$）、点缀色相对面积（$r = -0.311$），可见，景观水平指标与 SBE 的相关性高于斑块水平指数。

色彩属性指标中，除全色明度与 SBE 极显著正相关（$r = 0.482$）外，其他指标与 SBE 的相关性不显著，表明通过样本选择和提示性评判引导，较好地控制了色彩属性指标对观赏效应的影响。

表 8-18 所选指数、指标之间相关性较为复杂，斑块聚合度、相似毗邻百分比和斑块数量 3 个指数，两两之间均有极显著正相关（$r > 0.700$）；全色色差、边缘密度和周长面积比 3 个指数、指标间均极显著正相关（$r > 0.800$）；主色相对面积与蔓延度指数间极显著正相关（$r = 0.862$，$p < 0.01$）、蔓延度指数与香侬多样性指数间极显著负相关（$r = -0.862$）、主色相对面积与香侬多样性指数间有极显著负相关（$r = -0.866$），其他指数间相关性相对较低。

取主色相对面积、辅色相对面积、景观丰度、香侬多样性指数、蔓延度指数和森林色彩分布

表 8-18　色彩格局指数、色彩属性指标与 SBE 间的 Pearson 相关系数

指标	Y	X_1	X_2	X_3	X_4	X_5	X_6	X_7	X_8	X_9	X_{10}	X_{11}	X_{12}	X_{13}	X_{14}	X_{15}	X_{16}	X_{17}	X_{18}	X_{19}	X_{20}	X_{21}	X_{22}
X_1	0.263	1																						
X_2	-0.390**	-0.368*	1																					
X_3	0.451**	0.358*	-0.452**	1																				
X_4	0.311*	0.313*	-0.751**	0.414**	1																			
X_5	-0.331*	-0.032	0.663**	-0.199	-0.467**	1																		
X_6	0.655**	0.149	-0.319*	0.240	0.243	-0.297*	1																	
X_7	-0.690**	0.065	0.201	-0.396**	-0.210	0.173	-0.482**	1																
X_8	0.193	0.048	-0.244	0.001	0.219	-0.362*	0.335*	-0.216	1															
X_9	0.230	0.033	-0.242	0.014	0.242	-0.102	0.201	-0.238	0.209	1														
X_{10}	-0.156	-0.132	0.219	-0.090	-0.100	0.328*	-0.173	0.166	-0.135	-0.177	1													
X_{11}	-0.249	0.207	0.045	-0.066	-0.055	0.125	-0.054	0.276	0.151	-0.189	0.514**	1												
X_{12}	0.322*	0.095	-0.151	0.307*	0.167	-0.030	-0.022	-0.158	-0.298*	-0.094	0.007	-0.043	1											
X_{13}	-0.166	0.037	-0.053	-0.091	-0.016	0.120	0.048	-0.099	0.000	0.818**	-0.275	-0.306*	-0.096	1										
X_{14}	-0.398**	-0.343*	0.862**	-0.418**	-0.492**	0.587**	-0.423**	0.295*	-0.293	-0.321*	0.265	0.001	-0.004	-0.123	1									
X_{15}	0.263	0.309*	-0.154	0.083	0.108	0.394*	-0.138	0.188	-0.716**	-0.034	0.209	0.044	0.216	0.115	-0.079	1								
X_{16}	-0.250	0.244	0.191	0.076	-0.113	0.628**	-0.330*	0.205	-0.587**	-0.011	0.239	0.131	0.283	0.160	0.236	0.642**	1							
X_{17}	0.235	-0.117	-0.422**	0.014	0.333*	-0.761**	0.317*	-0.145	0.446**	0.038	-0.176	-0.107	-0.110	-0.169	-0.371*	-0.411**	-0.723**	1						
X_{18}	0.352*	0.325*	-0.866**	0.379**	0.736**	-0.576**	0.413*	-0.341*	0.358*	0.381*	-0.253	-0.056	-0.081	0.137	-0.862**	0.089	-0.293	0.574**	1					
X_{19}	0.161	0.298*	-0.158	0.082	0.107	0.383*	-0.139	0.187	-0.722**	-0.035	0.202	0.038	0.214	0.113	-0.085	0.999**	0.630**	-0.516**	-0.407**	1				
X_{20}	0.482**	0.222	-0.355*	0.683**	0.204	-0.160	0.273	-0.486**	-0.031	-0.064	0.001	-0.104	0.174	-0.119	-0.444**	0.118	0.001	0.189	-0.026	0.347*	1			
X_{21}	0.240	0.038	-0.230	0.057	0.217	-0.090	0.141	-0.213	0.119	0.967**	-0.159	-0.187	0.096	0.814**	-0.289	-0.003	0.071	0.140	-0.027	0.290	-0.005	1	

注: **$p<0.01$; *$p<0.05$; 指标含义: Y: 观赏效应值（SBE）; X_1: 色彩丰度; X_2: 森林色彩分布模式; X_3: 斑块数量; X_4: 边缘密度; X_5: 平均斑块大小; X_6: 最大斑块相对面积; X_7: 斑块相对面积; X_8: 景观丰度; X_9: 香农多样性指数; X_{10}: 点缀色相对面积; X_{11}: 平均斑块方差; X_{12}: 平均斑块分维数; X_{13}: 最大斑块指数; X_{14}: 蔓延度指数; X_{15}: 相似毗邻百分比; X_{16}: 斑块结合度 P; X_{17}: 分离度指数; X_{18}: 香农多样性指数; X_{19}: 香农均匀度指数; X_{20}: 斑块聚合度; X_{21}: 全色明度; X_{22}: 全色差。

模式这 6 个与 SBE 相关性较大的指标，进行 SBE 单指标拟合，结果显示，二次曲线略优于线性模型，但差别不显著。主色相对面积、辅色相对面积、景观丰度、香侬多样性指数、蔓延度指数拟合曲线开口向下，表明在指标取值适中时，SBE 值最佳；森林色彩分布模式拟合曲线开口向上，在指标取值较大或较小时，SBE 时最佳（图 8-12）。

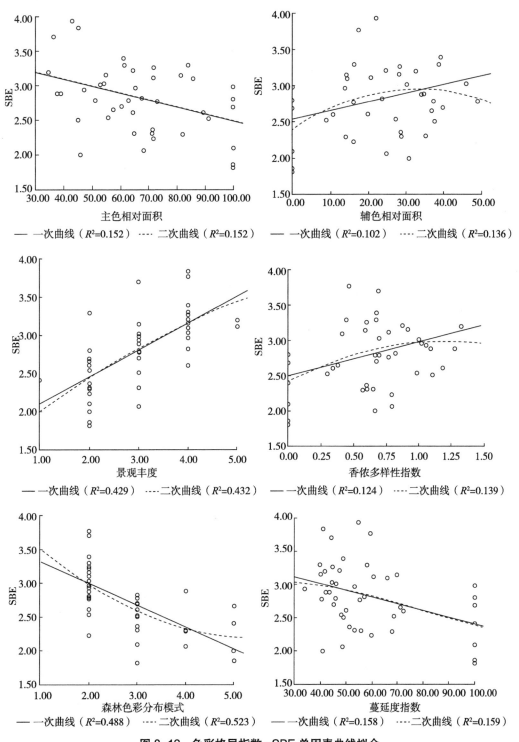

图 8-12　色彩格局指数 -SBE 单因素曲线拟合

8.4.2.2 基于色彩格局指数的观赏效应评价模型

（1）模型与检验

以表 8-18 指标为自变量，SBE 值为因变量，通过逐步线性回归自动筛选指标建立统计模型，结果有全色相对面积（X_1）、主色相对面积（X_2）、景观丰度（X_6）、边缘密度（X_9）、周长面积比（X_{13}）、斑块结合度（X_{16}）、香侬多样性指数（X_{18}）、相似毗邻百分比（X_{15}）、森林色彩分布模式（X_7）9 个指数进入观赏效应评价模型：

$$Y = 11.5614 + 0.0051X_1 - 0.0148X_2 + 0.1893X_6 + 0.0001X_9 - 0.0000043X_{13} - 0.1052X_{16} - 1.1058X_{18} + 0.0271X_{15} - 0.4862X_7$$

该模型 $R^2 = 0.8344$，$F = 18.9898$，$p < 0.05$。指标容忍度大于 0.1645，有的接近 1，表明指标共线性现象可接受（表 8-19）。

模型拟合效果较好，但进入的指标较多，说明了色彩格局效应影响因素的复杂性，很难通过少量指标来反映。进入模型的 9 个指标全为色彩格局指数，色彩属性指标由于不满足独立性和回归结果最优化要求被舍去。

模型分析可见，全色相对面积高但主要相对面积较小、色斑边缘曲折自然且形状趋向圆满、色彩丰富但空间分布不均匀、趋向聚集又不完全连成一体、色斑镶嵌自然有序的森林色彩景观的观赏效应高。

表 8-19　观赏效应评价模型指标统计

指标	符号	非标准化系数	标准化系数	T	显著性	偏相关	指标容忍度
常数		11.5614		2.8449	0.0074		
全色相对面积	X_1	0.0051	0.2164	2.3647	0.0237	0.3712	0.6903
主色相对面积	X_2	−0.0148	−0.5772	−3.6149	0.0009	−0.5214	0.2268
景观丰度	X_6	0.1893	0.3500	3.6589	0.0008	0.5260	0.6320
边缘密度	X_9	0.0001	0.4254	2.6387	0.0123	0.4073	0.2225
周长面积比	X_{13}	−0.0000043	−0.3651	−2.4758	0.0183	−0.3860	0.2659
斑块结合度	X_{16}	−0.1052	−0.2855	−2.3069	0.0271	−0.3633	0.3775
香侬多样性指数	X_{18}	−1.1058	−0.8043	−4.2898	0.0001	−0.5870	0.1645
相似毗邻百分比	X_{15}	0.0271	0.3356	2.9232	0.0060	0.4430	0.4386
森林色彩分布模式	X_7	−0.4862	−0.6333	−6.7594	0.0000	−0.7525	0.6587

（2）模型指标贡献率分析

由表 8-20 标准化系数绝对值可得，进入模型的 9 个色彩格局指标中，对观赏效应影响最大的是香侬多样性指数，其次是森林色彩分布模式，最小的是全色相对面积，大小次序为香侬多样性指数 > 森林色彩分布模式 > 主色相对面积 > 边缘密度 > 周长面积比 > 景观丰度 > 相似毗邻百分比 > 斑块结合度 > 全色相对面积。这些指标可分为两类，一类与斑块形状、空间分布无关，可称为数量指数，包含全色相对面积、主色相对面积和景观丰度；另一类与斑块形状、空间分布有关，可称为空间指数，包含边缘密度、周长面积比、斑块结合度、香侬多样性指数和相似毗邻百分比。各指标对模型的贡献率见表 8-20，其中数量指数、空间指数的贡献率分别为 28.64%、71.36%。

表 8-20　模型指标贡献率

指标	标准化系数	绝对值	贡献率（%）
全色相对面积	0.2164	0.2164	5.42
主色相对面积	−0.5772	0.5772	14.46
景观丰度	0.3500	0.3500	8.76
小计			28.64
边缘密度	0.4254	0.4254	10.65
周长面积比	−0.3651	0.3651	9.14
斑块结合度	−0.2855	0.2855	7.15
香侬多样性指数	−0.8043	0.8043	20.14
相似毗邻百分比	0.3356	0.3356	8.41
森林色彩分布模式	−0.6333	0.6333	15.86
小计			71.36
合计		3.9928	100

8.4.3　小　结

8.4.3.1　结　论

（1）Pearson 相关分析显示，观赏效应（SBE）与色彩格局指数、色彩属性指数存在显著、极显著相关性，如最大斑相对比（$r = -0.331$）、平均斑块分维数（$r = 0.322$）、香侬多样性指数（$r = 0.352$）、景观丰度（$r = 0.655$）、蔓延度指数（$r = -0.398$）、森林色彩分布模式（$r = -0.690$）、全色明度（$r = 0.482$）等。

（2）景观水平指数与 SBE 的相关性高于斑块水平指数；全色属性指标与 SBE 的相关性高于主色、辅色属性指标。从指标之间的相关性看，全色色差、边缘密度和周长面积三者间均有极显著正相关（$r > 0.800$）；主色相对面积与蔓延度指数（空间指数）间有极显著正相关（$r = 0.862$）、蔓延度与香侬多样性指数间有极显著负相关（$r = -0.862$）、主色相对面积与香侬多样性指数间有极显著负相关（$r = -0.866$），表明某些空间指数在一定程度上可由色彩属性指标或数量指标替代。

（3）进入 SBE 评价模型的 9 个色彩格局指标，有全色相对面积、主色相对面积、景观丰度、边缘密度、周长面积比、斑块结合度、香侬多样性指数、相似毗邻百分比和森林色彩分布模式。模型显示，全色相对面积高但主色相对面积较小、色斑边缘曲折自然且形状趋向圆满、色彩丰富但空间分布不均匀、趋向聚集又不完全连成一体、色斑镶嵌自然有序的森林色彩景观的观赏效应高，此结果可供实践参考。模型指标中，数量指数和空间分布指数的贡献率分别为 28.64%、71.36%。

8.4.3.2　讨　论

（1）色彩格局指数、色彩属性指数与观赏效应（SBE）间线性关系良好，但部分指标的二次曲线略优，与毛斌（2015）等的结论相似；香侬多样性指数、蔓延度指数等指标表现为适度时观赏效应最高，极端取值均为观赏效果不佳。

（2）色彩格局指数、色彩属性指标与观赏效应（SBE）之间存在一定的相关关系，但未发现

$r > 0.700$ 的指标，与毛斌（2015）等的研究结论一致，现有景观格局指数还有局限性，不足以更有效地指示观赏效应。反映在 SBE 评价模型上，虽然依赖色彩格局指数开展色彩观赏效应评价在一定程度上可行，但进入模型的指标较多，而拟合精度并不是特别高，今后还需进一步优化模型，寻找、设计特效指标。

（3）本研究提出的"森林色彩分布模式"指标对 SBE 的影响极为显著（$r = -0.690$），因森林色彩格局秩序性、自然性、疏密感的不同，观赏效应呈规律性变化。由此设想反映色彩单元在一些方向上重复排列而形成某种秩序的景观格局指数，很有可能是评价景观效应的特效指标，但目前这类指标尚缺少定量研究，有待进一步深入。

第 9 章

森林色彩景观营建

森林色彩景观的营建是森林色彩研究的基本目的，它以森林色彩形成、传播与观赏效应变化规律为指导，以色彩配置技术为核心，同时遵循一般的林学与森林美学原则。本章在色彩原理研究的基础上，提炼总结森林色彩配置技术，同时就彩色森林景观营造、作业区选择等相关方面进行适当扩展研究。

9.1 森林色彩配置

森林色彩随载体材料、环境条件和时空差异而变化，并随利用和观赏需求而取舍，森林色彩配置是一个对应不同尺度层次和应用场合的技术体系，本节以中亚热带山地秋季森林为主阐述。

9.1.1 森林色彩景观营建原则

9.1.1.1 效益最优
（1）生态优先：彩色森林以原生态功能较差的地块为建设对象，采取的营建措施及其长期作用，应有利于增强森林的生态和环境保护功能，不应对生态系统造成不利影响。

（2）健康经营：遵循地带性植被发生、演替规律，科学造林，近自然经营，减少后期管理的投入。

（3）适地适度：适地适景、规模适度，满足景观需求，适度建设彩色森林，避免过度建设。

（4）效益多样：以区域景观美化为主导目标，同时兼顾生态服务、林副产品生产等效益。

9.1.1.2 适地适林
根据立地与管理条件差异，营建不同类型的彩色森林：

（1）立地条件较好、管理不便的地块，宜营建珍贵彩色林，可营建观花观果型彩色生态林。

（2）立地条件较好、管理方便的地块，可营建彩色经济林。

（3）立地条件一般的地块，宜营建彩色生态林（乔木林）。

（4）立地条件差、难以形成乔木林的地块，可营建彩色灌木林。

9.1.1.3 营建方式
根据建设区块原有植被状况，选择造林或林相改造方式：

（1）疏林地、迹地（采伐迹地、火烧迹地及其他迹地）、宜林地（规划造林地、造林失败地及其他宜林地）等，可进行人工更新或人工造林。

（2）色彩缺乏、林相单一或功能、效益低下的林分，宜林相改造。

9.1.2 树种材料选择

彩色树种是指叶、花、果、干等器官有一种或一种以上，常年或随季节变化显著呈现白、黄、粉、红、紫等非绿色彩的树种。

9.1.2.1 总体要求

从树种适应性，生态、经济服务功能上满足如下要求：

（1）适地适树，选择乡土树种为主。

（2）优先选择乔木树种，主林层尽可能选择高大乔木。

（3）兼顾效益，选择景观生态树种、珍贵树种和经济树种。

（4）花园、果园等上层配植，宜选择冠幅较窄、枝叶稀疏、胁地小的树种。

（5）非山地彩色林可部分选择驯化成功的外来树种。

9.1.2.2 景观要求

根据色彩三要素变化对观赏效应的影响和树种呈色表现，林木色彩景观一般满足如下要求：

（1）应尽量选择呈色显著、持续时间长、与环境色对比明显的树种（品种）。

（2）尽量选择色彩明亮、纯粹、鲜艳的树种。

（3）对于观花树种，宜选择先花后叶者，观果类尽量选择落叶后挂果者。

（4）优先选择多赏型树种。

（5）经济林上层和下层配植宜选择形态、色彩、质感、落叶性等与主栽材料对比明显的树种为主。

（6）通道绿化宜选择树形整齐划一或易于整形的树种。

（7）在一定区域内，既要考虑植物种类多样，又要有统一的基调树种。

9.1.2.3 推荐树种

中亚热带山地彩色森林主要推荐树种见附录 3.1，主要彩色树种物候特性见附录 3.2。

9.1.3 彩色森林群落配置

彩色森林（colour forest）是指一定范围内含一至多个彩色斑块的森林。彩色森林因林木观赏器官的不同，可分为彩叶林、观花林、观果林、观干林；因组合功能的不同，可分彩色生态林、彩色用材林、彩色经济林；因林木生活型的不同，可分为彩色乔木林、彩色灌木林等。本文规定彩色森林的最小规模为：山地丘陵彩色森林、平原城乡彩色片林，面积在 0.667 hm² 以上；通道彩色林带长度 50m 以上，至少两排乔木。

森林群落的配置需要同时考虑空间、时间和色彩 3 个要素。为了创造优美的森林色彩景观，需要以植物层次搭配为前提，充分考虑观赏特点的互补与排斥，观赏期的重叠与衔接，以及植物色彩的调和。季相简单来说就是时间的风景，利用不同观赏期相接的植物组合延长了观赏时间，增加观赏效应，而利用观赏期重合的植物能够形成浓烈的季相景观。

9.1.3.1 彩斑混色

彩色斑块（colour patch）是指含有一至数种色彩，连续或间断、可反复布置于绿色森林基底的种植单元，简称彩斑。种植单元大小不等，可为单株、片林或完整群落，面积以小班为上限，一般数十平方米至数公顷之间；形状可为团状、块状、条状、点状等。

（1）彩斑树种配置

应根据树种生物学和种间关系、呈色特点、环境条件与景观目标进行彩斑树种配置。由数个树种混交形成的多色彩斑，遵照如下规定：

①以人眼可明显分辨为标准，混合彩斑的色彩种类以 1~5 种为宜。

②应根据环境特点与景观目标确定相应的色彩配比，一般可按 6∶3∶1 的比例设计主色、辅助色和点缀色，选择相应树种。

③彩斑内树种可为点状、团状等自然式混交或株间、行间、带状、块状等规则式混交，一般景观生态林彩斑宜自然式混交，珍贵彩色林、经济林、通道林彩斑可规则式混交。

（2）彩斑混色方式

在树种配置的同时进行彩斑混色，混色方式可分为单彩型、多彩型、间彩型。单彩型（single colour type）即单一色彩彩斑，一般由单一彩色树种（品种）构成的森林，分单季观赏型与多季观赏型；多彩型（full colour type）即由数种非绿色彩混合形成的混色彩斑，一般采用彩色树种混交而成；间彩型（intercolor type）即绿色与非绿色彩混合形成的混色彩斑，其中绿色树种多与基底树种相同。

①单彩型：单层林为主，一般可由彩色树种纯林形成，适于种植块面积较小（0.0667~1hm²）的场合。

②多彩型：单层或复层，由彩色树种混交形成，适于种植块面积中等（0.0667~10hm²）的场合。

③间彩型：复层为主，由针、阔常绿树种与彩色树种混交形成，适于种植块面积较大（>1hm²）的场合。

9.1.3.2 彩斑层次配置

根据树种特性、立地条件与观赏需求确定彩斑层次结构：

（1）单层彩化：含有彩色树种或由彩色树种构成的单层林，适用于用材林或立地条件较差、后期管理不便、林外观赏为主的彩斑。

（2）上层彩化：彩色树种居于上层，下层不彩化，适用于立地条件较好、管理条件中等、林外观赏为主的彩斑。

（3）下层彩化：彩色树种居于疏林下层或林隙，上层不彩化，适用于立地条件较好、后期管理方便、林内观赏的彩斑。

（4）立体彩化：彩色树种居于各层次，适用于立地条件较好、后期管理方便、林内、林外同时观赏的彩斑。

（5）林缘彩化：彩色树种居于林缘，可为上、下各层次，适用于各种立地条件与管理条件，林内、林外观赏的彩斑。

（6）背景林宜单层、上层或（和）林缘彩化；游憩林可下层、林缘或立体彩化。

9.1.4 色彩格局配置

9.1.4.1 彩斑类型组合

在一个彩色森林中，一般采用同一种色彩性质（混色方式、季相等相同）的彩斑配置，当森

林面积较大时，可采用异质彩斑组合配置，异质彩斑种类在2～5种为宜。

应对色彩斑块在环境（常绿林）基底中的镶嵌形式作出布局，具体要求如下：

（1）对于山地森林，一般可选择随机团状布局。

（2）大、中场景可选择模纹、网状布局。

（3）可沿沟谷、山脊、林缘、林道等自然、人工界线布置彩色林带，形成条状、模纹布局。

（4）彩化率极低时，可采用稀疏点状布局。

（5）一般不宜单株均匀布局或大块状聚集布局。

（6）经济林主栽彩斑随梯田、林畦等形成聚集块状、模纹布局；配植彩斑随林隙、林缘、道路形成随机点状布局和条状、模纹或网络布局。平原城乡片林，一般可选择随机团状布局；彩化率较高时可采用聚集团状、聚集块状布局；种植块较大时可加入网络、模纹布局；林缘、界线处可采用条状、均匀块状布局。

（7）通道林一般选择条状布局或（和）点状、团状、块状彩斑均匀布局（彩斑间隔重复），宽度较大的参照平原城乡片林模式布局。

9.1.4.2　典型彩斑配置模式

中亚热带山地色彩林典型彩斑配置模式见附录3.3。

9.1.5　森林季相配置

基于林木色彩的季相、物候变化，进行色彩季相配置。具体根据林地条件与景观建设目标，选择单季型或多季型色彩配置。

9.1.5.1　单季型

单季呈色，可用一种或数种同期呈色的单赏型树种营建，适用于面积较小，需要保障重点季节色彩量的场合，配置方式有：

（1）春季：观花、芽、嫩叶为主，可以檫树、山樱、深山含笑、白玉兰、映山红等为主栽树种营造。

（2）夏季：观花为主，可以千年桐、紫花泡桐、合欢、香果树、野柿、君迁子等为主栽树种营造。

（3）秋季：观叶观果为主，可以枫香、檫树、黄连木、榉树、三角枫、乌桕、浙江柿、君迁子等为主栽树种营造。

（4）冬季：观花观果为主，可以红果冬青、梅花、野蜡梅、茶花等为主栽树种营造。

9.1.5.2　多季型

一年中多季呈色的彩斑或森林，配置方式有：

（1）可通过错季呈色的单赏型树种混交形成，适用于需要"四季有色"，种植块面积较大的场合。

（2）采用多赏型树种、常彩型树种营造，适用于各种场合。

（3）多季型色彩配置模式包括主序型、接力型、多赏型、常彩型及其组合（表9-1）。

表9-1　多季色彩配置模式

模式	特点	配置举例
主序型	多色组合时，一个呈色期较长的树种作为主色，其他呈色期相对较短的树种为辅色，保证有一种树种具有持续观赏性，而又不乏色彩变化。一种特殊情况是以常绿树种作为主序材料，形成绿底主序型景观	枫香（观干，主）- 茶花；马褂木 - 山樱 - 红叶石楠（主）；柏木（主）- 黄连木；木荷（主）- 山樱等
接力型	变色期前后不同的树种搭配，先后呈色，间隔、衔接或交错，延长色彩观赏期	白玉兰 - 紫薇 - 乌桕，早中晚花期茶花品种组合等
多赏型	花叶、花果、花果叶等多赏型植物应用形成的多季色彩景观	檫树（花、叶）、乌桕（叶、果）、枫香（叶、干）、桃（花果）等纯林或混交林
常彩型	观干树种、常色叶树种应用形成的四季常彩型森林景观	枫香（干）、光皮树（干）、杜英（叶）、红叶石楠（叶）等纯林或混交林

9.1.6　色彩视距设计

在大气环境相似条件下，随着观赏距离的增加，森林色彩纯度降低，明度变暗，色相向灰紫方向偏移，呈黄 - 红 - 绿 - 紫顺序变化，同时观赏效应下降。基于此进行视距设计，具体要求如下：

（1）远视距色彩设置。应选择黄、橙、白等明亮色系、色彩鲜艳的树种（品种），观叶为主；如观花，则宜选先花后叶者，彩斑面积宜 1hm² 以上。

（2）中视距色彩设置。可选白、黄、橙、粉、红色系树种（品种），观叶、观花（先花后叶）为主，落叶后挂片、色彩对比显著的观干类树种（品种）为辅，彩斑面积宜为 0.1hm² 以上。

（3）近视距及林内色彩设置。白、黄、橙、粉、红、紫各色系、观叶、观花、观果、观干均宜，彩斑面积不限，见表9-2。

（4）视距超远（>2000m）。色彩观赏效果不佳，不建议营建彩色森林。

表9-2　观赏距离与色彩配置

名称	距离(m)	观赏特征	合适色彩	参考树种
超远视距	>2000	山体轮廓，植被多呈灰色	无	无
远视距	1000~2000	森林整体形貌、线条与灰化色彩	白、黄、粉	白玉兰、檫树、马褂木、无患子等
中视距	100~1000	林冠、树干群体形态与灰化色彩	白、黄、橙、粉、红	白玉兰、檫树、枫香、乌桕、山樱、红梅等
近视距	10~100	树木个体形态与原有色彩	白、黄、橙、粉、红、紫	白玉兰、紫玉兰、檫树、枫香、桃、茶花、紫叶李等
林内	0.25~10	花、果、叶、干等细部形态、结构、纹理与原有色彩	白、黄、橙、粉、红、紫	白玉兰、紫玉兰、檫树、枫香、桃、茶花、紫叶李等

注：典型彩色森林的彩斑配置模式见附录3.3。

9.2 森林色彩景观敏感区选择

森林色彩景观敏感区选择是提高景观建设投入产出比的重要途径，对于亚热带地区，选择景观敏感区，增强工程聚集度，更是平衡森林色彩景观营建与地带性植被总体基调维持的必要措施，如浙江省彩色森林营建技术规范规定（彩色森林营建技术规程，2021），彩色森林建设宜选择人流集中、视觉敏感的地区：城市与村镇、铁路、公路、通景道路两侧及山地照面坡，视距2000m以内的区域。景观的视觉敏感度是景观视觉质量评价的关键指标，正成为国内外研究的热点。景观视觉敏感度主要受可视概率与视距两个因子的影响，目前的研究主要存在两个问题：一是景观视觉敏感度的分析大多基于DEM模型，只考虑到地形的遮挡，未考虑地物（建筑、植被）的遮挡因素；二是在对可视概率以及视距的分析评价时，主要采用视域分析及缓冲区分析的方法，造成可视概率与视距的分析计算割裂，精度不够。基于此，本研究以杭州龙坞茶镇景观为例，选取镇内主要道路布置视点，基于3D场景及DSM（数字表面模型）模型、单视线通视性分析，将视点与构成景观区域的目标点一一对应，同时分析视距、可视概率，得到精确的景观视觉敏感度的计量结果，为彩色森林景观敏感区选择提供技术支持。

9.2.1 研究区概况与研究方法

9.2.1.1 研究区概况

选择杭州龙坞茶镇为研究区。该小镇位于浙江省杭州市西湖区西南侧，东经120°02′，北纬30°11′，海拔37m，总面积为3.2km²。境内人文历史悠久，自然资源丰富，生态环境优美，是西湖龙井最大的原产地（骆王丽，2017）。茶镇三面环山，全年温度适宜，土壤质地优越，滋养了多种植被。西南侧分布有西山国家森林公园，东面为茶园集中地。在中央道路的一侧还有茶艺一条街、历史文化街区茶镇九街以及兔子山生态公园。

9.2.1.2 研究方法

（1）数据来源与处理

利用多旋翼无人机搭载五镜头倾斜相机进行倾斜摄影，获取影像数据，导入Smart3D软件生成三维模型（王琳等，2015），输出OSGB格式文件；进而导入ArcGISpro，创建集成网格场景，得到SLPK文件，得到ArcGIS DSM模型（图9-1、图9-2）。

图9-1　实景三维模型

（2）构建视点

视点是指观者所在的位置即观景点；视距是指观景者与被观景观之间的位置；视线是指观景时眼睛与目标之间的假想直线。

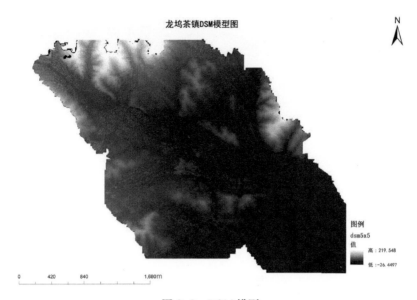

图 9-2　DSM 模型

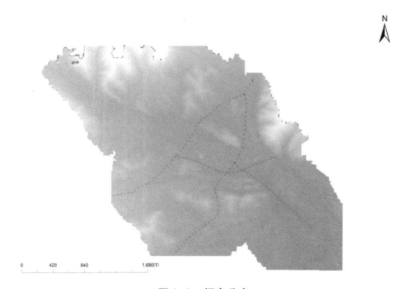

图 9-3　视点分布

选取研究区内主要游线，采用机械式布点方法以 50m 为间隔，沿线布置视点，得到 151 个视点（图 9-3）。

对这些视点进行 X、Y、Z、SPOT、OFFESETA 赋值，其中 SPOT 是指观察点的绝对高程值，OFFETSETA 是指三维表面高程值不变情况下的观察点的偏移值即地面距人眼的高度，取 1.65m。

（3）获取目标点

以视觉单元为基本单位获取目标点。观景者在任意一个视点进行 360° 环视所看到的所有视觉单元合成为视域或视野（于书懿，2014）。

将 DSM 模型导入 ArcGISPro，重采样为 5m × 5m 的栅格；再构建渔网，获得要素点（目标点）坐标与属性，得到共计 473927 个目标点（图 9-4）。

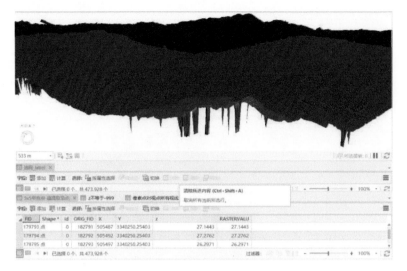

图 9-4 获取目标点

（4）单视线通视性分析

通过比较渔网存储的视点与目标点的高程值，判别可视性（可视为 1，不可视为 0），同时根据视点与目标点的 X、Y、Z 坐标值，计算视距。具体是将目标点与视点的属性表以 dbf. 格式导出，导入 VFP 软件中进行编程运算。

具体是过渔网中点画 X 轴、Y 轴的平行线，形成辅助网格；将一条视线投影至 X、Y 平面，求算其与辅助网格的交点坐标；当直线斜率小于 45°，求视线与网格纵线的交点，当斜率大于 45° 时，求视线与网格横线的交点（图 9-5）。

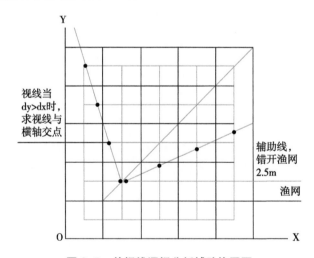

图 9-5 单视线通视分析辅助格网图

从视点到目标点逐一将交点坐标转化为属性表的记录号，以提高计算效率。首先找到起始点 0 的坐标，本例为（502312，3339120），再根据渔网编号规律，求得计算公式：

$$N = (X - X_0)/5 + 806 \times (Y - Y_0)/5 \quad (X_0 = 502312，Y_0 = 3339120) \tag{9.1}$$

式中：N 为记录号；X 为交点横坐标；Y 为交点纵坐标；X_0 为原点横坐标；Y_0 为原点纵坐标。单视线判断流程如图 9-6。

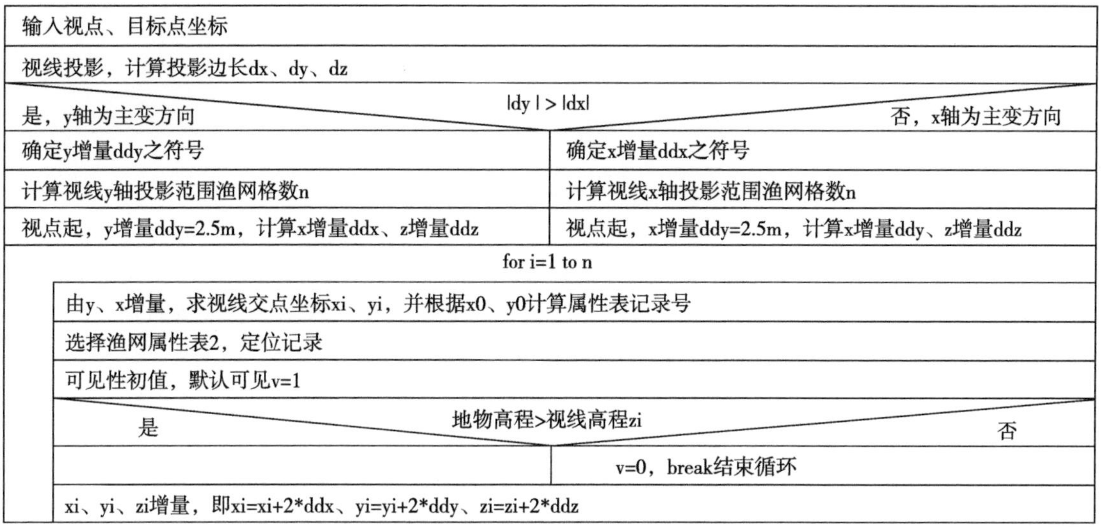

输入视点、目标点坐标
视线投影，计算投影边长dx、dy、dz
|dy | > |dx|
是，y轴为主变方向
否，x轴为主变方向
确定y增量ddy之符号
确定x增量ddx之符号
计算视线y轴投影范围渔网格数n
计算视线x轴投影范围渔网格数n
视点起，y增量ddy=2.5m，计算x增量ddx、z增量ddz
视点起，x增量ddy=2.5m，计算x增量ddy、z增量ddz
for i=1 to n
由y、x增量，求视线交点坐标xi、yi，并根据x0、y0计算属性表记录号
选择渔网属性表2，定位记录
可见性初值，默认可见v=1
地物高程>视线高程zi
是
否
v=0，break结束循环
xi、yi、zi增量，即xi=xi+2*ddx、yi=yi+2*ddy、zi=zi+2*ddz

图 9-6 单视线通视性分析流程

（5）区域景观通视性分析方法

遍历目标点属性表和视点属性表，构建视线，逐一比较视线—渔网交点处的视线坐标与该点的地物坐标，进行单视线可视性判断，若前者小于后者，视线受阻，两点不可见；若前者大于后者，则进行下一交点比较，计算流程如图 9-7。

读入渔网基点坐标x0、yo
打开渔网属性表1
可视频率、视距、频率 /视距等字段置0
渔网属性表1首记录，遍历开始
读取目标点坐标xe、ye、ze
视点属性表首记录，遍历开始
读取视点点坐标xb、yb、zb，读取游线编号luno
单条视线通视性判断
v=1
是
否
计算视线长
选择渔网属性表1
根据游戏编号luno
1
2
3
4
选择游线1
选择游线2
选择游线3
选择游线4
分线号可视频率累加、视距平均、频率/视距累加
直到视点属性表表尾
直到渔网属性表表尾
多条游线计算值合成区域结果

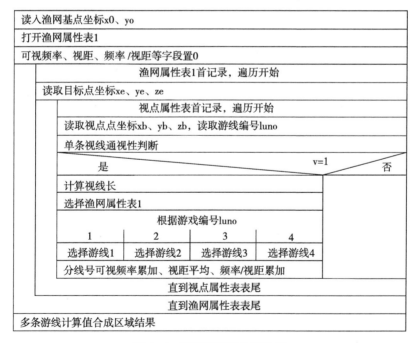

图 9-7 区域通视性分析流程

分析计算采用 ArcPy 和 VFP 两种语言进行，代码见附录 2。

（6）视觉敏感度计算

如果两点可视，则计算视觉敏感度相关指标：

$$freq = \sum_{i=1}^{n}(V_i)$$

$$Dist = \sum_{i=1}^{n}(d_i)$$

$$Sen = \sum_{i=1}^{n}(V_i / d_i) \tag{9.2}$$

式中：$freq$ 为累计可视频率；V_i 为第 i 条可视视线；d_i 为第 i 条可视视线对应的视距；$Dist$ 为累计视距；Sen 为实时累加视觉敏感度，$i = 1, \cdots, n$ 为视线数。

计算结果写入目标点属性表。属性表以 .csv 格式从 VFP 软件中导出，转入 ArcGIS，与渔网属性表进行连接，构成面，形成区域景观。

9.2.2　结果分析

9.2.2.1　可视频率分布

在景观范围内，可以被看到的次数越多，看到的可能性越大，视觉敏感性越高。基于 151 个视点对各个目标点的可见次数，利用自然间断点法分为 5 个等级（表 9-3），最多有 29 个视点被看到，可视频次敏感性最高。目标点可视频次重分类结果见图 9-8 所示。

表 9-3　上城埭路可视频率分级

等级	累积可见视点数量（个）
一级	1～2
二级	3～4
三级	5～8
四级	9～18
五级	19～29

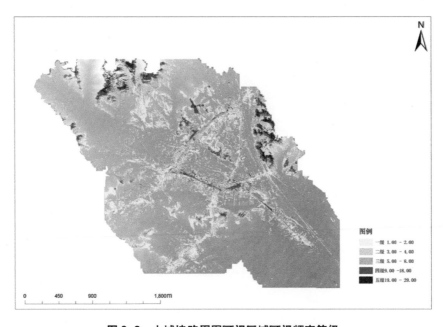

图 9-8　上城埭路周围可视区域可视频率等级

图中灰色表示不可见区域，主要分布于龙坞镇东南侧，大多是被密集建筑群遮挡。颜色越浅的区域说明能被看到的次数越少，敏感性较低，大多被建筑遮挡。颜色较深的区域主要分布于道路的旁侧，特别是道路的交界处，以及西北、东北侧山坡景观区域。

9.2.2.2 视距分布

研究区视距范围在 1.671~47776.314m 之间，沿游线视点距离目标点越近，映入视野中的景观越清晰，敏感性越高。将可视视距累加得到累加视距。根据此结果按照自然间断点法将其划分为近景区、较近景区、中景区、较远景区以及远景区 5 个等级（表 9-4），据此对目标点进行重分类，结果如图 9-9。

表 9-4 可视区域视距分级

等级	指标描述（m）
五级	近景 1.671~819.136
四级	较近景 819.136~2622.457
三级	中景 2622.457~5995.554
二级	较远 5995.554~23481.135
一级	远景 23481.135~47776.314

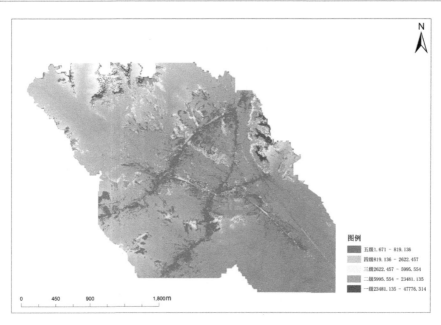

图 9-9 可视区域视距等级

近景区主要分布在路网旁侧，游人可以很清晰地看到这些景观，敏感性高。距离路网较远的山体景观，视距长，敏感性较差。

9.2.2.3 视觉敏感度分级

利用可视频次与相对视距计算的渔网网格单元视觉敏感度，按表 9-5 的标准进行分级和重采样，得到等级图 9-10。

表 9-5　视觉敏感度综合分级

等级	含义	分级标准
一级（低敏感度）	处于远景区域，沿路走过，看到次数极少	0.000455～0.025079
二级（中低敏感度）	位于较远景区域，部分景点可以被关注到	0.025080～0.067105
三级（中敏感度）	距离道路距离较近，能够看到频率增加	0.067106～0.140507
四级（中高敏感度）	处于近景区域，可视频次较高，引起关注	0.140508～0.298859
五级（高敏感度）	分布于近景区域，几乎分布于视点周围	0.298860～0.612678

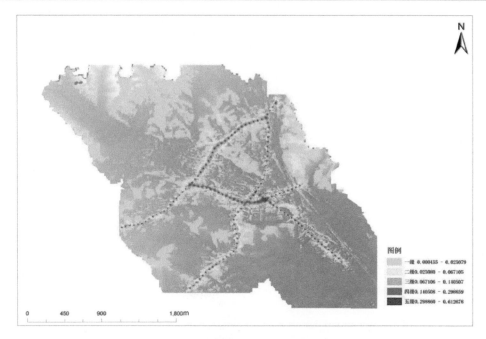

图 9-10　可视区域视觉敏感度等级

一级敏感区域 143.1hm²，约占总可视面积的 72.65%，占比最大，主要分布于远离路网系统的白龙潭景观以及西山国家森林公园，还有部分位于居民建筑区，由于距离远清晰度不高，整体上被看到次数较少，属于低敏感区。二级敏感区 31.8hm²，约占 16.14%，主要位于东北侧的山体区域森林景观，也有部分位于道路景观附近，距离较近但是由于沿途的建筑或者茶山阻挡，影响了可视频次，属于中低敏感区。三级以上敏感区 21.5hm²，总占比 11.21%，属于中敏感区域到高敏感区的等级，主要分布在道路景观周围，可视频次提高，视距大大缩小。

9.2.3　小　结

9.2.3.1　结　论
以杭州龙坞茶镇为例，基于道路沿线视点与研究区全域景观的视觉敏感度分析，提取视觉敏感区，为彩色森林等森林景观建设提供依据。森林景观应重点选择高、中视觉敏感区域，而对于低敏感度区域则宜以资源保护为主。

利用 DSM 模型的单视线通视性分析，解决了现有景观视觉敏感度评价研究忽略地表景物阻挡视线之作用、目标景观可视区域难以与视线距离精确合成的问题。

9.2.3.2 讨论

（1）基于地物高程与视线高程的比较，研发了考虑地物遮挡条件下的单视线通视性算法，进而完成了全域景观的敏感度分析，相比划分距离带或建立缓冲区等分析方法，具有更高的精确度和灵活性。目前单视线透视性分析主要有 Janus 算法（M Bern D et al., 1990）、Dyntacs 算法（Sakude et al., 1998）、ModSAF 算法（张飞兰，2015）和 Bresenham 算法（张刚等，2013）等，但这些算法的基本原理一致，均是基于高程比较，区分在于高程内插方法和可视性判断的依据有所不同。本文视线与渔网交点的定位中采用数据记录寻址算法替代检索算法，算法复杂度为 Q^3 级，显著提高了运行效率。单视线透视性分析中，碰撞检测是另一类常见算法（陈骞，2020），通过检测一对或多个模型在特定三维区域内是否占有相同区域来判断视线通透情况，有待未来比较研究。

（2）通视性、可视域分析可基于 GIS 图形属性表运算完成，也可将属性表导出，利用其他数据管理工具计算。本文采用后者方法，借用高级语言（VFP）编程计算，$7*10^7$ 条视线分析耗时 780 s。对比 ArcGIS 脚本语言（ArcPy），运行效率提高至 2×10^7 倍以上。

（3）本文以一个景区为研究区，并将栅格像元和渔网网格大小设置为 5m×5m，取得了良好试验结果。在实际应用中，可能面对的研究区域较大，如一个村镇、县市，或者精度要求较高，如要求 0.5m×0.5m 的像元。此情况下，除了数据量有变之外，计算方法可以完全适应。

（4）本研究将地物作为可视性分析的障碍物时，对可视情况作了可见与不可见预设，仅根据地物顶端高程设定了这两种确定选项（0~1 选择）。但对于某些地物结构如植物枝叶之间的空隙、建筑物的空洞（大型窗户、天桥）等未加考虑。考虑空隙、空洞影响的改进方法主要有两种，一是细化地物表面模型，将竖向物质属性或可视属性的变化分段记录，标记出空洞。但此法将引起数据量的急剧增加，甚至可能需要升级 DSM 数据存储结构；二是以现有 DSM 模型为基础，增加一个地物物质属性，根据地物属性如建筑、铁塔、树木、密林等，依赖实测或经验赋予一个整体透视率，在 0~1 之间取值，这些设想均有待进一步研究。

9.3　彩色游憩林密度调控

密度是林分基本特征之一，不但对林分生物产量（李杨，2019）、生态服务（王姗姗，2020）、林地生产力维持（卢雯，2014；曹恭祥等，2014）等有着重要影响，也是森林景观，特别是林内景观的关键构景因子（赵凯等，2019；李苹等，2018），因此，密度调控是森林生产经营与森林景观培育的重要技术措施。

迄今，林分密度与林内景观质量的关系研究一般基于森林现实场景取样调查（焦祥等，2015；梁爽等，2015），方法切实易行，但外业取样与调查工作量大，所涉林分与环境因素复杂，不便于景观因素作用独立计量。虚拟森林技术使密度等景观因素的控制性实验成为可能。目前，森林景观模拟已越来越多地应用于林业生产和研究实践，包括景观设计（祝晓，2011；常禹等，2015）、生长模拟（刘兆刚等，2009；焦祥等，2015）、群落演替（李永亮等，2013）、经营管理决策（Meitner M et al., 2006；Muys B et al., 2011；董灵波等，2012；李永亮等，2014；刘海等，2016）等领域，但在景观质量评价研究上还很少应用（王超等，2006），原因之一可能是以评价为目的的森林场景模拟，一方面要求真实的视觉效果，另一方面需要方便记录到树木与林分参数，而目前市场上能够同时满足这些要求的软件产品缺乏。本研究尝试综合使用多种软件、插

件（刘颖等，2012；吴晓晖，2012；白志勇，2011），开展森林景观模拟与景观因素控制性试验，探索森林景观质量评价研究新途径。

枫香被称为先锋顶极树种，是我国亚热带地区重要的秋色叶树种。在小坞坑森林中枫香林比例较大，前期研究结果表明（徐珍珍，2017），乔木层密度与胸径是影响林内透视距离和景观质量的重要林分指标。基于此，本节从枫香林密度调控与林相改造工程的实际需要出发，应用虚拟森林技术，对不同林龄与胸径进行彩色林构景因子控制性试验，从观赏角度，针对不同林龄与胸径提出最佳密度，进行密度调控实验，为对枫香林林相改造与景观优化提供技术与示范。

9.3.1　研究对象与方法

9.3.1.1　研究区概况

研究区位于杭州市富阳区小坞坑林区下坡谷地，东经 119° 59′，北纬 29° 38′，面积 1000 亩。林区属亚热带季风气候区，气候温暖湿润，原生植被属东亚植物区 – 中国 – 日本植物亚区，以中亚热带常绿阔叶林最为典型，由于人类活动的影响，区内原始林已遭到破坏，下坡谷地现状森林主要为枫香人工林，林下分布杂竹、山黄麻、金樱子、刺莓等杂灌，覆盖率 95% 左右，该区域通过人工造地而成，土层深厚而瘠薄，多砾石（含量 20% 以上），适合枫香等先锋树种生长。林区于 2011 年纳入杭州市西郊森林公园、富阳城市森林公园，开辟为城市游憩林，对森林景观质量提出了更高的要求。

9.3.1.2　研究对象

以枫香为模拟对象，2016 年夏季于小坞坑研究区选择胸径为 10cm、20cm、30cm 的自然、健康的枫香各 5 株，现场测量其胸径、树高、冠幅、枝下高、一级分枝角度与粗度等测树数据，为建模提供几何参数。

为将树皮、树叶等有机生命体的影像映射在树木干、枝、叶等几何模型表面，构成直观形象的实体，需准备贴图素材（Dischler J M et al.，2002）。分胸径级（树龄）野外摄取枫香树干与一级分枝表皮照片若干，导入 Photoshop；采集叶片若干，扫描导入 Photoshop。从中各选取典型图像 3 张，制作带有 Alpha 通道的纹理贴图，再通过 CrazyBump 软件转换，导出 Normal 法向贴图、Specular 高光贴图材料。

9.3.1.3　研究方法

（1）森林场景构建流程

为实现视觉效果逼真、树木与林分参数可测量的总体目标，采用多种软件综合应用方案，从中分别抽取一部分所需要的功能，通过数据和文件交换实现功能集成，流程（图 9–11）和主要应用软件如下：

纹理贴图制作：Adobe Photoshop CC2014、CrazyBump1.2

树木三维建模：Speedtree cinema v7.0.5、Speedtree5.1

森林景观场景平面布局：RandomCoordinate、AutoCAD 2007、Sketchup 8.0

森林场景合成：Lumion 6.0

（2）树木三维建模

利用 Speedtree 模型编辑器（Speedtree modeler），通过人机交互进行树木参数化建模。建模从一个树木初始模型开始，确定树木的基本骨架；再编辑树木的主干、分枝参数，分枝级数为三级；最后添加叶片，调节其形状，大小以及方向等。

利用编译器（Speedtree compiler），将材质贴图打包为包括材质和纹理参数信息、细节层次和布告板距离信息、风和碰撞体数据等的程序代码，生成 SRT 格式文件备用。

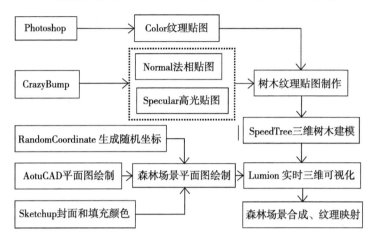

图 9-11　场景模拟流程图

（3）森林场景构建

模拟场景设为平坦地形，大小为 60m×60m。林型设为枫香同龄纯林，种群分布采用自然界普遍存在的随机分布形式。为实现随机分布，并控制树木之间的合理间距，编写 Random Coordinate 自定义过程生成坐标点，据此绘制 CAD 平面分布图。

将 CAD 平面图通过 Sketchup 进行格式转换，导入 Lumion，布置树木模型；将 Speedtree 生成的 SRT 文件导入 Lumion 植物模型库，进行森林场景构建，最后导出 JPG 格式模拟结果图像。

（4）控制试验

影响森林林内景观美学质量的主要有形貌、色彩、结构和整体状况几方面的因素（陈勇等，2014），其中树木胸径、林分密度等是十分重要的构景因子（张荣等，2004）。因此，本文以胸径与密度为例，参照随机区组设计，进行两因素、单因素控制试验。具体首先是保证其他构景要素与环境条件一致，即统一类型（静态景观）、地形（平坦）、场景大小（60m×60m）、林型（枫香同龄纯林）、分布（随机）及林下层（草）。然后分胸径（因素A）3 个水平、密度（因素B）10个水平，共 30 个处理分别制作场景（表 9-6），每个场景设 3 个固定视角摄取 3 张图片（即 3 个重复），以减少树木平面分布格局对视觉的影响，结果共得到模拟场景图片 90 个。

表 9-6　胸径 - 密度控制试验设计

处理 胸径(cm)	密度 (株/hm²)	B1 78	B2 222	B3 389	B4 556	B5 833	B6 1111	B7 1389	B8 1667	B9 2222	B10 2778
A1	10	A1B1	A1B2	A1B3	A1B4	A1B5	A1B6	A1B7	A1B8	A1B9	A1B10
A2	20	A2B1	A2B2	A2B3	A2B4	A2B5	A2B6	A2B7	A2B8	A2B9	A2B10
A3	30	A3B1	A3B2	A3B3	A3B4	A3B5	A3B6	A3B7	A3B8	A3B9	A3B10

注：试验共 3 个区组，表中所列为其中一个。

（5）景观质量评价

以景观美景度（SBE）评判结果作为试验的观察值。考虑不同群体的审美态度具有一致性（宋力等，2006），组织园林学、林学、生态学等专业的学生，每组人数大致相等，共160名参与评价，采用平均值法计算美景度值（Daniel T C et al.，1984）。

根据不同的试验目标，采用不同的评价样本和记分方式：

胸径—密度两因素试验：为研究胸径、密度两个因素对景观质量的影响，寻找最佳组合，将90张图片全部混合进行比较评价。评价采用7分制（史久西等，2013），操作时将全部照片排成活动展板，让评判人充分比较，按质量高低依次归为7档。

密度单因素试验：为揭示密度对景观质量的影响规律，将胸径因子作为背景值，即在同一胸径条件下，对10个不同密度的场景图片进行比较评价（表9-7），操作时同样制作活动展板，排序归档，但为计分方便，采用10分制，分3个胸径、3个重复共有9组分别比较。

（6）林分密度调控

根据10cm、20cm、30cm三个胸径—密度试验结果，通过线性插值计算各样地林分胸径的理想密度，采取疏伐或补植对原林分进行抚育管理。抚育一年后进行景观复评，并与抚育前进行比较。

（7）统计分析

借助DPS7.05、SPSS19.0平台进行两因素方差分析、多重比较分析和单因素回归分析；采用配对样本T检验，进行抚育前后景观质量比较。

9.3.2 结果分析

9.3.2.1 枫香模拟效果

枫香为单轴分枝的大乔木，干形通直，在适生地区，树高可达30m，胸径达1m。枫香的形体受树冠形状、冠幅、分枝角度及枝干粗细的影响，幼树冠形为三角形，成熟时为圆卵形。树皮幼龄时为黄绿色，质地光滑，成熟时灰褐色，呈方块状剥落。枫香的分枝级数随树龄的增大而增加，但一般不超过4级；分枝角度随树龄的增大而增大，这主要是受自然重力作用的结果（表9-7）。

表9-7 枫香形态参数统计表

胸径(cm)	高度(m)	枝下高 （m）	冠幅 （m×m）	分枝级数	一级树枝粗度 （cm）	一级树枝着生角度
10	5	1.5	2×2	2~3	2.5	30°
20	12	4.5	4.5×4.5	3~4	4	30°~75°
30	20	8	7×7	3~4	8	60°~90°

树木的三维模型含有详细的形态参数，是实现树木测量的基本条件，但其视觉效果往往不如二维图像直接贴图。基于综合软件平台和实测形态参数的模拟结果显示，枫香三维模型与现实树体图片的效果十分接近，以10cm胸径为例，对比如图9-12（a与b）。

以胸径20cm，密度556株/hm²的森林场景为例，随机平面分布格局及透视场景模拟结果如图9-13所示，模拟森林与枫香同龄纯林现实景观较为接近，基于模拟结果实施的景观质量评价工作进展顺利，表明模拟结果良好。

a.模拟结果　　　　　　　　　　b.实体图

图 9-12　胸径 10cm 的枫香模型

图 9-13　密度为 556 株 /hm² 的平面图及效果图

9.3.2.2　胸径－密度组合的景观效应

（1）胸径与密度因素对美景度的影响

园林、林学、生态学三组学生两轮评价的 SBE 均值分别为 4.10（7 分制）/5.49（10 分制）、4.11/5.50、4.07/5.50，单因素方差分析结果显示，三组学生差异不显著（$p = 0.991/p = 1.000$），以总体平均结果作为观测值可以满足分析要求。控制试验中，林分密度变化总是伴随着分布格局的变化，两者无法分离，因此，将格局变化设为了重复区组，即从模拟场景的三个视角得到三种不同的布局效果，作为三个区组设置，但方差分析结果显示，区组间的差异不显著（$F = 0.88$，对应的概率 $p = 0.3563 > 0.0500$），表明在随机分布条件下，种群格局的微小变化对评价结果的影响不大（表 9–8）。试验因素 A（胸径）对美景度的影响也不显著（$F = 3.0947$，$p = 0.0700$），而因素 B（密度，$F = 4.5456$，$p = 0.0031$）、胸径与密度的交互效应 A×B（$F = 6.1298$，$p = 0.0000$）对美景度的影响均达到极显著。

表 9-8　胸径 A 与密度 B 因素对美景度影响的方差分析表（随机模型）

变异来源	平方和	自由度	均方	F 值	p 值
区组间	0.1144	2	0.1144	0.8785	0.3563
A 因素间	4.9404	2	2.4702	3.0947	0.0700
B 因素间	32.6552	9	3.6284	4.5456	0.0031
A×B	14.3677	18	0.7982	6.1298	0.0000
误差	3.7763	58	0.1302		
总变异	55.8540	89			

（2）胸径与密度因素不同水平对美景度的影响

试验因素间Tukey多重比较结果显示，不同胸径（A）对美景度的影响不同，其中A2即胸径20cm的枫香林平均美景度最高，与其他径级的差异极显著；而A3、A1，即30cm和10cm胸径的美景度较低且差异不显著（表9-9）。此结果与"林分美学质量随胸径增大而提高"之现有结论有所不同，这与试验中不同胸径级采取了同一套密度水平设置有关，适应两极、折中的密度范围更有利于中等胸径林分表现良好景观，说明胸径—美景度问题的研究也离不开密度，现有研究事实上以各自的最佳密度为前提。

从密度（B）因素看，密度适中的B3、B4、B5为第一类，美景度最高，密度偏离中值的B6、B7、B2为第二类，美景度稍低，但这两类并无显著差异；处于两端，即密度过高或过低如B9、B8、B10、B1的效果最差，与第一类存在显著差异（表9-9）。

表9-9　试验因素间Tukey多重比较

处理	均值	5%显著水平	1%极显著水平
A2	4.4980	a	A
A3	3.9790	b	B
A1	3.8280	b	B
B3	4.9017	a	A
B4	4.8933	a	A
B5	4.8467	a	A
B6	4.5217	a	AB
B7	4.4983	a	AB
B2	4.2500	ab	ABC
B9	3.7850	bc	BCD
B8	3.4400	cd	CDE
B10	3.0583	d	DE
B1	2.8217	d	E

胸径—密度组合对美景度的影响计算结果见表9-10。不同组合的美学质量存在差异。其中A3B3、A2B5、A3B4的组合景观效果最佳，可推荐采用；其次是A3B2、A2B3、A2B7；景观效果最差的是A3B8、A3B10、A1B10，在实践中应避免出现。

表9-10　胸径—密度组合间Tukey多重比较

处理组合	美景度均值	处理组合	美景度均值	处理组合	美景度均值
A3B3	5.49A	A2B2	4.54ABCDE	A2B10	3.47BCDEFGH
A2B5	5.37A	A1B4	4.54ABCDE	A1B10	3.43CDEFGH
A3B4	5.25A	A2B8	4.47ABCDEF	A3B1	3.32 DEFGH
A3B2	5.18AB	A1B6	4.46ABCDEF	A1B8	3.29DEFGH
A2B3	5.11ABC	A3B6	4.46ABCDEF	A1B2	3.04EFGH
A2B7	5.00ABCD	A1B7	4.39ABCDEF	A2B1	2.97EFGH
A2B4	4.90ABCD	A3B5	4.36ABCDEF	A3B9	2.79FGH
A1B5	4.82ABCD	A1B3	4.11ABCDEFG	A3B8	2.57GH
A2B6	4.65ABCDE	A3B7	4.11ABCDEFG	A3B10	2.29H
A2B9	4.54ABCDE	A1B9	4.04ABCDEFG	A1B10	2.18H

注：各处理间比较ABCDE为0.01差异水平。

从表 9-10 还可见,较优组合有向胸径增大、密度居中方向集中的趋势,如按胸径级分别选取前 3 个最优组合 A3B3、A3B4、A3B2,A2B5、A2B3、A2B7,A1B5、A1B4、A1B6,比较最大值与平均美景度值(图 9-14),胸径 30cm 的美景度最高,20cm 的其次,10cm 的最差。胸径 10～20cm 的美景度值变化大,而胸径 20～30cm 的美景度值变化较小,可见胸径越大越有可能获得最佳景观效果,而且枫香林的胸径在试验范围内达到一定程度后,趋于稳定,对美景度的影响平缓,与张荣(2004)、李俊英(2011)等的研究结果相似。

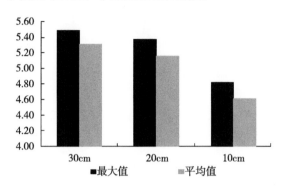

图 9-14 不同径级前 3 个最佳景观的美景度

9.3.2.3 密度的景观效应

(1)森林景观的密度效应

不同胸径枫香林的美景度—密度分布见图 9-15。3 个胸径级的美景度随密度变化趋势相似,均为先升高,到达一定值后再下降。但三者峰值出现的位置不同,总体上随着树体的增大,峰值密度向左偏移。以 SBE = 6 为基准线,胸径 10cm 的枫香林峰值密度在 1389 株 /hm²,较佳密度在 389～1667 株 /hm²;20cm 的峰值密度在 833 株 /hm² 时,较佳密度在 360～1389 株 /hm²;30cm 的峰值密度在 389 株 /hm²,较佳范围在 186～833 株 /hm²,这些可作为密度调控的参考。

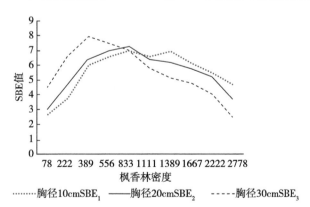

图 9-15 三种胸径枫香林的合成单因素图

总之,林分过稀,会产生空虚感,过密则会压缩透视距离,给人以压抑感;适中的密度最为舒适,有利于形成良好的空间结构,满足人们的游赏需求,与前人的研究结果一致(梅光义等,2012;贾黎明等,2007;欧阳勋志等,2007),图 9-16 为大众评判筛选的最适密度森林景观。

胸径10cm，1389株/hm²

胸径20cm，833株/hm²

胸径30cm，389株/hm²

图9-16　最适密度森林景观

（2）密度—美景度关系曲线

以密度为自变量，美景度为因变量，进行单因素曲线拟合，结果以二次曲线为最优（图9-17）。曲线为开口向下的倒钟形，调整后决定系数 $R^2 > 0.700$，表明密度—美景度关系密切，经检验各方程差异均极显著（$p < 0.05$），故均具有统计学意义。方程为平坦地形枫香单层林相应胸径条件下的密度—美景度关系提供了一个预测工具。

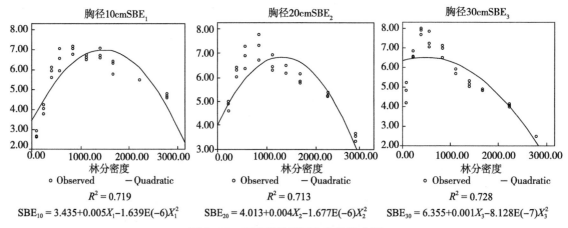

胸径10cmSBE₁　　　　胸径20cmSBE₂　　　　胸径30cmSBE₃

$R^2 = 0.719$
$$SBE_{10} = 3.435 + 0.005X_1 - 1.639E(-6)X_1^2$$

$R^2 = 0.713$
$$SBE_{20} = 4.013 + 0.004X_2 - 1.677E(-6)X_2^2$$

$R^2 = 0.728$
$$SBE_{30} = 6.355 + 0.001X_3 - 8.128E(-7)X_3^2$$

图9-17　枫香林的单因素曲线拟合图

9.3.2.4　彩色游憩林密度调控试验

（1）调控措施

研究区48个样地乔木胸径 $6.3 \sim 24$cm，平均 13.8 ± 4.3cm；乔木层密度 $426 \sim 3629$ 株/hm²，平均 1410 ± 784 株/hm²（表9-11）。

表9-11　研究区林分概况

指标	样地数	最小值	最大值	平均值	标准差
原胸径（cm）	48	6.3	24.0	13.8	4.3
原树高（m）	48	4.5	17.3	10.3	2.2
原密度（株/hm²）	48	426.0	3629.0	1409.5	793.9
理想密度（株/hm²）	48	655.0	1615.0	1181.7	233.8

基于10、20、30cm三个胸径级-密度试验结果，通过线性插值计算其他林木胸径的理想密度（图9-18）。对照林分原密度与理想密度，有25个样地密度偏高，其胸径集中于10~18cm，通过景观疏伐降低密度，共伐除枫香18642株，平均疏伐强度38.5%；有23个样地密度偏低，

其胸径分布于 8.5~22cm，林窗、林隙分别补植枫香和浙江樟大苗（胸径 6~8cm），计 7707 株，平均补植强度 40.0%。调整后林分平均密度 1182 ± 234 株，经配对样本 T 检验，调整后林分密度总体上显著降低（p = 0.038）。

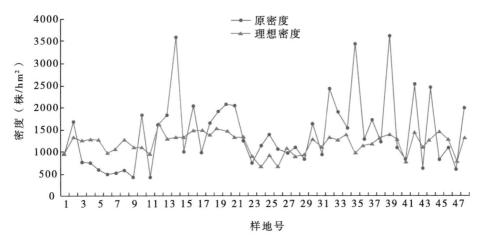

图 9-18　枫香林调控前后密度对比

（2）调控结果

疏伐与补植作业于 2014 年 5 月实施，改造前进行森林景观质量评价，2015 年 5 月改造一年后进行复评，两期评价结果如图 9-19。

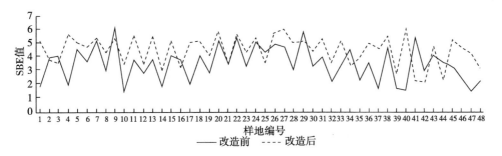

图 9-19　试验区林分改造前后景观质量对比

改造前后，48 个枫香林样地 SBE 平均值分别为 3.540 ± 1.285、4.516 ± 1.093，改造后 SBE 约 21.6%。由图 9-19 可见，改造前后 SBE 的变化趋势一致，改造后景观质量明显提高。配对样本 T 检验结果显示，两者差异显著（p = 0.000），密度调控效果良好。

9.3.3　小　结

9.3.3.1　结　论

以森林景观参数化模拟代替照片媒体等现场采样，可灵活约束试验条件，实现景观因子控制性实验。林内森林景观美学质量随胸径及其密度匹配程度的提高而提高，10cm、20cm、30cm 胸径枫香同龄纯林的最佳密度分别为 1389 株 /hm²、833 株 /hm²、389 株 /hm²，基于此标准实施林分密度调控改造后 SBE 约提高 21.6%。

9.3.3.2 讨 论

（1）借助 PhotoShop、AutoCAD、Speedtree、Lumion 等软件工具，有可能实现树木单体参数化建模和森林场景合成，将一些类似于农林田间试验的方法引入景观美学质量评价研究。试验结果显示，在设定的密度水平范围内，胸径变化对美景度的影响不显著。但若取 10cm、20cm、30cm 3 个胸径级前 3 个最优场景合计，则无论是 SBE 最大值，还是平均值，均为 30cm > 20cm > 10cm。由此可见，林分美学质量随胸径增大而提高是相对于各自最优场景而言的，这正是现有研究的通行做法。景观模拟扩大了研究的范围，将一些现实中不常见或不存在的胸径—密度组合包含进来。

（2）密度对美景度的影响总体上为极显著，尤以适中的密度为最高，处于两端的最低，两者有极显著差异。即不同胸径级的美景度随密度变化均为先升后降趋势，但随着树体的增大，美景度峰值对应的密度向左偏移。密度—美景度拟合曲线为二次函数，拟合效果较好（$R^2 > 0.700$），但未达到更为理想的水平。原因可能是密度水平设置（样本）还不够多，林分胸径缺少适当变异或者环境条件过于理想，降低了景观的自然度进而影响评价结果。

（3）胸径、密度的交互效应对美景度有极显著影响，寻找两者的最优组合具有现实意义；同属随机分布的不同模拟场景对美景度的影响不显著，因此，模拟评价时为减少建模工作量，或可省略设置重复场景，但须保证林木种群分布的随机性。

（4）森林景观形态、色彩变化类型丰富，构景因素、环境条件复杂，研究目标多样，限于试验条件，也为突出目标因子，本文仅以一个单层、同龄的枫香纯林夏季静态景观为例做了模拟评价尝试，对林分的胸径分布、垂直层次、色彩因素与季节变化等均作了一致简化，这与丰富多彩的现实森林尚有差距，期待今后深入研究。

参考文献

Abbas Mardani,Ahmad Jusoh, Edmundas Kazimieras Zavadskas,2015.Fuzzy multiple criteria decision-making techniques and applications-Two decades review from 1994 to 2014[J].Expert Systems with Applications,8(42):4126-4148.

Andrews T,1992.How to heal with Color[M].Woodbury: Llewellyn Worldwide.

Armitage A M,Carlson W H,1981. The effect of quantum flux density, day and night temperature and phosphorus and potassium status on anthocyanin and chlorophyll content in marigold leaves [J]. Journal American Society for Horticultural Science(3):639-642.

Asen S, Stewart R N, Norris K H, 1972. Co-pigmentation of anthocyanins in plant tissues and its effect on color[J]. Phytochemistry, 11(3): 1139-1144.

Azcarate A, Hageloh F, Van De Sande K, et al., 2005.Automatic facial emotion recognition[M]. Computer Science Press.

Bansal T, Pandey A, Deepa D, et al., 2014. C-reactive protein (CRP) and its association with periodontal disease: a brief review[J]. Journal of clinical and diagnostic research: JCDR, 8(7): ZE21.

Bellizzi J A，Crowley A E，Hasty R W,1983．The effects of color in store design [J]．Journal of R etailing,59(1): 21-45．

Berto R S, Massaccesi M, 2008. Do eye movements measured across high and low fascination photographs differ? Addressing Kaplan's fascination hypothesis[J].Journal of Environmental Psychology, 28(2):185-191.

Biggam C P, Hough C A, Kay C J, et al.,2011. New directions in colour studies[M]. Amsterdam, NL: John Benjamins Publishing.

Box E O,1996. Plant functional types and climate at the global scale[J]. Journal of Vegetation Science, 7(3):309-320.

Brian Clouston, 陈自新, 许慈安译,1992. 风景园林植物配置 [M]. 北京 : 中国建筑工业出版社 .

Briggs D J, France J,1988. Landscape Evaluation: A comparative study [J].Journal of Environmental Magazine(84):219-238.

Buechner V L，Maier M A，Lichtenfeld S，et al.,2015.Emotion expression and color: their joint influence on perceived attractiveness and social position[J]． Current Psychology,34(2): 422-433.

Buhyoff G J,Leusehner W A, Amdt L K,1980. Replication of a scenic preference function [J].Forest Science,26(2):227-230.

Byrne A, Hilbert D R,2003. Color realism and color science[J]. Behavioral and Brain Sciences,

26(1): 3-21.

Calvo M G, Lang P J, 2004. Gaze patterns when looking at emotional pictures: Motivationally biased attention[J]. Motivation and Emotion, 28(3): 221–243.

Calvo R A, D'Mello S, 2010. Affect detection: An interdisciplinary review of models, methods, and their applications[J]. IEEE Transactions on affective computing, 1(1): 18–37.

Castro-Giner F,Künzli N,Jacquemin B,et al.,2009.Traffic-related air pollution，oxidative stress genes and asthma (ECHRS)[J]. Environmental health perspectives,117(12): 1919-1924.

Chalker-Scott L, 1999. Environmental significance of anthocyanins in plant stress responses[J]. Photochemistry and Photobiology, 70 (1): 1-9.

Chanelg ,Rebetezc ,Bétran courtm ,et al., 2011.Emotion assessment from physiological signals for adaptation of game difficulty[J]. IEEE Transactions on Systems, Man, and Cybernetics-Part A:Systems and Humans, 41(6): 1052–1063.

Chang C Y，Chen P K，2005．Human response to window views and indoor plants in the workplace[J]．HortScience，40(5): 1354-1359.

Chen X X, Jia K B, 2012. Applicationofthree-dimensional quantised colour histogram in colour image retrieval[J].Computer Applications and Software, 29(9): 31-32.

Christie P J, Alfenito M R, Walbot V ,1994. Impact of low-temperature stress on general phenylpropanoid and anthocyanin pathways: Enhancement of transcript abundance and anthocyanin pigmentation in maize seedlings[J].194(4): 541-549.

Chrousos G P, Harris A G, 1998. Hypothalamic-pituitary-adrenal axis suppression and inhaled corticosteroid therapy[J]. Neuroimmunomodulation, 5(6): 288-308.

Dalmaijer E S, Mathôt S, Van S, 2014. An open-source cross-platform toolbox forminimal-effort programming of eyetracking experiments[J].Behavior research methods, 46(4): 913-921.

Daniel T C,Boster R S,1976.Measuring landscape aesthetics:The scenic beauty estimation method[M].USDA Forest Service Research Paper.

Daniel T C, Vining J, 1984. Methodological issues in the assessment of landscape quality[J].Forest Science, 30(4):1084-1096.

Danlel T C,2001. Whither scenic beauty: visual landscape quality assessment in the 21st century[J]. Landscape and Urban Planning, 5(1)：267-281.

DB 33/T 2360—2021, 彩色森林营建技术规程 [S]. 杭州：浙江省市场监督管理局 ,2021.

De Lucio J M, Mohamadian J, Ruiz J, et al.,1996. Visual landscape exploration as revealed by eye movement tracking[J].Landscape and urban planning, 34(2): 135-142.

Deal D L, Raulston J C, Hinesley L E,1990. Leaf color retention, dark respiration, and growth of red-leafed Japanese maples under high night temperatures[J]. Journal of the American Society for Horticultural Science(115): 135-140.

Deng S Q，Yan J F，Guan Q W，et al.,2013．Short-term effects of thinning intensity on scenic beauty values of different stands[J]. Journal of Forest Research,18(3): 209-219.

Dischler J M, Maritaud K, Ghazanfarpour D,2002. Coherent Bump Map Recovery from a Single Texture Image.[C].Graphics Interface:201-208.

Duan R N, Wang X W, Lu B L, 2012. EEG-Based emotion recognition in listening music by using sup-port vector machine and linear dynamic system[C]//International Conference on Neural Information Processing. Doha, Qatar: Springer.

Duchowski A T, 2002. A breadth-first survey of eye-tracking applications[J].Behavior Research Methods, Instruments,& Computers, 34(4): 455-470.

Dupont L, Antrop M, 2014. Eye-tracking analysis in landscape perception research: Influence of photograph properties and landscape characteristics[J].Landscape Research, 39(4): 417-432.

Dupont L, Ooms K, Antrop M, et al.,2016. Comparing saliency maps and eye-tracking focus maps: The potential use in visual impact assessment based on landscape photographs[J].Landscape and Urban Planning(148): 17-26.

Edwards G, Finger M, 1997. Planting guidelines for public reserves[J]. Landscape Australia, 19(4): 350-355.

Elliot A J, Maier M A ,Moller A C,et al.,2007.Color and psuchogical functioning: the effect of red on perormance attainment[J]. Journal of Experimental Psychology:General,136(1):154-168.

Elliot A J, Maier M A,2014. Color psychology: effects of perceiving color on psychological functioning in humans[J]. Annual Review of Psychology, 65(1): 95-120.

Fan F, Huo Y, Wang X, et al.,2010. Effect of enalapril on plasma homocysteine levels in patients with essential hypertension[J]. Journal of Zhejiang University Science B, 11(8): 583-591.

Fooshee W C, Henny R J,1990. Chlorophyll levels and anatomy of variegated and nonvariegated areas of Aglaonema nitidum leaves[J]. Proceedings of the Florida State Horticultural Society(103): 170-172.

Frank S, Fürst C, Koschke L, et al.,2013. Assessment of landscape aesthetics—validation of a landscape metrics-based assessment by visual estimation of the scenic beauty[J]. Ecological Indicators(32): 222-231.

Frank-M Chmielewski,Thomas Rötzer, 2001. Response of tree phenology to climate change across Europe[J]. Agricultural and Forest Meteorology, 108(2): 66-71.

Gamon J A,Surfus J S,1999.Assessing leaf pigment content and activity with are flectometer[J]. New Phytologist, 143(1): 105-117.

Gorton H L, Vogelmann T C,1996. Effects of epidermal cell shape and pigmentation on optical properties of Antirrhinum petals at visible and ultraviolet wavelengths[J]. Plant Physiology(112): 879-888.

Haigh C A, Witham G, Thompson J, et al.,2014. Green environments and their effect upon hospital users[J]. International Journal of Research in Nursing,5(2): 37-43.

Han K T,2009. Influence of limitedly visible leafy indoor plants on the psychology, behavior, and health of students at a junior high school in Taiwan[J]. Environment and Behavior, 41(5): 658-692.

Han Q, Shinohara K, Kakubari Y, et al., 2003. Photoprotective role of rhodoxanthin during cold acclimation in Cryptomeria japonica[J]. Plant, Cell and Environment(26): 715-723.

Hassing H C, Twickler T B, Kastelein J J, et al., 2009. Air pollution as noxious environmental factor

in the development of cardiovascular disease[J]. Neth J Med, 67(4): 116-121.

Henry R C, Mahadev S, Urquijo S, et al.,2000. Color perception through atmospheric haze. Journal of the Optical Society of America A[J], 17(5): 831-835.

Hicks T A, 2010. Why Do Leaves Change Color? [M]. New York: Marshall Cavendish.

Holton T A, Edwina C C,1995. Genetics and biochemistry of anthocyanin biosynthesis [J],Plant Cell, 7(7).

Honda T, Saito N, 2002. Recent progress in the chemistry of polyacylated anthocyanins as flower color pigments[J]. Heterocycles,56(1-2): 633–692.

Hondo T, Yoshida K, Nakagawa A, et al.,1992 .Structural basis of blue-colour development in flower petals from Commelina communis[J]. Nature, 358(6386): 515-518.

Hormaetxe K, Hernandez A, Becerril J M, et al.,2004. Role of red carotenoids in photoprotection during winter acclimation in Buxus sempervirens leaves[J]. Plant Biology(6): 325-332.

Hua Q, Fan L,Li J ,2019. Chinese guideline for the management of hypertension in the elderly[J]. Journal of geriatric cardiology: JGC, 16(2): 67-99.

Huang G B, Zhu Q Y, Siew C K,2006.Extreme Learning Machine:Theory and Applications[J]. Neurocomputing, 70(13): 489-501.

Humphrey K G, 2009. Domain knowledge moderates the influence of visual saliency in scene recognition[J].British Journal of Psychology, 100(2): 377-398.

Ideno Y, Hayashi K, Abe Y, et al.,2017. Blood pressure-lowering effect of Shinrin-yoku (Forest bathing): A systematic review and meta-analysis[J]. BMC complementary and alternative medicine, 17(1): 1-12.

Islam M S, Jalaluddin M, Garner J O, et al. ,2005.Artificial shading and temperature influence on anthocyanin compositions in sweet potato leaves[J]. Hortscience A Publication of the American Society for Horticultural Science, 39(1):176-180.

Jang H S，Kim J，Kim K S，et al. ,2014. Human brain activity and emotional responses to plant color stimuli[J]. Color Research & Application, 39(3): 307-316.

Javier, Romero, Raul, et al.,2011. Color changes in objects in natural scenes as a function of observation distance and weather conditions[J]. Applied Optics,50(28):F112-F120.

Jean-Philippe Lenclos,1997.The Geography of Colour[M].New York:AIC Color.

Johannes I, 1997. The art of color[M]. New York: John Wiley & Sons.

Jung W H, Woo J M, Ryu J S, et al., 2014. The relationship between using forest environment and stress ofworkers in medical and counseling industries[J]. Korean Inst. Foresty Rec. Welf. (18): 1–10.

Karin F A,1996. Natures colour palette. Inherent colours of vegetation, stones and ground. Stockholm[M]. Scandinavian Colour Institute.

Kaplan R, Kaplan S, 1989. The Experience of Nature:A Psychological Perspective[M].New York:Cambridge University Press.

Kaufmal A J, Lohr V I, 2004. Does plant color affect emotional and physiological responses to landscapes[J]. Acta horticulture, Plant Cell and Environment, 26(5): 715-723.

ISHS Acta Horticulturae 639: XXVI International Horticultural Congress: Expanding roles for

Horticulture in Improving Human Well-Being and Life Quality. San Francisco: Acta Horticulturae.

Keskitalo J, Bergquist G, Gardeström P, et al., 2005. A cellular timetable of autumn senescence[J]. Plant Physiology, 139(4):1635-1648.

Kim J G, Shin W S, 2021. Forest therapy alone or with a guide: is there a difference between self-guided forest therapy and guided forest therapy programs?[J]. International Journal of Environmental Research and Public Health, 18(13): 6957.

King A W, With K A,2002. Dispersal success on spatially structured landscapes: when do spatial pattern and dispersal behavior really matter[J]. Ecological Modelling, 147(1):23-39.

Kirschbaum C, Hellhammer D H,1994. Salivary cortisol in psychoneuroendocrine research: recent developments and applications[J]. Psychoneuroendocrinology, 19(4): 313-333.

Koes R, Verweij W, Quattrocchio F, 2005. Flavonoids：a colorful model for the regulation and evolution of biochemical pathways[J].Trends Plant Science,10(5):236-242.

Koldobika H, Jose M B, Isabel F, et al.,2005. Functional role of red (retro)-carotenoids as passive light filters in the leaves of Buxus sempervirens L.:increased protection of photosynthetic tissues[J]. Journal of Experimental Botany (56): 2629-2636.

Konoplyova A, Petropoulou Y, Yiotis C, et al.,2008. The fine structure and photosynthetic cost of structural leaf variegation[J]. Flora (203): 653-662.

Kopka S,Ross M,1984.A study of the reliability of the bureau of land management visual resource assessment scheme[J]. Landscape Planning,11(02):161-166.

Kuper R,2015．Preference complexity and color information entropy values for visual depictions of plant and vegetative growth[J]. Hort Technology,25(5): 625-634.

Lee D W, Oberbauer S F, Johnson P, et al.,2000.Effects of irradiance and spectral quality on leaf structure and function in seedlings of two Southeast Asian Hopea (Dipterocarpaceae) species[J]. American Journal of Botany, 87 (4): 447-455.

Levyadun S, 2016. Spring Versus Autumn or Young Versus Old Leaf Colors: Evidence for Different Selective Agents and Evolution in Various Species and Floras[M]. Switzerland: Springer International Publishing.

Li Q, Kawada T,2011. Effect of forest therapy on the human psycho-neuro-endocrino-immune network[J].Nihon Eiseigaku Zasshi(66): 645–650.

Li Z, Ye L,Zhao Y, 2016.Short-term wind power prediction based on extreme learning machine with error correction[J]. Protection and Control of Modern Power Systems, 1(1):1-8.

Lichtenthaler F W, Cuny E, Weprek S,1983. Eine einfache und leistungsfähige Synthese acylierter Glyculosylbromide aus Hydroxyglycal-estern [J]. Angewandte Chemie, 95(11): 906–908.

M Bern, D Eppstein, R Grossman,1990. Visibility with a Moving Point of View [J]. lst Acm-Siam Symposium on Discrete Algorithms, 107-118.

Mao B, Peng L Q, Li L, et al.,2015. Non-linear scenic beauty model of scenic Platycladus orientalis plantations based on in-forest color patches[J]. Journal of Beijing Forestry University,37(07):68-75.

Mao G X,Cao Y B,Lan X G, et al.,2012. Therapeutic effect of forest bathing on human hypertension in the elderly[J]. Journal of cardiology, 60(6): 495-502.

Mao G, Lan X, Cao Y, et al.,2012. Effects of short-term forest bathing on human health in a broad-leavedevergreen forest in Zhejiang Province, China[J]. Biomed Environ Sci(25):38–45.

Marin A, Ferreres F, Barberá G G,2015. Weather variability influences color and phenolic content of pigmented baby leaf lettuces throughout the season[J]. Journal of Agricultural and Food Chemistry, 63(6): 1673-1681.

McCormac A C,Fischer A, Kumar A M, et al.,2001. Regulation of HEMA1 expression by phytochrome and a plastid signal during de-etiolation in Arabidopsis thaliana[J].The Plant Journal,25(5):549-561.

Mena-Martín F J, Martín-Escudero J C, Simal-Blanco F, et al.,2006. Influence of sympathetic activity on blood pressure and vascular damage evaluated by means of urinary albumin excretion[J]. The Journal of Clinical Hypertension, 8(9): 619-624.

Meitner M, Gandy R, Nelson J,2006. Application of texture mapping to generate and communicate the visual impacts of partial retention systems in boreal forests[J]. Forest Ecology & Management, 228(1):225-233.

Mori K, Hashizume K, 2007. Loss of anthocyanins in red-wine grape under high temperature[J]. Journal of Experimental Botany,58(8):1935.

Munsell A H,1969. A grammar of color[M]. New York: Van Nostrand Reinhold Co.

Muys B, Hynynen J, Palahí M, et al.,2011. Simulation tools for decision support to adaptive forest management in Europe[J]. Forest Systems,19(6):86-99.

Nakayama T,2002 .Enzymology of aurone biosynthesis[J].Journal of Bioscience and Bioengineering , 94(6):487-491.

Nordh H, Hagerhall C M, Holmqvist K,2013. Tracking restorative components: patterns in eye movements as a consequence of a restorative rating task[J].Landscape Research, 38(1): 101-116.

O'Brien E, Parati G, Stergiou G, et al.,2013.European Society of Hypertension position paper on ambulatory blood pressure monitoring[J]. Journal of hypertension,31(9): 1731-1768.

Ochiai H, Ikei H, Song C, et al.,2015. Physiological and psychological effects of forest therapy on middle-aged males with high-normal blood pressure[J]. International journal of environmental research and public health, 12(3): 2532-2542.

Ohe Y, Ikei H, Song C, et al.,2017. Evaluating the relaxation effects of emerging forest-therapy tourism: A multidisciplinary approach[J]. Tourism Managemen(62): 322-334.

Ohto M，Onai K，Furukawa Y, et al.,2001. Effects of sugar on vegetative development and floral transition in Arabidopsis[J]. Plant Physiology, 127(1): 252-261.

Oren-Shamir M，Levi-Nissim A,1997. UV-light effect on the leaf pigmentation of Cotinus coggygria 'Royal Purple' [J]. Scientia Horticulturae, 71(1-2):59-66.

Osgood C E, Suci G J, Tannenbaum P H, 1957. The measurement of meaning[M]. University of illinois Press.

Ougham H, Hortensteiner S, Armstead I, et al.,2008. The control of chlorophyll catabolism and the status of yellowing as a biomarker of leaf senescence[J]. Plant Biology(10): 4-14.

Pallardy S G,2010. Physiology of woody plants [M]. Burlington, MA: Academic Press.

Papadopoulos D P, Mourouzis I, Thomopoulos C, et al.,2010. Hypertension crisis[J]. Blood pressure,19(6): 328-336.

Park B J, Tsunetsugu Y, Kasetani T, et al.,2007. Physiological effects of shinrin-yoku (taking in the atmosphere of the forest)—using salivary cortisol and cerebral activity as indicators[J]. Journal of physiological anthropology,26(2): 123-128.

Park S H，Mattson R H,2009. Ornamental indoor plants in hospital rooms enhanced health outcomes of patients recovering from surgery[J].The Journal of Alternative and Complementary Medicine,15(9): 975-980.

Partala T, Surakka V, 2003. Pupil size variation as an indication of affective processing[J]. International journal of human-computer studies, 59(1): 185–198.

Peter Harrington,2013. Machine Learning in Action[M]. 李锐，李鹏，曲亚东，王斌译 . 北京：人民邮电出版社 .

Picard R W, Vyzas E, Healey J,2001. Toward machine emotional intelligence: Analysis of affective physiological state[J]. IEEE transactions on pattern analysis and machine intelligence, 23(10):1175–1191.

Pietrini F, Massacci A,1998. Leaf anthocyanin content changes in Zea mays L. grown at low temperature: Significance for the relationship between the quantum yield of PSII and the apparent quantum yield of CO2 assimilation[J]. Photosynthesis Research(58): 213-219.

Po-C hieh Hung,1993.Colorimetric calibration in electronic imaging devices using a look-up -table model and interpolations[J].Journal of Electronic Imaging,2 (1):53-61.

Porra R J,1997. Recent process in porphyrin and chlorophyll biosynthesis[J]. Photochemistry and Photobiology(65): 492-516.

Ranathunge C, Wheeler G L，Chimahusky M E, 2018. Transcriptome profiles of sunflower reveal the potential role of microsatellites in gene expression divergence[J]. Molecular Ecology, 27(7).

Remkova A, Remko M ,2010. The role of renin–angiotensin system in prothromboticstate in essential hypertension[J]. Physiol Res(59):13–23.

Romero J, Luzón-González R, Nieves J L, et al.,2011. Color changes in objects in natural scenes as a function of observation distance and weather conditions[J]. Applied Optics, 50(28): F112-F120.

Sakamoto W, Uno Y, Zhang Q, et al.,2009. Arrested differentiation of proplastids into chloroplasts in variegated leaves characterized by plastid ultrastructure and nucleoid morphology[J]. Plant Cell Physiology(50): 2069-2083.

Sakude,MiltonT.,Art Cortes,KennethC.Hardis,Glenn Martin and Heetor Morelos 一 Borja,Improvements on Terrain Database Correlation Testing.SISO Workshop, March 1998

Schaberg P G, Van den Berg A K, Murakami P F, et al.,2003. Factors influencing red expression in autumn foliage of sugar maple trees[J]. Tree Physiology, 23(5): 325-333.

Schirpke U, Tasser E, Tappeine U,2013. Predicting scenic beauty of mountain regions[J]. Landscape and Urban Planning, 111(1): 1-12.

Sevenant M,2010. Variation in landscape perception and preference: experiences from case studies in rural and urban landscapes observed by different groups of respondents[J]. Ghent University, : 23- 27.

Shao D, Park J E S, Wort S J, 2011. The role of endothelin-1 in the pathogenesis of pulmonary

arterial hypertension[J]. Pharmacological Research, 63(6): 504-511.

Sheue C R, Pao S H, Chien L F, et al.,2012. Natural foliar variegation without costs? The case of Begonia. Annals of Botany(109): 1065-1074.

Shuttlreorth S, 1980. The use of photographs as an environmental presentation medium in landscape studies[J]. Journal of Environmental Management, 11(1)：61-76.

Sims D A, Gamon J A, 2002.Relationships between leaf pigment content and spectral reflectance across a wide range of species,leaf structures and developmental stages[J]. Remote sensing of environment,81(2): 337-354.

Solecka D, Boudet A, Kacperska A,1999. Phenylpropanoid and anthocyanin changes in low-temperature treated winter oilseed rape leaves[J]. Plant Physiology and Biochemistry(37): 491-496.

Song C R, Ikei H, Kobayashi M, et al.,2015.Effect of forest walking on autonomic nervous system activity in middle-aged hypertensive individuals:A pilot study[J]. Int. J. Environ. Res. Public Health (12):2687–2699.

Sparavigna A C, 2014. Robert grosseteste and the colours[J]. International Journal of Sciences, 3(1): 1-6.

Stamps R H, 1995. Effects of shade level and fertilizer rate on yield and vase life of Aspidistra elatior 'Variegata' leaves[J]. Journal of Environmental Horticulture, 13 (3):137-139.

Sul J H, Lee K M, Kwack B H,1990. Effect of different levels of nitrogen application on change in leaf-variegation of Lonicera japonica var. aureo-reticulata under varied light intensities[J].Journal of the Korean Society for Horticultural Science,31(4)：444-448.

Tahvanainen L, Tyrvainen L, Ihalainen M ,2001.Forest management and public perceptions: visual versus verbal information[J]. Landscape and Urban Planning, 53(1-4): 53-70.

Takayanagi K, Hagihara Y, 2006. To Extend Health Resources in a Forested Hospital Environment— A Comparison Between Artificial and Natural Plants[J]. The Journal of Japan Mibyou System Association, 11(2): 247-259.

Tatsunt M, Keiji T, 1996. Enzymaticactivities for the synthesis of chlorophyll in pigment deficient variegated leaves of Euonymus japonicus [J]. Plant Cell Physiology, 37(4): 481-487.

Thorpert P, Nielsen A B, 2014. Experience of vegetation-borne colours [J].Journal of Landscape Architecture, 9(1): 60-69.

Tian L, Musetti V, Kim J, et al.,2004.The Arabidopsis LUT1 locus encodes a member of the cytochrome P450 family that is required for carotenoid epsilon-ring hydroxylation activity[J].Proc Natl Acad Sci USA,101(1): 402-407.

Toledo-Ortiz G，Johansson H，Lee K P，et al.,2014. The HY5-PIF regulatory module coordinates light and temperature control of photosynthetic gene transcription[J].PLoS Genet.,10 (6): e1004416.

Tsukaya H, Okada H, Mohamed M, 2004. A novel feature of structural variegation in leaves of the tropical plant Schismatoglottis calyptrate[J]. Journal of Plant Research(117): 477-480.

Ulrich R S，1984. View through a window may influence recovery from Surgery[J].Science，224(4647): 420-421.

Vendramini F, Díaz S, Gurvich D E, et al.,2002. Leaf traits as indicators of resource-use strategy in floras with succulent species[J]. New Phytologist(154): 147-157.

Verma G K, Tiwary U S,2014. Multimodal fusion framework: A multiresolution approach for emotion classification and recognition from physiological signals[J]. NeuroImage(102): 162–172.

Walther Gian-Reto, Poar Eric, Convey Peter,et al.,2002. Econlogical responses to recent climate change[J].Nature(145):389-395.

Warha A A, Muhammad Y A, Akeyede I,2018.A Comparative Analysis on Some Estimators of Parameters of Linear Regression Models in Presence of Multicollinearity [J].Asian Journal of Probability and Statistics, 2(2):1-8.

Whitfield T W A，Whelton J,2015．The arcane roots of colour psychology，chromotherapy，and colour forecasting[J]. Color R esearch & Application,40(1): 99-106.

William A H, Ericl Z, Brenth M, 2000. Physiological significance of anthocyanins during autumnal leaf senescence[J]. Tree Physiology(21):1-8.

Wilson G D,1966. Arousal properties of red versus green[J]. Perceptualand Motor Skills, 23（3）：947-949.

Wu Q, Ye B, Lv X, et al.,2020. Adjunctive therapeutic effects of cinnamomum camphora forest environment on elderly patients with hypertension[J]. International Journal of Gerontology, 14(4): 327-331.

Yan G E, 2014. Electrophysiological Measures Applied in User Experience Studies[J]. Advances in Psychological Science(22): 959-967.

Xue Hong-zhi, Cui Hong-wei,2019. Research on Image Restoration Algorithms Based on BP Neural Network[J].Journal of Visual Communication and Image Represen-tation(59): 204-209.

Yamaguchi T,Fukada-Tanaka S Y, Saito N,2001.Genes encoding the vacuolar Na+/H+ exchanger and flower coloration[J].Plant & Cell Physiology, 42(5):451-461.

Zaza A, Lombardi F, 2001. Autonomic indexes based on the analysis of heart rate variability: a view from the sinus node[J]. Cardiovascular research, 50(3): 434-442.

Zhang Y, Hayashi T, Inoue M, et al., 2008. Flower color diversity and its optical mechanism[J]. Acta Horticulturae(766): 469-476.

Zhao D,Tao J,2015. Recent advances on the development and regulation of flower color in ornamental plants[J]. Frontiers in Plant Science(6): 261.

Zhe Zhang,Guangfa Qie,Cheng Wang,et al.,2017. Relationship between forest color characteristics and scenic beauty: Case study analyzing pictures of mountainous forests at sloped positions in Jiuzhai Valley China[J]. Multidisciplinary Digital Publishing Institute,8(3).

安静,刘念念,杨荣和,等,2014.花溪国家城市湿地公园夏季林木景观美感评价[J].生态经济,30（10）:194–199.

安平，2010. 城市色彩景观规划研究——以中国天津中心城区为例 [D]. 天津：天津大学.

白志勇，2011. 基于 SpeedTree 的梅花可视化模型构建 [D]. 北京：北京林业大学.

毕蒙蒙，曹雨薇，宋蒙，2021. 百合花色研究进展 [J]. 园艺学报，48（10）：2073–2086.

蔡葛平，2008. 光周期、土壤水分及外源激素对黄芩中黄酮类成分累积的影响及其分子机制 [D]. 上海：复旦大学.

蔡世捷，2006. 基于 Matlab 的树木图像分割方法研究 [D]. 南京：南京林业大学 .

曹恭祥，王彦辉，熊伟，等，2014. 基于土壤水分承载力的林分密度计算与调控—以六盘山华北落叶松人工林为例 [J]. 林业科学研究，27（02）：133-141.

曹瑜娟，徐程扬，崔义，等，2019. 观景距离和光照条件对黄栌林景观色彩的影响 [J]. 中南林业科技大学学报，39（05）：22-29.

曹云，2022. 森林康养实现资源利用与保护同步发展 [J]. 中国林业产业（2）：2.

常禹，胡远满，布仁仓，等，2008. 景观可视化及其应用 [J]. 生态学杂志，27（8）：1422-1429.

晁月文，李竞芸，张广辉，2008. 彩叶林木呈色机理及其育种研究进展 [J]. 江苏林业科技，35（4）：46-48.

车生泉，寿晓明，2010. 日照对园林植物色彩视觉的影响 [J]. 上海交通大学学报（农业科学版），28（02）：166-170.

陈炳锟，张俊彦，2001. 办公室环境中窗景与植栽对使坩者效益之研究 [A]. 休闲、游憩、观光研究成研讨会论文集 [C]. 台北：37-53.

陈春伟，郑仲元，2020. 三维全景技术下的虚拟校园漫游系统设计方案 [J]. 现代电子技术，43（07）：169-172+177.

陈登雄，李玉蕾，池丽月，1998. 枫香播种苗培育技术研究 [J]. 福建林学院学报，18（1）：19-23.

陈福国，2020. 实用认知心理治疗学（第三版）[M]. 上海：上海人民出版社 .

陈泓钢，2021. 基于深度学习的树木叶片视觉特征融合分类研究 [D]. 哈尔滨：东北林业大学 .

陈继卫，沈朝栋，贾玉芳，等，2010. 红枫秋冬转色期叶色变化的生理特性 [J]. 浙江大学学报（农业与生命科学版），36（2）：181-186.

陈嘉婧，刘保国，李睿，等，2019. 基于林木群落色彩构成量化分析的林木配置研究 [J]. 河南农业大学学报，53（4）：551-556.

陈建芳，2014. 温湿度及外源蔗糖对元宝枫秋叶变色的影响研究 [D]. 北京：北京林业大学 .

陈骞，2020. 基于两层体素模型的碰撞检测算法 [J]. 电脑知识与技术，16（17）：10-13.

陈夏洁，程杰铭，顾凯，2001. 色彩学 [M]. 北京：科学出版社 .

陈鑫峰，王雁，2000. 国内外森林景观的定量评价和经营技术研究现状 [J]. 世界林业研究，13（05）：31-38.

陈鑫峰，王雁，2001. 森林美剖析——主论森林植物植物的形式美 [J]. 林业科学（02）：122-130.

陈璇，谢军，2021. 彩叶植物叶色表达机制的研究进展 [J]. 吉林农业科技学院学报，30（1）：7-10.

陈燕，2014. 园林植物色彩对不人群的生理影响研究 [D]. 杨陵：西北农林大学 .

陈莹莹，张悦欣，张梓妍，等，2022. 基于 Unity3D 的三维虚拟校园交互系统设计与实现 [J]. 无线互联科技，19（01）：64-65.

陈勇，孙冰，廖绍波，等，2014. 深圳市城市森林林内景观的美景度评价 [J]. 林业科学，50（8）：39-40.

陈祖荧，2015. 西蜀园林景观色彩研究 [D]. 成都：四川农业大学 .

成刚虎，熊康鹏，2010.纽介堡方程的理论价值及其局限性研究 [J].中国印刷与包装研究，2（5）：24–28.

成玉宁，谭明，2016.基于量化技术的景观色彩环境优化研究——以南京中山陵园中轴线为例 [J].西部人居环境学刊，31（4）：18–25.

程杰铭，陈夏洁，顾凯，2006.色彩学 [M].北京：科学出版社.

楚爱香，张要战，田永芳，2012.几种秋色叶树种秋冬转色期叶色变化的生理特性 [J].东北林业大学学报，40（11）：40–43.

丛丽，张玉钧，2016.对森林康养旅游科学性研究的思考 [J].旅游学刊，31（11）：3.

崔屹，1997.数字图象处理技术与应用 [M].北京：电子工业出版社.

达良俊，杨永川，宋永昌，2004.浙江天童国家森林公园常绿阔叶林主要组成种的种群结构及更新类型 [J].植物生态学报，28（3）：9.

代维，2007.园林植物色彩应用研究 [D].北京：北京林业大学.

戴茜，陈存友，胡希军，等，2019.建筑因子对城市湖泊温度效应的模拟研究——以湖南烈士公园湖泊为例 [J].生态环境学报，28（01）：106–116.

翟明普，张荣，阎海平，2003.风景评价在风景林建设中应用研究进展 [J].世界林业研究，16（06）：16–19.

丁廷发，谢必武，张凤龙，2006.重庆市 5 种彩叶林木色素和色彩变化规律研究 [J].重庆三峡学院学报，3（22）：78–80.

董春娟，李亮，曹宁，等，2015.苯丙氨酸解氨酶在诱导黄瓜幼苗抗寒性中的作用 [J].应用生态学报，26（7）：2041–2049.

董灵波，刘兆刚，2012.樟子松人工林空间结构优化及可视化模拟 [J].林业科学，48（10）：77–85.

顿邵坤，维海平，孙明柱，2011.RGB 颜色空间的新的色差公式 [J].科技技术与工程，11（8）：1832–1836.

方嘉淋，2021.植物色彩对人的生理及心理恢复性影响研究 [D].沈阳：沈阳建筑大学.

房元民，2013.老年医院景观环境色彩的研究 [D].南京：南京林业大学.

冯书楠，岳桦，2018.寒地农业观光园农生境林木景观季相色彩量化研究 [J].东北农业大学学报，49（7）：27–37.

傅伯杰，陈利顶，马克明，等，2002.景观生态学原理及应用 [M].北京：科学出版社.

高捍东，陈凤毛，施季森，2000.枫香种子成熟期的研究 [J].南京林业大学学报，24（3）：26–28.

高敏，李鹏飞，苏泽斌，等，2019.一种数码喷墨印花机的颜色特性化方法 [J].包装工程，40（21）：11，235–241.

高娜，2013.室内植物色彩对人类心理影响的研究 [D].长沙：湖南师范大学.

谷志龙，2014.哈尔滨市园林林木应用数据资源库的构建 [D].哈尔滨：东北林业大学.

关媛元，闫红伟，昝世明，2013.Munsell 色彩调和理论优化植物景观方法研究 [J].沈阳农业大学学报（社会科学版），15（2）：229–233.

桂冬冬，2018.基于瞳孔反应的隐式视频情感标注 [D].深圳：深圳大学.

郭卫珍，张亚利，王荷，等，2015.5 个山茶品种的叶色变化及相关生理研究 [J].浙江农林大

学学报，32（5）：729-735.

郭秀艳，2004. 实验心理学 [M]. 北京：人民教育出版社.

郭雨红，蔡云楠，2010. 城市色彩的规划策略与途径 [M]. 北京：中国建筑工业出版社.

郭越，高昆，朱钧，等，2017. 一种基于 LASSO 回归模型的彩色相机颜色校正方法 [J]. 影像科学与光化学，35（2）：153-161.

韩秀珍，谭继强，2012. 大规模三维植被场景实时可视化方法 [J]. 地理研究，31（03）：565-577.

何颂华，张刚，陈桥，等，2014. 基于 BP 神经网络的多基色打印机光谱特性化 [J]. 包装工程，35（13）：7，110-115.

贺航，马小晶，王宏伟，2021. 基于改进麻雀搜索算法的森林火灾图像多阈值分割 [J]. 科学技术与工程，21（26）：11263-11270.

洪丽，王金刚，龚束芳，2010. 彩叶林木叶色变化及相关影响因子研究进展 [J]. 东北农业大学学报，41（6）：152-156.

洪亮，翟圣国，2014. 遗传算法优化 BP 神经网络的显示器色彩空间转换 [J]. 包装工程，35（5）：107-111.

侯理伟，荣培晶，李亮，等，2021. 经皮耳穴迷走神经刺激对功能性消化不良大鼠自主神经功能的影响 [J]. 针刺研究，46（8）：8.

侯鸣，2008. 中红杨叶色变化的相关生理生化及结构初步研究 [D]. 武汉：华中农业大学.

侯元凯，2010. 彩叶林木研究进展 [J]. 世界林业研究，23（6）：24-28.

呼和浩特市气象局，呼和浩特气候公报，2019.

胡蓓真，2015. 配色方案与策略研究及其在用户界面设计中的应用 [D]. 武汉：华中科技大学.

胡敬志，田旗，鲁心安，2007. 枫香叶片色素含量变化及其与叶色变化的关系 [J]. 西北农林科技大学学报，35（10）：219-223.

胡静静，沈向，李雪飞，等，2010. 黄连木秋季叶色变化与可溶性糖和矿质元素的关系 [J]. 林业科学，46（2）：80-86.

胡涛，景崔宁，2014. 计算机色彩原理及应用 [M]. 北京：清华大学出版社.

胡涛，2018. 基于地域特色的古城景观色彩研究——以西安古城墙内沿边街道为例 [D]. 西安：西安建筑科技大学.

华强，范玲，李娟，2019.2019 年中国老年人高血压防治指南 [J]. 老年心脏病杂志：中华心血管病杂志，16（2）：67-99.

黄兵桥，2015. 中国古典园林中的色彩研究 [D]. 北京：中国林业科学研究院.

黄广远，2012. 北京市城区城市森林结构及景观美学评价研究 [D]. 北京：北京林业大学.

黄佳乐，2014. 城市色彩规划 [D]. 长沙：中南大学.

黄晓彬，邬翰臻，吴锋，等，2022. 绿色疗愈视角下的森林康养中心概念设计 [J]. 世界林业研究，35（1）：1.

黄勇来，2004. 枫香天然林及人工林群落特征和生长过程比较 [J]. 福建林学院学报，24（4）：361-364.

霍星，解凯，2014. 基于多项式回归模型的液晶显示器特征化 [J]. 北京印刷学院学报，22（6）：1-8.

贾黎明，李效文，郝小飞，2007. 基于 SBE 法的北京山区油松游憩林抚育技术原则 [J]. 林业科学，Vol.43（9）：144-149.

贾娜，史久西，秦一心，等，2021. 森林色彩景观格局指数与色彩属性指标对观赏效应的影响 [J]. 林业科学，57（02）：12-21.

贾娜，闫伟，史久西，2021. 秋色叶树木树冠色彩特性对其观赏效应的影响 [J]. 林业科学，57（11）：37-48.

贾娜，2021. 林木色彩量化 [D]. 呼和浩特：内蒙古农业大学 .

贾婉丽，2002.Photoshop 中的色彩空间转换 [D]. 西安：西安理工大学 .

贾雪晴，2012. 园林植物色彩的心理反应研究 [D]. 杭州：浙江农林大学 .

姜琳，杨暖，姜官恒，等，2015. 栎属 4 个树种秋冬叶色与生理变化的关系 [J]. 中国农学通报，31（19）：13-18.

姜卫兵，徐莉莉，翁忙玲，等，2009. 环境因子及外源化学物质对植物花色素苷的影响 [J]. 生态环境学报，18（4）：1546-1552.

蒋艾平，2016. 檫木秋色叶性状变化机制研究与品系景观应用价值评价 [D]. 北京：中国林业科学研究院 .

焦祥，郑加强，张慧春，等，2015. 林木虚拟生长建模方法及建模工具研究综述和展望 [J]. 浙江农林大学学报，32（6）：966-975.

康宁，李树华，李法红，2008. 园林景观对人体心理影响的研究 [J]. 中国园林（7）：69-72.

孔海军，王凤华，2017. 有氧运动干预对中老年原发性高血压患者安静血压及自主神经功能调节 Meta 分析 [J]. 冰雪运动，39（1）：11.

雷海清，支英豪，张冰，等，2020. 森林康养对老年高血压患者血压及相关因素的影响 [J]. 西部林业科学，49（1）：7.

雷维群，2011. 我国植物园的植物景观研究——以厦门植物园、北京植物园为例 [D]. 北京：北京林业大学 .

冷华妮，段红平，陈益泰，2010. 不同种源枫香磷响应指标的主成分分析 [J]. 土壤，42（1）：82-87.

李偲,2012. 长沙市常用园林林木色彩信息数据库的建立及应用 [D]. 长沙：中南林业科技大学 .

李俊英，闫红伟，唐强，等，2011. 沈阳森林植物群落结构与其林内景观美学质量关系研究 [J]. 西北林学院学报，26（2）：212-219.

李利霞，2015. 鸡爪槭叶色变化机制的研究 [D]. 重庆：重庆师范大学 .

李苹，毛斌，许丽娟，等，2018. 密度、灌草盖度和树干形态对油松人工风景林林内景观指数的影响 [J]. 北京林业大学学报，40（10）：115-122.

李庆会，徐辉，周琳，等，2015. 低温胁迫对 2 个茶树品种叶片叶绿素荧光特性的影响 [J]. 植物资源与环境学报（2）：26-31.

李瑞娟，2008.RGB 到 CIEXYZ 色彩空间转换的研究 [J]. 包装工程，29（3）：79-81.

李霞，安雪，潘会堂，2010. 北京市园林彩叶植物种类及园林应用 [J]. 中国园林（26）：63-68.

李霞，2012. 园林林木色彩对人的生理和心理的影响 [D]. 北京：北京林业大学 .

李霞，2010. 植物色彩对人生理和心理影响的研究进展 [J]. 湖北农业科学，49（7）：1730-

1733.

李小娟，陈挚，2014.基于图底关系理论的城市色彩风貌初探 [J].艺术与设计（理论）（5）：69-71.

李效文，陈秋夏，郑坚,2011.枫香秋叶色素变化及与环境因子的关系 [J].浙江农业科学（2）：279-282.

李效文，贾黎明，郝小飞，等，2007.森林景观 SBE 评价方法 [J].中国城市业，5（03）：33-36.

李效文，贾黎明，李广德，等，2010.北京低山山桃针叶树混交风景林景观质量评价及经营技术 [J].南京林业大学学报（自然科学版），34（4）：107-111.

李杨，2019.密度效应对赣南马尾松人工林生物量的影响 [D].南昌：江西农业大学.

李逸伦，郝培尧，董丽，2018.北京市公园绿地植物群落季相景观评价及其影响因子研究 [A].中国风景园林学会 2018 年会论文集 [C].

李永亮，鞠洪波，张怀清，2013.基于林分特征的林木个体信息估算可视化模拟技术 [J].林业科学，49（7）：99-105.

李梓辉，2002.森林对人体的医疗保健功能 [J].经济林研究，020（003）：69-70.

梁峰，蔺银鼎，2009.光照强度对彩叶植物元宝枫叶色表达的影响 [J].山西农业大学学报（自然科学版），29（1）：41-45.

梁树英，杨春宇，2020.天气和受光条件对建筑色彩影响的实验研究 [A].半导体照明创新应用暨智慧照明发展论坛论文集 [C].

梁爽，张洁，戚继忠，2015.次生林为主的自然风景林林内景观质量评价 [J].南京林业大学学报（自然科学版），39（06）：119-124.

廖艳梅，2007.福建省秋季风景林营建基础研究 [D].福州：福建农林大学.

廖月，2019.不同 pH 水平对多肉植物月影叶色和生长的影响 [D],成都：四川农业大学.

刘灿，2006.深圳市园林林木多样性与林木景观构成研究 [D].北京：北京林业大学.

刘翠玲，2019.新疆喀纳斯森林景观美学质量形成机制与自然火干扰体制研究 [D].乌鲁木齐：新疆农业大学.

刘海，张怀清，鞠洪波，2016.果子沟林场三维建模与可视化实现 [J].林业科学研究，29（1）：74-79.

刘浩学，2014.印刷色彩学 [M].北京：中国轻工业出版社.

刘家铎，1992.丹麦森林医疗花园——以纳卡蒂亚森林医疗花园为例 [J].成都理工大学学报（自然科学版）（1）：49-57.

刘丽莉，2004.评价指标选取方法研究 [J].河北建筑工业学院学报，22（1）：134-137.

刘敏玲，苏明华，潘东明，等，2013.不同 LED 光质对金线莲生长的影响 [J].亚热带植物科学（1）：46-48.

刘苏，2016.显示设备 ICC 色彩特征文件生成方法的研究 [D].南京：东南大学.

刘毅娟，2014.苏州古典园林色彩体系的研究 [D].北京：北京林业大学.

刘颖，罗岱，黄心渊,2012.基于 OSG 的 Speedtree 植物模型绘制研究 [J].计算机工程与设计，33（6）：2406-2419.

刘兆刚，李凤日，2009.樟子松人工林树冠结构模型及三维图形可视化模拟 [J].林业科学，

45（6）：54–61.

刘志林，倪士峰，刘惠，2009.枫香成分及其生物学活性研究进展 [J].西北药学杂志，24（6）：513–515.

卢文峰，黄小龙，2017.图像工程技术综述 [J].通讯电源技术，34（6）：132–133.

卢雯，2014.密度调控对女贞人工林土壤氮动态的影响 [D].南京：南京林业大学.

芦伟，余建平，任海保，等，2018.古田山中亚热带常绿阔叶林群落物种多样性的空间变异特征 [J].生物多样性，26（9）：6.

鲁燕舞，2014.光质对萝卜芽苗菜物质代谢及营养品质影响的机理研究 [D].南京：南京农业大学.

陆怡菲,2017.基于脑电信号和眼动信号融合的多模态情绪识别研究 [D].上海：上海交通大学.

罗慧君，2004.城市公园绿地景观格局与树种结构相关性研究——以杭州花港观鱼公园为例 [D].杭州：浙江大学.

罗雪梅，金晓玲，刘雪梅，2011.榉树叶色变化类型和原因探析 [J].广东农业科学（23）：54–56.

骆王丽，2017.旅游小镇茶文化旅游资源价值评价研究——基于浙江省龙坞镇的实践 [J].中国管理信息化，20（10）：143–144.

吕林蔚，辜彬，2015.景观色彩优化方法 [J].绿色科技（12）：116–120.

马冰倩，徐程扬，崔义，2018.八达岭秋季景观整体色彩组成对美景度的影响 [J].西北林学院学报，33（6）：258–264.

毛斌，彭立群，李乐，等，2015.侧柏风景林美景度的林内色彩斑块非线性模型研究 [J].北京林业大学学报，37（7）：68–75.

梅光义，孙玉军，2012.基于 SBE 法的杉木风景游憩林的评价及经营技术 [J].中南林业科技大学学报 [J]，32（8）：28–32.

莫训强，陈小奎，李洪远，2010.北方城市早春野生花卉的色彩分析与应用 [J].中国园林，3（4）：69–72.

裴源政，2017.园林林木景观评价研究进展 [J].农民致富之友（10）：146.

蒲婷婷,2016.人工黄栌混交林色彩空间异质性与美景度的关系研究 [D].北京：北京林业大学.

郄光发，房城，王成，等，2011.森林保健生理与心理研究进展 [J].世界林业研究，24（3）：37–41.

秦一心，2016.长三角地区生态景观林色彩量化与配置研究 [D].呼和浩特：内蒙古农业大学.

荣立苹，李倩中，李淑顺，等,2014.槭属林木叶色表达研究进展 [J].江苏农业科学,42（10）：10–11.

山丹，2012.呼和浩特市综合公园林木景观季相研究 [D].呼和浩特：内蒙古农业大学.

商彩丽，刘青，王明晓，2021.物叶色变异的分子机理研究进展 [J].山东农业科学，53（7）：127–134.

邵娟，2012.南京市秋季林木色彩的定量研究与应用——以南京市老山国家森林公园林木色彩为例 [D].南京：南京林业大学.

石争浩，刘春月，任文琦，等，2022.沙尘图像色彩恢复及增强卷积神经网络 [J].中国图象图形学报，27（05）：1493–1508.

史宝胜，2006. 紫叶李叶色生理变化及影响因素研究 [D]. 哈尔滨：东北林业大学 .

史久西，邓劲松，王小明，2009. 乡村景观格局热效应 [J]. 林业科学，22（6）：792-800.

史俊通，宋璐，高如嵩，1998. 大麦叶色转换突变系转色机理及其调控研究 [J]. 西北农业学报（02）：28-31.

寿晓鸣，车生泉，2007. 城市园林林木中单叶叶色与整株色彩关联度研究 [J]. 上海交通大学学报（农业科学版），6（3）：238-243.

寿晓鸣，2007. 城市园林植物色彩调查方法研究 [D]. 上海：上海交通大学 .

宋力，何兴元，徐文铎，等，2006. 城市森林景观美景度的测定 [J]. 生态学杂志，25（6）：621-624.

苏娌娌，2011. 不同 K+ 和 pH 水平对红叶石楠叶色和生理的影响 [D]. 南京：南京林业大学 .

苏雪痕，2015. 植物造景（第二版）[M]. 北京：中国林业出版社 .

孙百宁，2010. 基于风景园林色彩数值化方法的应用研究 [D]. 哈尔滨：东北林业大学 .

孙洛伊，2014. 北京旧城城市广告色彩控制研究 [D]. 北京：北京建筑大学 .

孙小玲，许岳飞，马鲁沂，等，2010. 植株叶片的光合色素构成对遮阴的响应 [J]. 植物生态学报，34（8）：989-999.

孙亚美，2015. 北京地区常用秋色叶树种色彩量化与评价研究 [D]. 北京：北京林业大学 .

谭明，2018. 景园色彩构成量化研究——以南京地区为例 [D]. 南京：东南大学 .

汤顺清，1990. 色度学 [M]. 北京：北京理工大学出版社 .

唐勤，2012. 明度与色彩问题研究 [J]. 艺术论坛（12）：47.

田全慧，顾萍，朱明，2019. 波段分区的数码喷墨印花机光谱特性化模型 [J]. 纺织学报，40（4）：140-144.

汪森，陈凤毛，2004. 不同家系枫香种子贮藏活力分析 [J]. 安徽林业科技（4）：5-6.

王超，翟明普，金莹杉，等，2006. 森林景观质量评价研究现状及趋势 [J]. 世界林业研究，19（6）：18-22.

王冬梦，谢珊珊，申雪莹，等，2016. 春季城市公园滨水林木群落色彩感受评价 [J]. 西部林业科学，45（1）：68-73.

王冬雪，2017. 种源与环境因子对枫香叶色变化的影响 [D]. 呼和浩特：内蒙古农业大学 .

王斐，2013. 北美枫香主脉切断叶片的蒸腾冷却衰减和变色 [J]. 北京林业大学学报，35（1）：72-76.

王利，丰震，2004. 枫香的播种育苗技术 [J]. 山东林业科技（1）：31.

王琳，吴正鹏，姜兴钰，等，2015. 无人机倾斜摄影技术在三维城市建模中的应用 [J]. 测绘与空间地理信息，38（12）：31-32.

王美丽，郑国华，2015. 福州市春季草本花卉色彩分析及应用探索 [J]. 东南园艺，3（1）：52-59.

王秋姣，2013. 水分胁迫对三种彩叶植物的影响研究 [D]. 长沙：中南林业科技大学 .

王秋月，2019. 杭州地区彩叶树种呈色物候研究与应用 [D]. 北京：中国林业科学研究院 .

王荣，郭志华，2007. 不同光环境下枫香幼苗的叶片解剖结构 [J]. 生态学杂志，26（1）：1719-1724.

王珊珊，2020. 晋西黄土区刺槐林分密度定向调控研究 [D]. 北京：北京林业大学 .

王向歌，张建林，2017. 基于城市景观视觉的山地公园林木景观规划设计研究 [J]. 西南师范大学学报（自然科学版），42（01）：115-120.

王小青，韩键，文杨，等，2016. 呈色机制不同的桃叶片花色素苷积累及合成相关基因表达的季节性差异 [J]. 南京农业大学学报，39（6）：924-931.

王晓博，2008. 哈尔滨木本林木叶片色彩构成属性及信息系统建立 [D]. 哈尔滨：东北林业大学.

王艳英，王成，蒋继宏，等，2010. 侧柏、香樟枝叶挥发物对人体生理的影响 [J]. 城市环境与城市生态，23（3）：30-32，37.

王振兴，于云飞，陈丽，等，2016. 彩叶植物叶片色素组成、结构以及光合特性的研究进展 [J]. 植物生理学报，52（1）：1-7.

王子，李明阳，2017. 风景林四季景观色彩规划方法研究——以紫金山为例 [J]. 林业资源管理（S1）：70-76.

王子，荣媛，李明阳，等，2017. 森林景观色彩评价研究 [J]. 世界林业研究，30（3）：42-44.

王紫璇，李佳佳，于旭东，等，2021. 高等植物类胡萝卜素生物合成研究进展 [J]. 分子植物育种，19（8）：2627-2637.

魏媛，闫伟，杨瑞，2014. 4 种秋色叶树种转色期叶色变化的生理特性 [J]. 现代园艺（7）：17-19.

文祥凤，赖家业，和太平，2003. 温度与光照对黄素梅、黄金榕叶色变化的影响 [J]. 广西农业生物科学，22（1）：32-34.

吴姝婷，洪昕晨，戴忠炜，等，2019. 城市公园色彩特征与游客感知心理关系研究——以福州市闽江公园南园为例 [J]. 中国城市林业，17（4）：37-41.

吴晓晖，2012.SpeedTree 与 Virtools 模型转换的研究与实现 [D]. 北京：北京林业大学.

肖世孟，2020. 中国色彩史十讲 [M]. 北京：中华书局.

谢庭生，谢树春，赵玲，2013. 湖南红壤紫色土地区日本野漆树引种试验 [J]. 经济林研究，31（1）：110-114.

邢强，袁保宗，2002. 基于色彩矩的无监督多分辨率图像分割 [J]. 铁道学报（05）：67-71.

雄晶，2019. 杭州花港观鱼林木景观特征量化分析 [D]. 杭州：浙江农林大学.

徐碧珺，王伟，2020. 色彩·构成·设计（第二版）[M]. 北京：化学工业出版社.

徐道旺，陈少红，叶章发，1993. 枫香育苗合理密度的研究 [J]. 福建林学院学报，13（1）：42-45.

徐高福，肖建宏，毛显蜂，2000. 枫香人工造林技术与效果初报 [J]. 浙江林业科技，20（2）：39-42.

徐海松，2005. 颜色信息工程 [M]. 杭州：浙江大学出版社.

徐珍珍，史久西，格日乐图，2017. 森林景观模拟与构景因素控制试验 [J]. 林业科学研究，30（02）：276-284.

徐珍珍，2017. 城周山地游憩林景观质量评价与调控技术研究 [D]. 呼和浩特：内蒙古农业大学.

许宝卉，2010. 显示器色彩特性分析及色彩空间转换技术研究 [D]. 西安：西安理工大学.

许丽颖，郝玉苹，王刚，等，2007. 水分胁迫对紫叶李叶片色素含量与 PAL 活性的影响 [J]. 吉林农业大学学报，29（2）：168-172.

亚历山德拉·洛斯克，2020. 色彩的历程：18 世纪以来的探索与应用 [M]. 康鹏，译. 武汉：

华中科技大学出版社.

闫海冰，韩有志，杨秀清，等，2010.华北山地典型天然次生林群落的树种空间分布格局及其关联性 [J].生态学报，30（09）：2211-2321.

闫明启，杨旭东，郑凌，等，2020.青岛自然疗养因子对高血压的应用 [J].职业与健康，36（23）：3310-3312.

杨传贵，杨意，梁佳楠，2014.丹麦森林医疗花园——以纳卡蒂亚森林医疗花园为例 [J].世界林业研究，27（3）：72-76.

杨春宇，梁树英，张青文，2011.城市色彩的观测方法与影响因素研究 [J].灯与照明，35（04）：1-5.

杨国栋，陈效逑，1995.北京地区的物候日历及其应用 [M].北京：首都师范大学出版社.

杨金锴，李鹏飞，苏泽斌，等，2021.基于改进极限学习机的数码印花颜色空间转换方法 [J].激光与光电子学进展，58（05）：053301.

杨进，靳杏子，2014.切花月季营养元素缺素或过剩现象及其生理意义 [J].北方园艺（2）：191-195.

杨柳青，刘楚儒，2001.枫香苗期生长节律及主要育苗技术措施 [J].湖南林业科技，28（4）：83-84.

杨敏娣，2012.北京市主要园林木本林木叶色构成与应用研究 [D].北京：北京林业大学.

杨阳，唐晓岚，古倩妘，2018.太湖东山野生林木资源调查与季相色彩特征分析 [J].内蒙古农业大学学报（自然科学版），39（6）：33-41.

杨永至，张丽云，闫海霞，等，2009.基于 AHP 法的呼和浩特市玉泉区林木群景观评价 [J].内蒙古农业大学学报，30（2）：40-45.

杨振亚，王勇，杨振东，等，2010.RGB 颜色空间的矢量 – 角度距离色差公式 [J].计算机工程与应用，46（6）：154-156.

姚小红，2014.环境因子对彩叶扶桑（Hibiscus rosa-sinensis var. variegate）叶色生理变化影响的研究 [D].福州：福建农林大学.

野村顺一，2014.色彩心理学 [M].张雷，译.海口：南海出版社.

易斌，甄江龙，袁韬，等，2015.成像式亮度测量数码相机色彩空间转换矩阵选择 [J].电子测量与仪器学报，29（3）：427-432.

于书懿，2014.基于视觉景观资源评价的漳州开发区山地规划策略研究 [D].哈尔滨：哈尔滨工业大学.

于晓南，张启翔，2000.彩叶植物多彩形成的研究进展 [J].园艺学报（S1）：533-538.

余孟骁，2018.西蜀衙署园林景观色彩量化研究 [D].成都：四川农业大学.

余敏，胡承孝，王运华，等，2006.低温条件下钼对冬小麦叶绿素合成前体的影响 [J].中国农业科学，39（4）：702-708.

俞孔坚，1986.自然风景景观评价方法 [J].中国园林（03）：38-40.

郁磊，史峰，王辉，等，2015.MatLab 智能算法 30 个案例分析（第 2 版）[M].北京：北京航空航天大学出版社.

喻敏，2000.冬小麦钼营养基因型差异及其生理基础 [D].武汉：华中农业大学.

员伟康，木拉提·哈米提，严传波，2016.基于颜色直方图的新疆维吾尔医药材图像检索分

析 [J]. 科技通报，32（7）：62–65+85.

袁明，万兴智，杜蕾，等，2010. 红花檵木叶色变化机理的初步研究 [J]. 园艺学报，37（6）：949–956.

袁涛，苏雪痕，2004. 彩叶木本花卉金叶获的引种与栽培 [J]. 园艺学报，31（1）：112–114.

占丽英，2016. 光质对紫色小白菜生长和花青苷合成基因表达的影响 [D]. 福州：福建农林大学.

张昶，王涵，王成，2020. 基于眼动的城市森林景观视觉质量评价及距离变化分析 [J]. 中国城市林业，18（01）：6–12.

张超，高金锋，李彦，等，2012. 低温对 2 种玉兰花色及相关酶活性的影响 [J]. 林业科学，48（7）：56–60.

张超，2011. 不同光质对美国红栌叶色表达的影响 [J]. 山西林业科技，40（3）：1–3.

张德丰，2011. 神经网络编程 [M]. 北京：化学工业出版社.

张二虎，2000.CRT 色彩空间转换模型的研究 [J]. 印刷技术（4）：40–42.

张飞兰，2015. 景观可视性定量计算方法的研究 [D]. 深圳：深圳大学.

张刚，汤国安，宋效东，等，2013. 基于 DEM 的分布式并行通视分析算法研究 [J]. 地理与地理信息科学，29（04）：83–83.

张磊，陈玲玲，2012. 基于 VC6.0 建立 RGB 到 Lab 颜色空间的转换模型 [J]. 印前技术（4）：15–16.

张敏，黄利斌，周鹏，等，2015. 榉树秋季转色期叶色变化的生理生化 [J]. 林业科学，51（8）：44–51.

张明庆，杨国栋，张玲，2008. 北京城区的季相特征及其园林应用研究 [J]. 首都师范大学学报（自然科学版），29（5）：62–65.

张祺祺，2020. 杭州地区典型彩叶树种呈色物候研究 [D]. 北京：中国林业科学研究院.

张启翔，吴静，周肖红，等，1998. 彩叶植物资源及其在园林中的应用 [J]. 北京林业大学学报，20（4）：126–127.

张绍全，2018. 发展森林康养产业推进现代林业转型升级的思考 [J]. 林业经济，40（8）：5.

张水木，彭媛媛，李林，2016. 不同光质处理对翠云草叶色变化的影响 [J]. 北方园艺（12）：75–79.

张卫正，2015. 基于视觉与图像的植物信息采集与处理技术研究 [D]. 杭州：浙江大学.

张小晶，陈娟，李巧玉，等，2020. 基于视觉特性的川西亚高山秋季景观林色彩量化及景观美学质量评价 [J]. 应用生态学报，31（01）：45–54.

张晓宇，郭杏苑，张舒婷，等，2021. 基于 Ewing 试验的心率变异性分析对 2 型糖尿病患者心脏自主神经病变诊断的临床价值研究 [J]. 中国糖尿病杂志，29（3）：7.

张琰，卓丽环，赵亚洲，2008. 光质对'血红'鸡爪槭叶片色素含量的影响 [A]. 中国园艺学会观赏园艺专业委员会 2008 年学术年会论文集.

张元康，2019. 贵阳市常用园林林木色彩量化研究 [D]. 贵阳：贵州大学.

张长江，2009. 森林生态效益外部性的会计理论与方法研究 [D]. 南京：南京林业大学.

张喆，郄光发，王成，等，2017. 多尺度林木色彩表征及其与人体响应的关系 [J]. 生态学报，37（15）：5070–5079.

章慧，2011. 色彩空间转换的理论和实证研究综述 [J]. 包装工程，32（13）：102–105.

章毓晋.中国图象工程 [J].中国图象图形学报，1995，1（1）：78-83. DOI：10.11834/jig.19960115.

章志都，2010.京郊低山风景游憩林质量评价及调控关键技术研究 [D].北京：北京林业大学.

赵昶灵，郭华春，2007.植物花色苷生物合成酶类的亚细胞组织研究进展 [J].西北植物学报，27（8）：1695-1701.

赵丹，2018.东北林业大学校园绿地林木景观改造研究 [D].哈尔滨：东北林业大学.

赵凯，李金航，徐程扬，2019.侧柏人工林林分结构与色彩斑块间的耦合关系 [J].北京林业大学学报，41（01）：82-91.

赵秋月，刘健.余坤勇，等，2018.基于 SBE 法和林木组合色彩量化分析的公园林木配置研究 [J].西北林学院学报（35）：245-251.

赵绍鸿，2009.森林美学 [M].北京：北京大学出版社.

赵世杰，史国安，董新纯，2002.植物生理学实验指导 [M].北京：中国农业科学技术出版社.

赵天明，2018.基于三维查表法的色空间转换算法研究 [D].郑州：战略支援部队信息工程大学.

赵新灿，左洪福，任勇军，2006.眼动仪与视线跟踪技术综述 [J].计算机工程与应用，42（12）：118-120.

赵占娟，李光，王秀生，等，2009.光质对绿豆幼苗叶片超微弱发光及叶绿素含量的影响 [J].西北植物学报，29（7）：1465-1469.

浙江省林业厅，2016.浙江省珍贵彩色森林建设总体规划（2015—2020）.

郑春芳，刘伟成，陈少波，等，2013.短期夜间低温胁迫对秋茄幼苗碳氮代谢及其相关酶活性的影响 [J].生态学报，33（21）：6853-6862.

郑晓红，2013.色彩调和理论 [D].苏州：苏州大学.

郑瑶，2014.重庆市秋季常见园林林木色彩定量研究 [D].重庆：西南大学.

郑宇，张炜琪，吴倩楠，2016.陕西金丝大峡谷国家森林公园秋季景观林色彩量化研究 [J].西北林学院学报，31（3）：275-280.

钟娟，2008.观赏植物虎舌红叶片形态结构与色素的初步研究 [D].雅安：四川农业大学.

周湃，王芳，盛志国，等，2021.不同血压环境下椎动脉粥样硬化仿真研究 [J].天津科技大学学报，36（03）：53-59.

朱慧，张宇东，2008.基于实验心理学的色彩心理探究 [J].中国包装工业（7）：49-51.

朱敏，高爱平，罗石，2014.杧果花瓣与花药色彩的数字化描述 [J].林木遗传资源学报，14（1）：159-166.

朱学敏，肖聪阁，2009.浅议色彩的心理效应 [J].科教文汇（上旬刊）（3）：239.

朱志鹏，陈梓茹，蓝若珂，等，2017.闽西乡村道路景观评价研究 [J].林业资源管理（03）：98-103.

祝晓，2011.虚拟现实技术辅助园林规划设计研究 [D].南京：南京林业大学.

庄梅梅，2011.深圳梧桐山植被景观色彩研究 [D].北京：中国林业科学研究院.

附录1 优化BP神经网络代码段

拍照 Lab 转扫描 RGB 为例：

```
function pushbutton16_Callback(hObject, eventdata, handles)
% hObject    handle to pushbutton16 (see GCBO)
% eventdata  reserved – to be defined in a future version of MATLAB
% handles    structure with handles and user data (see GUIDATA)
%%
% 调用数据
load TakePictures_data.mat
load Scanning_data.mat
TakePictures_LAB = [TakePictures_LAB(1:end,1:3);TakePictures_LAB(1:end,1:3);TakePictures_
LAB(1:end,1:3)];% 数据
Scanning_RGB = [Scanning_RGB(1:end,1:3);Scanning_RGB(1:end,1:3);Scanning_RGB(1:end,1:3)];% 标签
%%
% 构建网络
net = newff(TakePictures_LAB,Scanning_RGB, [10], { 'logsig' 'purelin' } , 'trainrp' , 'learngdm') ;% 输入数据
为 特征数 * 数据个数，输出为 类别向量 * 数据个数
net.trainparam.show = 50 ;% 每间隔 50 步显示一次训练结果
net.trainparam.epochs = 1000;% 允许最大训练步数 1000 步
net.trainparam.goal = 0.005 ;% 训练目标最小误差 0.005
net.trainParam.lr = 0.001 ;% 学习速率 0.001
%% 开始训练
net = train( net, TakePictures_LAB,Scanning_RGB);
save TakePictures_LAB2Scanning_RGB _net.mat net
%% 仿真测试
Y = sim( net,TakePictures_LAB) ;% 得到标签值
%%
% 数据储存处理
Scanning_RGB = [Scanning_RGB(1:end,1:3)];
Y = [Y(1:end,1:3)];
R2 = rsquare(Y,Scanning_RGB);
figure,plotregression(Y,Scanning_RGB)
xlswrite('TakePictures_LAB2Scanning_RGB',R2,'G2:G2');
xlswrite('TakePictures_LAB2Scanning_RGB',Scanning_RGB,'A1:C2000');
xlswrite('TakePictures_LAB2Scanning_RGB',Y,'D1:F2000');
```

附录2　通视性分析代码

附录2.1　Python代码

```python
def isvis():
dx,dy,dz = xe-xb,ye-yb,ze-zb
print dx,dy,dz
if abs(dy) >= abs(dx): # Y 为主变方向，此时 dy <> 0，因此可以处理 y 轴的平等线
    sgn = abs(dy)/dy # 设置符号，将 y 不同变化方向统一处理
    ddy = sgn*5.0 # dy 正时，ddy 往前增量；负时往后减量
    ddx = dx*ddy/dy
    yi = yb+sgn*2.5 # 第一条线偏移 2.5
    xi = (yi-yb)*dx/dy+xb
    v = 1
    while sgn*yi < sgn*ye:
        zi = zb+(yi-yb)*dz/dy
        myfid = (yi-y0)//5*806+(xi-x0)//5
        with arcpy.da.SearchCursor(fe,fed,"ORIG_FID = {0}".format(myfid)) as cursor:
            for row in cursor:
                print row[3]
                if row[3] > zi:
                    v = 0
                    break
        xi = xi+ddx
        yi = yi+ddy

else: # X 为主变方向
    sgn = abs(dx)/dx
    ddx = sgn*5.0
    ddy = dy*ddx/dx
    xi = xb+sgn*2.5
    yi = (xi-xb)*dy/dx+yb
    v = 1
    while sgn*xi < sgn*xe:
```

```
        zi = zb+(xi–xb)*dz/dx
        myfid = (yi–y0)//5*806+(xi–x0)//5
        with arcpy.da.SearchCursor(fe,fed,"ORIG_FID = {0}".format(myfid)) as cursor:
            for row in cursor:
                print row[3]
                if row[3] > zi:
                    v = 0
                    break
        yi = yi+ddy
        xi = xi+ddx
    return v



    import arcpy
    from arcpy import env
    env.workspace = "d:\\s"
    fb = "mypoint.shp" # 视点
    fbd = ['x','y','RASTERVALU'] # 'RASTERVALU' 即 z
    fe = "myfish.shp" # 目标点
    fed = ['ORIG_FID','x','y','RASTERVALU','freq','dist','freq_dist'] # 'freq','dist','freq_dist'，可视频率、视距、频
率 / 视距
    x0,y0 = 502312,3339120


    with arcpy.da.UpdateCursor(fe,fed,"ORIG_FID = 50000") as cursore:
    for rowe in cursore:
        xe,ye,ze = rowe[1],rowe[2],rowe[3]
        with arcpy.da.SearchCursor(fb,fbd) as cursorb:
            for rowb in cursorb:
                xb,yb,zb = rowb[0],rowb[1],rowb[2]
                isv = isvis()
                if isv == 1:
                    l = (dx*dx+dy*dy+dz*dz)**0.5
                    rowe[4],rowe[5],rowe[6] = rowe[4]+1,rowe[5]+l,rowe[6]+1/l
                    cursore.updateRow(rowe)
    print "全部计算完毕!
```

附录2.2　Vfp代码

&& 主程序，遍历栅格和视点，计算每个栅格的可视频率与视距

```
set engi 70
close database all
open database vfpdt

x0 = 502312
y0 = 3339120
USE myfish IN 1
USE mypoint IN 2
USE myfish2 IN 3
SELECT 1
SCAN FOR myfish.rastervalu > –999
xe = myfish.x
ye = myfish.y
ze = myfish.rastervalu
SELECT 2
scan
xb = mypoint.x
yb = mypoint.y
zb = mypoint.rastervalu
luname = mypoint.lu

&& 一条线可见性判断开始
dx = xe–xb
dy = ye–yb
dz = ze–zb
if abs(dy) >= abs(dx)   && Y 为主变方向，且使 dy < > 0  dy 绝对值 >= dx 绝对值
sgn = sign(dy) && 设置符号，将 y 不同变化方向统一处理
ddy = sgn*5.0  && dy 正时，ddy 往前增量；负时往后减量
ddx = dx*ddy/dy
ddz = dz*ddy/dy
yi = yb+sgn*2.5  && 第一条线偏移 2.5 米
xi = (yi–yb)*dx/dy+xb
zi = (yi–yb)*dz/dy+zb
n = INT(ABS(dy)/5)
ELSE && X 为主变方向
sgn = sign(dx)
ddx = sgn*5.0
ddy = dy*ddx/dx
ddz = dz*ddx/dx
xi = xb+sgn*2.5
yi = (xi–xb)*dy/dx+yb
zi = (xi–xb)*dz/dx+zb
```

```
      n = INT(ABS(dx)/5)
   endif
   v = 1
   FOR i = 1 TO n
myfid = INT((yi–y0)/5)*806+INT((xi–x0)/5) && 计算网格编号
SELECT 3
GO myfid+1
IF myfish2.rastervalu > zi && 比较地物点与视点高程
   v = 0
   EXIT
endif
xi = xi+ddx
yi = yi+ddy
zi = zi+ddz
   endfor
   && 一条线可见性判断结束


   SELECT 1
   REPLACE myfish.flg WITH myfish.flg+1
   IF v = 1
ll = (dx*dx+dy*dy+dz*dz)**0.5
REPLACE myfish.freq_dist WITH myfish.freq_dist+1/ll
DO CASE && 分 4 条道路写入计算结果
  case luname = 1
      REPLACE myfish.freq1 WITH myfish.freq1+1,myfish.dist1 WITH myfish.dist1+ll,myfish.freq_dist1 WITH
myfish.freq_dist1+1/ll
  case luname = 2
      REPLACE myfish.freq2 WITH myfish.freq2+1,myfish.dist2 WITH myfish.dist2+ll,myfish.freq_dist2 WITH
myfish.freq_dist2+1/ll
  CASE luname = 3
      REPLACE myfish.freq3 WITH myfish.freq3+1,myfish.dist3 WITH myfish.dist3+ll,myfish.freq_dist3 WITH
myfish.freq_dist3+1/ll
  OTHERWISE
      REPLACE myfish.freq4 WITH myfish.freq4+1,myfish.dist4 WITH myfish.dist4+ll,myfish.freq_dist4 WITH
myfish.freq_dist4+1/ll
  endcase
   endif
   ENDSCAN
   ENDSCAN
   close database all
   release all
```

附录3　彩色森林营建

附表3-1　彩色森林营建主要推荐树种

序号	树种	生活型	观赏特性				相近树种	主要应用
			叶	花	果	干		
1	金钱松 *Pseudolarix amabilis*	落叶乔木	橙	/	/	灰褐，龙鳞状	/	山地主栽，平原城乡辅助
2	南方红豆杉 *Taxus wallichiana Zucc.* var. *mairei*	常绿乔木	/	/	红	/	/	山地主栽，平原城乡辅助
3	枫香 *Liquidambar formosana Hance*	落叶乔木	黄/橙/红	/	/	银白	/	山地，平原城乡、通道主栽
4	檫树 *Sassafras tsumu*	落叶乔木	黄/橙/红	黄	/	/	/	山地、丘陵主栽
5	银杏 *Ginkgo biloba*	落叶乔木	黄	/	/	灰白	/	山地之外各地类主栽
6	榉树 *Zelkova schneideriana*	落叶乔木	橙/红	/	/	亮褐	/	各地类主栽
7	长序榆 *Ulmus elongata*	落叶乔木	黄/橙	/	/	/	/	山地辅助
8	朴树 *Celtis sinensis*	落叶乔木	黄/橙	/	/	灰白	/	各地类辅助
9	三角枫 *Acer buergerianum*	落叶乔木	黄/橙/红	/	/	/	/	山地主栽，平原城乡辅助
10	秀丽槭 *Acer elegantulum*	落叶乔木	黄/橙/红	/	/	/	/	山地主栽，平原城乡辅助
11	黄连木 *Pistacia chinensis*	落叶乔木	黄/橙/红	/	/	/	/	山地，平原城乡主栽
12	黄檀 *Dalbergia hupeana*	落叶乔木	黄/橙	/	/	/	/	山地辅助
13	南酸枣 *Choerospondias axillaris*	落叶乔木	黄/橙	/	/	/	/	山地辅助
14	普陀鹅耳枥 *Carpinus putoensis*	落叶乔木	黄/橙	/	/	/	/	山地辅助

（续）

序号	树种	生活型	观赏特性				相近树种	主要应用
			叶	花	果	干		
15	南京椴 *Tilia miqueliana*	落叶乔木	黄／橙	／	／	／	／	山地辅助
16	伯乐树 *Bretschneidera sinensis*	落叶乔木	黄／橙	／	／	／	／	山地辅助
17	红翅槭 *Acer fabri*	常绿乔木	黄／橙／红	／	红	／	／	平原城乡通道辅助
18	杜英 *Elaeocarpus decipiens*	常绿乔木	红	／	／	／	／	山地辅助
19	红楠 *Machilus thunbergii*	常绿乔木		／	红	／	／	山地辅助
20	拟赤杨 *Alniphyllum fortunei*	落叶乔木	黄／橙	／	／	／	／	山地辅助
21	娜塔栎 *Quercus nuttallii*	落叶乔木	黄／橙／红				舒玛栎、柳叶栎、白栎	平原城乡通道主栽
22	杂交马褂木 *Liriodendron chinense × tulipifera*	落叶乔木	黄	／	／	亮褐	／	丘陵外各地类主栽
23	深山含笑 *Michelia maudiae*	常绿乔木	／	白	／	／	／	各地类辅助
24	白玉兰 *Michelia alba*	落叶乔木	／	白	／	／	／	各地类主栽
25	紫玉兰 *Magnolia liliiflora*	落叶乔木	／	紫	／	／	红玉兰	各地类辅助
26	红花木莲 *Manglietia insignis*	落叶乔木	／	红	／	／	／	各地类辅助
27	乳源木莲 *Manglietia yuyuanensis*	常绿乔木	／	红	／	／	／	各地类辅助
28	无患子 *Sapindus mukorossi*	落叶乔木	黄	／	／	／	／	平原城乡通道主栽
29	黄山栾树 *Koelreuteria bipinnata* var. *integrifoliola*	落叶乔木	黄	黄	黄／粉／暗红	／	／	通道主栽
30	乌桕 *Sapium sebiferum*	落叶乔木	橙／红	／	白	／	／	各地类辅助
31	光皮桦 *Betula luminfera*	落叶乔木	／	／	／	亮褐	／	山地辅助
32	连香树 *Cercidiphyllum japonicum*	落叶乔木	橙／红	／	／	／	／	各地类点缀
33	蓝果树 *Nyssa sinensis*	落叶乔木	红	／	／	／	／	山地辅助
34	浙江柿 *Diospyros glaucifolia*	落叶乔木	暗橙	／	红／褐	褐	／	山地辅助
35	柿 *Diospyros kaki*	落叶乔木	黄／橙	／	黄／橙／红		／	丘陵、城乡主栽，山地辅助
36	楸树 *Catalpa bungei*	落叶乔木	／	淡黄／白	／	／	／	各地类点缀

（续）

序号	树种	生活型	观赏特性				相近树种	主要应用
			叶	花	果	干		
37	香果树 *Emmenopterys henryi*	落叶乔木	黄/橙	淡黄/白	/	/	/	山地辅助，其他地类点缀
38	七叶树 *Alsophila spinulosa*	落叶乔木	黄/橙	/	/	/	/	城乡点缀
39	重阳木 *Bischofia polycarpa*	落叶乔木	黄/橙/红	/	/	/	/	平原城乡通道辅助
40	巨紫荆 *Cercis gigantea*	落叶乔木	/	白/粉/红/紫	/	/	/	平原城乡通道辅助
41	千年桐 *Aleurites montana*	落叶乔木	/	白	/	/	油桐	各地类辅助
42	紫花泡桐 *Paulownia tomentosa*	落叶乔木	/	淡紫	/	/	/	各地类辅助
43	光皮树 *Swida wilsoniana*	落叶乔木	/	/	/	亮白	/	平原城乡通道辅助
44	豹皮樟 *Litsea coreana* var. *sinensis*	常绿小木	/	/	/	褐白相间	/	山地、平原城乡辅助
45	悬铃木 *Platanus acerifolia*	落叶乔木	/	/	/	灰白	/	平原城乡、通道辅助
46	珙桐 *Davidia involucrata*	落叶乔木	/	白	/	/	/	山地、丘陵点缀
47	北美枫香 *liquidambar styraciflua*	落叶乔木	橙/红	/	/	/	/	平原城乡通道辅助
48	薄壳山核桃 *Carya illinoinensis*	落叶乔木	暗黄	/	/	褐	/	平原城乡通道辅助
49	香椿 *Toona sinensis*	落叶乔木	橙/红	/	/	/	/	平原城乡辅助
50	合欢 *Albizia julibrissin*	落叶乔木	/	粉	/	/	山合欢	平原城乡通道辅助
51	红果冬青 *llex purpueaHassk*	常绿乔木	/	/	红	/	/	各地类辅助
52	华东稠李 *Padus buergeriana*	落叶乔木		白/粉				各地类辅助
53	豆梨 *Pyrus calleryana*	落叶乔木		白			沙梨、杜梨	平原城乡点缀
54	樱花 *Cerasus* spp.	落叶小乔木至乔木		白/粉/红				各地类主栽
55	樱桃 *Cerasus pseudocerasus*	落叶小乔木	/	白/粉	红	/	/	城乡辅助
56	梅花 *Armeniaca mume*	落叶小乔木	/	白/粉/红	/	/	/	平原城乡通道辅助
57	桃 *Amygdalus persica*	落叶小乔木	/	粉/红	黄/绿	/	/	丘陵主栽，平原城乡辅助

（续）

序号	树种	生活型	观赏特性				相近树种	主要应用
			叶	花	果	干		
58	杏 *Armeniaca vulgaris*	落叶小乔木	/	白/粉	黄/橙	/	/	平原城乡通道辅助
59	梨 *Pyrus* spp.	落叶乔木至小乔木	/	白/淡黄	黄/橙	/	/	丘陵主栽，平原城乡辅助
60	李 *Prunus salicina*	落叶小乔木	/	白/粉	橙/红/紫	/	/	丘陵主栽，平原城乡辅助
61	枇杷 *Eriobotrya japonica*	常绿小乔木	/	淡黄	黄/橙	/	/	丘陵主栽，平原城乡辅助
62	紫薇 *Lagerstroemia indica*	落叶灌木至小乔木	/	白/粉/红/紫	/	/	/	平原城乡辅助
63	山茱萸 *Cornus officinalis*	落叶灌木至小乔木	淡黄	黄	红	/	/	丘陵主栽，山地林缘配植
64	红叶石楠 *Photinia × fraseri*	常绿灌木至小乔木	红	/	/	/	/	各地类辅助
65	四照花 *Dendrobenthamia angustata*	常绿灌木至小乔木	/	白	/	/	/	林下、林缘配植
66	海棠 *Malus chaenomeles*	落叶灌木	/	白/粉/红/紫	暗红	/	/	平原城乡通道辅助
67	石榴 *Punica granatum*	落叶灌木	/	红	橙/暗红	/	/	丘陵主栽，平原城乡辅助
68	柑橘 *Citrus reticulata*	常绿灌木	/	白	黄/橙	/	香橼	丘陵主栽，平原城乡辅助
69	杨梅 *Myrica rubra*	常绿灌木	/	/	红/紫	/	/	丘陵主栽，平原城乡辅助
70	蜡梅 *Chimonanthus praecox*	落叶灌木	/	黄	/	/	野蜡梅	平原城乡点缀
71	映山红 *Rhododendron simsii*	落叶灌木	/	白/粉/红	/	/	马银花、满山红	山地矮林主栽
72	杜鹃 *Rhododendron simsii*	落叶灌木	/	白/粉/红/紫	/	/	/	各地类林隙、林缘配植
73	栀子 *Gardenia jasminoides*	常绿灌木	/	白	黄/橙	/	/	各地类林下配植

（续）

序号	树种	生活型	观赏特性 叶	观赏特性 花	观赏特性 果	观赏特性 干	相近树种	主要应用
74	茶花 *Camellia japonica*	常绿灌木	/	白/粉/黄/红/紫	/	/	茶梅	各地类林下配植
75	红花油茶 *Camellia chekiangoleosa*	常绿灌木	/	红	暗红	/	连蕊茶、油茶	丘陵主栽，其他地类林隙林缘配植
76	木槿 *Hibiscus syriacus*	落叶灌木	/	白/粉/红	/	/	海滨木槿	山地外各地类林缘配植
77	木芙蓉 *Hibiscus mutabilis*	落叶灌木	/	白/粉/黄/红/紫	/	/	/	山地外各地类林缘配植
78	鸡爪槭 *Acer palmatum*	落叶灌木	橙/红	/	/	/	红枫	山地外各地类林缘配植
79	野鸦椿 *Euscaphis japonica*	落叶灌木	红	/	红			山地林隙林缘配植
80	美丽胡枝子 *Lespedeza formosa*	落叶灌木	/	粉	/	/	马棘	山地林缘配植
81	棣棠花 *Kerria japonica*	落叶灌木	/	黄	/	/	连翘	山地外各地类林缘配植
82	卫矛 *Euonymus alatus*	落叶灌木	黄/橙/红	/	/			平原城乡通道林缘配植
83	火棘 *Pyracantha fortuneana*	常绿、半常绿灌木		/	白	红		山地外各地类林缘配植
84	厚皮香 *Ternstroemia gymnanthera*	常绿灌木	/	白/淡粉	暗红/褐			山地林下配植
85	石斑木 *Rhaphiolepis indica*	常绿灌木	/	白/淡粉	/	/		山地林下配植
86	南天竺 *Nandina domestica*	落叶灌木	红	/	/	/		各地类林隙林缘配植
87	红花檵木 *Loropetalum chinense* var. *rubrum*	常绿灌木至小乔木	红/紫	粉/梅红/红	/	/		各地类林隙林缘配植
88	野山楂 *Crataegus cuneata*	落叶灌木	/	/	红	/	/	山地林隙配植
89	日本野漆 *Toxicodendron succedaneum*	落叶灌木	红				野漆	山地矮林主栽
90	月季 *Rosa chinensis*	常绿、半常绿灌木	/	白/粉/黄/红/紫	/	/	蔷薇	平原城乡通道林缘配植
91	野蔷薇 *Rosa multiflora*	落叶或半常绿匍匐状灌木	/	粉/红/紫	/	/		平原城乡林缘配植
92	紫藤 *Wisteria sinensis*	落叶藤本	/	紫	/	/	香花崖豆藤	各地类林缘配植

附录3.2　长基角主要彩色树种的物候期（附表3-2）

附表 3-2　长基角主要彩色树种的物候期

序号	树种	萌芽期	开花期	叶变色期	挂果期	落叶期
1	金钱松	早春	/	深秋	10～11月上旬	初冬
2	南方红豆杉	春季为主	/	常绿	6～11月	常绿
3	枫香	早春		初秋	/	秋季
4	檫树	冬季和早春	2～3月	10月中旬至12月上旬	/	初冬
5	银杏	4月	/	10月中旬至11月上旬	9～10月	11～12月
6	榉树	早春	/	10月中旬至11月下旬	10～11月	深冬
7	长序榆	3月		10月中旬	/	11月上旬至12月
8	朴树	3月	/	深秋	9～11月	深冬
9	三角枫	春季或秋季	/	初秋至深冬	8月	初冬
10	黄连木	春季或秋季	/	深秋	/	11～12月
11	黄檀	初夏	/	秋季	/	11月上旬
12	南酸枣	早春	/	9～10月	8～10月	11月
13	普陀鹅耳枥	3月底至4月初	/	秋季	9～10月	11月上旬
14	南京椴	4月初	/	10月末	9～10月	11月中旬
15	伯乐树	3月中旬		10月中旬	9～10月	11月下旬
16	红翅槭	4月	3～4月	常绿	9月	常绿
17	杜英	春季或秋季	/	常绿	10～11月	常绿
18	红楠	早春	/	常绿	7月	常绿
19	拟赤杨	早春	/	10月上旬	8～10月	11月
20	娜塔栎	早春		11月初	10月	12月底
21	杂交马褂木	3月上旬	4～5月	11月中下旬	9～10月	秋季
22	深山含笑	2月下旬至3月上旬	2～3月	常绿	9～10月	常绿
23	白玉兰	3月	2～3月	/	9月	11月
24	紫玉兰	3月	3～4月叶前开放	/	8～9月	11月
25	红花木莲	11月	5～6月	常绿	8～9月	常绿
26	乳源木莲	4月上旬至6月下旬	5月	常绿	9～10月	常绿
27	无患子	早春	/	10～12月	9～10月	12月
28	黄山栾树	3月	7～9月	仲秋	10月下旬	12月
29	乌桕	4～5月	/	10月下旬至11月上旬	9～11月	12月
30	光皮桦	3月上旬	/	11月	/	11月
31	连香树	3月上旬	4月中旬	初秋	9～10月	11月中下旬
32	蓝果树	早春	4月下旬	春末夏初和夏末秋初	10～12月	冬季
33	浙江柿	3月中下旬	6月	10月	10月	冬季

（续）

序号	树种	萌芽期	开花期	叶变色期	挂果期	落叶期
34	楸树	4月初	4～5月	深秋	开花而不结实	10～11月
35	柿	早春	5～6月	10月中旬至11月下旬	9～12月	冬季
36	野柿	早春	5～6月	初秋	9～12月	冬季
37	香果树	2～3月	6～8月	初秋	8～11月	冬季
38	七叶树	早春	/	10～11月	/	深秋
39	重阳木	3月中旬	/	11～12月	//	11月
40	巨紫荆	3月下旬	3～4月	/	9～11月	11月
41	千年桐	2月中下旬	4～5月	8～9月	8～9月	10～11月
42	紫花泡桐	早春	5～6月	/	8～9月	初冬
43	光皮树	早春	5月	初夏	10～11月	11月中旬
44	珙桐	早春	4月	10月	10月	初冬
45	北美枫香	3月中上旬	/	10月上旬	/	翌年1月
46	薄壳山核桃	3月下旬至4月上旬	/	11月	9～11月	11月中旬
47	合欢	4月中旬	6月上旬至7月中旬	/	9～10月	11月中下旬
48	红果冬青	早春	/	常绿	10月到翌年4月	常绿
49	华东稠李	4月初	4～5月	/	6～10月	初冬
50	豆梨	3月下旬	4月	/	8～9月	11月
51	樱花	3月中旬	3月中旬至4月中旬	初秋	5月	10月上旬
52	山樱	3月下旬或8月下旬	3月	9～10月中旬	5月	深秋
53	樱桃	3月上旬	3～4月	初秋	5～6月	10月
54	梅花	11月下旬	11月中旬至1月中旬	/	6月中旬	深秋
55	桃	7～8月	3～4月上旬	/	8～9月	深秋
56	杏	早春	3～4月	/	6～7月	11月
57	梨	早春	2月中上旬	/	6～9月	11月
58	李	3月中下旬	3～4月	/	7～8月	11月中上旬
59	海棠	2～3月	4月上旬	/	9～10月	12月中旬
60	月季	3月初	3月初至10月底	常绿或半常绿	/	常绿，半常绿
61	野蔷薇	2月初	5月中旬	落叶或半常绿	/	落叶或半常绿
62	日本野漆	春季或秋季	5月	仲秋	9～11月	初冬
63	紫薇	4月	6～8月	/	11～12月	12月
64	石榴	3月底	5～7月	10月	9～10月	深秋
65	柑橘	2月下旬至3月中旬	4～5月	常绿	10～12月	常绿
66	杨梅	2月下旬至3月中旬	4月	常绿	6～7月	常绿
67	枇杷	3月下旬至4月上旬	10～12月	常绿	5～6月	常绿

序号	树种	萌芽期	开花期	叶变色期	挂果期	落叶期
68	蜡梅	2月中旬	11月中旬至翌年3月	11月	/	12月中旬
69	杜鹃	3~4月	4~6月	常绿	/	初冬
70	茶花	秋季或2月	10月至翌年5月	常绿	/	常绿
71	红花油茶	3月初	2~3月	常绿	8~10月	常绿
72	鸡爪槭	早春	5月	11月中旬至12月中旬	/	10~11月
73	野鸦椿	早春	5~6月	深秋	8~9月	初冬

附录3.3 长三角典型彩斑树种配置（附表3-3）

附表 3-3 长三角典型彩斑树种配置

一、山地丘陵森林							
类型	观赏部位	应用场合	混色方式	观赏期	彩化层次	视距	典型树种配置
彩色生态林	彩叶	立地较差地段造林	单色型	单赏	单层	林内至远	枫香、榉树、黄连木等单一树种种植
				多赏	单层	林内至远	檫树、枫香（白色干种源）、乌桕、黄山栾树、香果树等多赏型树种单一种植
			多彩型	多赏为主	上层或立体彩化	林内至远	上层主栽枫香、檫树、金钱松、榉树、黄檀、光皮桦、马褂木、黄连木、连香树、蓝果树、香果树、南酸枣、拟赤杨、南京椴等。一至数种混交；中下层：三角枫、乌桕、无患子、野鸦椿、山樱等。各层一至数种混交
			针间彩型	多赏或单赏	上层或立体彩化	林内至远	上层主栽金钱松、红豆杉、枫香、檫树、马褂木、朴树、黄连木、蓝果树、香果树、南酸枣、拟赤杨、南京椴、千年桐、深山含笑等，一至数种混交，配植松、杉、柏等针叶树；中下层配植三角枫、乌桕、无患子、野鸦椿、山樱、茶花、石斑木等

（续）

一、山地丘陵森林							
类型	观赏部位	应用场合	混色方式	观赏期	彩化层次	视距	典型树种配置
彩色生态林	彩叶	针叶林改造	针间彩型	多赏或单赏	上层彩化为主	林内至中、远	上层保留松、杉、柏原林木，补植彩色乔木树种（同上），一至数种混交。下层保留石斑木、枳木、冬青、山矾、厚皮香等，可配植三角枫、乌桕、无患子、野鸦椿、山樱、茶花等
		立地较差至中，新造林	绿阔间彩型	多赏或单赏	上层或立体彩化	林内至远	上层主栽枫香、檫树、马褂木、朴树、黄连木、蓝果树、千年桐、深山含笑等，一至数种混交。中下层三角枫、乌桕、无患子、野鸦椿、山樱、茶花等一至数种混交（立地较差），或主栽红豆杉、红豆树、樟楠类、栎类等珍贵树种（立地较好）
		低效阔叶林改造	绿阔间彩型	多赏或单赏	上层或立体彩化	林内至中、远	上层保留苦槠、青冈、木荷、香樟、红楠、红果冬青等阔叶树种，补植枫香、檫树、马褂木、朴树、黄连木、蓝果树、千年桐、深山含笑等彩色乔木树种，一至数种混交。中下层配植三角枫、乌桕、无患子、野鸦椿、山樱等、茶花等
彩色生态林	观花观果	立地较好，局部彩化，花海营造	单色型	单赏	单层	林内至中、远	山樱、深山含笑、白玉兰、香果树、蓝果树、紫花泡桐、千年桐、浙江柿、君迁子等单一树种种植
		立地较好，局部彩化，花海营造	多彩型	多赏为主	上层或立体彩化	林内、近，部分中或远	上层主栽深山含笑、乳源木莲、白玉兰、香果树、蓝果树、紫花泡桐、千年桐、浙江柿、君迁子；中下层配植紫玉兰、山樱、檫木、映山红、马银花、四照花等。各层一至数种混交
		立地较好，新造林或针叶林改造	针叶基底间彩型	多赏或单赏	上层或立体彩化	林内、近，部分至中或远	新造林：上层主栽深山含笑、白玉兰、香果树、蓝果树、紫花泡桐、千年桐、浙江柿、君迁子等，下层主栽红豆杉、金钱松、江南油杉、黄杉等，中下层配植紫玉兰、山樱、杜鹃、茶花、石斑木等。针叶林改造：上层保留部分松、杉、柏原有林木，补植深山含笑、白玉兰、香果树、蓝果树、紫花泡桐、千年桐、浙江柿、君迁子等，一至数种混交。中下层配植同上
		立地较好，新造林、低效阔叶林改造	绿阔基底间彩型	多赏或单赏	上层或立体彩化	林内、近，部分至中或远	新造林：上层主栽深山含笑、白玉兰、香果树、蓝果树、紫花泡桐、千年桐、浙江柿、君迁子等，一至数种混交。下层主栽红豆杉、红豆树、樟楠类、栎类树种等，或中下层配植紫玉兰、山樱、杜鹃、茶花、石斑木等

（续）

							一、山地丘陵森林
类型	观赏部位	应用场合	混色方式	观赏期	彩化层次	视距	典型树种配置
彩色生态林	观花观果	立地较好，新造林、低效阔叶林改造	绿阔基底间彩型	多赏或单赏	上层或立体彩化	林内、近，部分至中或远	低效林改造：上层保留苦槠、青冈、木荷、香樟、红楠、红果冬青等；补植深山含笑、白玉兰、香果树、蓝果树、紫花泡桐、千年桐、浙江柿、君迁子等，一至数种混交，适当保留樟楠类、栎类、枱木、冬青、山矾、厚皮香等细苗
彩色灌木林	观叶观花	上坡岗地，瘠薄立地，新建或改造	单彩型	单赏为主	单层	中至远	映山红、马银花、三角枫、山樱、野漆树、盐肤木、红花檵木、红叶石楠、胡枝子等，单一树种种植
			多彩型	多赏为主	单层为主	中至远	三角枫、檵木、映山红、马银花、山樱、野漆树、盐肤木、胡枝子等，一至数种混交
			针间彩或绿阔间彩	单赏为主	单层为主	中至远	保留部分松、柏、檵木、冬青、海桐（沿海）、滨枱（沿海）等小老树，主栽三角枫、檵木、映山红、马银花、山樱、野漆树、盐肤木、胡枝子等，一至数种混交
珍贵彩色林	观叶观花	立地好，新造林	单色型	单赏式	单层上	林内至中、远	金钱松、银杏、榉树、黄檀、红楠、光皮桦、马褂木、黄连木等单一树种种植
			多彩型	多赏为主	上层彩化为主	林内至中、远	上层主栽金钱松、红豆杉、榉树、黄檀、红楠、光皮桦、马褂木、黄连木、浙江柿等，一至数种混交。下层配植樟楠类、栎类等
		立地好，新造林或低效林改造	间彩型	单赏式	上层彩化为主	林内至中、远	新造林：主栽金钱松、红豆杉、榉树、黄檀、红楠、光皮桦、马褂木、黄连木等，一至数种混交，下层配植铁杉、黄杉、江南油杉、樟楠类、栎类等珍贵树种
							针叶林、低效阔叶林改造：保留部分原有林木，补植珍贵彩色树种，一至数种混交
彩色经济林	观花观果	低丘坡地，立地条件好，生产性	单色型	多赏	单层	林内至中	桃、梨、李、杏、樱桃、枇杷、柑橘、山茱萸、红花油茶等多赏型树种单一种植
		低丘坡地，立地条件好，生产兼顾景观	彩间绿型	多赏	上层、下层或立体彩化	林内至中	主栽桃、梨、李、杏、樱桃、山茱萸等彩色树种，配植常绿树种，上层：松、红豆杉、浙江樟、浙江楠、苦槠、青冈、木荷、深山含笑等，林缘、林道或背景配植；下层：茶花、杜鹃、红叶石楠等，林缘、林道配植

（续）

一、山地丘陵森林							
类型	观赏部位	应用场合	混色方式	观赏期	彩化层次	视距	典型树种配置
彩色经济林	观花观果	低丘坡地，立地条件好，生产兼顾景观	绿间彩型	多赏	上层、下层彩化	林内至中	主栽杨梅、茶叶、柑橘、枇杷、油茶等常绿经济树种，上层配植柿、檫、樱、薄壳山核桃等；下层配植桃、茶花、杜鹃、红枫、紫薇等，列植、点植、丛植于林缘、林道、林中空地
彩色灌木林	观叶观花	上坡岗地，脊薄立地，新建或改造	单彩型	单赏为主	单层	中至远	映山红、马银花、三角枫、山樱、野漆树、盐肤木、红花檵木、红叶石楠、胡枝子等，单一树种种植
			多彩型	多赏为主	单层为主	中至远	三角枫、檵木、映山红、马银花、山樱、野漆树、盐肤木、胡枝子等，一至数种混交
			针间彩或绿阔间彩	单赏为主	单层为主	中至远	保留部分松、柏、檵木、冬青、海桐（沿海）、滨柃（沿海）等小老树，主栽三角枫、檵木、映山红、马银花、山樱、野漆树、盐肤木、胡枝子等，一至数种混交
珍贵彩色林	观叶观花	立地好，新造林	单色型	单赏式	单层上	林内至中、远	金钱松、银杏、榉树、黄檀、红楠、光皮桦、马褂木、黄连木等单一树种种植
			多彩型	多赏为主	上层彩化为主	林内至中、远	上层主栽金钱松、红豆杉、榉树、黄檀、红楠、光皮桦、马褂木、黄连木、浙江柿等，一至数种混交。下层配植樟楠类、栎类等
		立地好，新造林或低效林改造	间彩型	单赏式	上层彩化为主	林内至中、远	新造林：主栽金钱松、红豆杉、榉树、黄檀、红楠、光皮桦、马褂木、黄连木等，一至数种混交，下层配植铁杉、黄杉、江南油杉、樟楠类、栎类等珍贵树种
							针叶林、低效阔叶林改造：保留部分原有林木，补植珍贵彩色树种，一至数种混交
彩色经济林	观花观果	低丘坡地，立地条件好，生产性	单色型	多赏	单层	林内至中	桃、梨、李、杏、樱桃、枇杷、柑橘、山茱萸、红花油茶等多赏型树种单一种植
		低丘坡地，立地条件好，生产兼顾景观	彩间绿型	多赏	上层、下层或立体彩化	林内至中	主栽桃、梨、李、杏、樱桃、山茱萸等彩色树种，配植常绿树种，上层：松、红豆杉、浙江樟、浙江楠、苦槠、青冈、木荷、深山含笑等，林缘、林道或背景配植；下层：茶花、杜鹃、红叶石楠等，林缘、林道配植
			绿间彩型	多赏	上层、下层彩化	林内至中	主栽杨梅、茶叶、柑橘、枇杷、油茶等常绿经济树种，上层配植柿、檫、樱、薄壳山核桃等；下层配植桃、茶花、杜鹃、红枫、紫薇等，列植、点植、丛植于林缘、林道、林中空地

二、平原城乡片林							
类型	观赏部位	应用场合	混色方式	观赏期	彩化层次	视距	典型树种配置
彩色生态林、珍贵彩色林	彩叶	林分高，珍贵用材林储备	单彩、多彩型	单赏或多赏	单层、上层或立体彩化	林内至中	上层主栽银杏、枫香、马褂木、朴树、榉树、黄连木等单一树种各植或数种混交；林缘配植（背景林）或林下（游憩林）配植三角枫、乌桕、无患子、红枫、鸡爪槭等
		林分高，近自然经营，珍贵用材林储备	间彩型	多赏为主	背景林：上层及林缘彩化；游憩林：上层、下层或立体彩化	林内至中	上层主栽银杏、枫香、马褂木、朴树、榉树、黄连木、娜塔栎、红果冬青等，单一种植或混交，可点缀红豆杉、湿地松、香樟、浙江樟、浙江楠、乐昌含笑等常绿树种。林下可配植樟楠类、壳斗科树种、红豆树等珍贵树种幼苗；林缘（背景林）或林下（游憩林）配植三角枫、乌桕、无患子、黄金槐、金叶女贞、红花檵木、红叶石楠等
	观花观果	大规模造景	单彩、多彩型	单赏或多赏	单层或上层彩化	林内至近	乔木花海：主栽樱花、紫花泡桐、深山含笑、红花木莲、白玉兰、柿、桃、果等，单色彩斑，面积较大时可数个异色彩斑镶嵌
					下层彩化	林内至近	林下花海：上层疏植彩色或常绿乔木，下层主栽梅花、桃花、海棠、月季、紫薇、杜鹃等，单色，或异色彩斑镶嵌
彩色生态林、珍贵彩色林	观花观果	近自然经营，珍贵用材林储备	间彩型	多赏为主	背景林：上层及林缘彩化；游憩林：上层、下层或立体彩化	林内至近	上层主栽樱花（乔木型）、紫花泡桐、深山含笑、红花木莲、白玉兰、柿子、红果冬青、乌桕等，一至数种混交，可点缀红豆杉、湿地松、香樟、浙江樟、浙江楠等常绿树种。林下可配植樟楠类、栎类、红豆树等珍贵树种幼苗；林缘配植（背景林）或林下（游憩林）配植梅、桃、海棠、樱桃、月季、紫薇、茶花、火棘、枸骨等
	观干	常年可观，干色以灰白为主，稀少而有特色	单色为主	多赏	单层为主	林内至近	上层主栽枫香（白色干种源）、银杏、光皮树、朴树、悬铃木等，单一树种种植为主，中下层可植紫薇、豹皮樟等观干树种或海棠、茶花、火棘、红花檵木、红叶石楠等花灌木
	观叶观花观果	统一主题，多样色彩，专类园建设	多彩或间彩型	多赏为主	单层、上层、下层或立体彩化	林内至近	以槭树科、漆树科、卫矛科、金缕梅科、木兰科、栎类、樱花、梅花、海棠、月季、紫薇、茶花等树种（品种）为材料，按分类系统、生境、观赏特性、功能用途、文化现象或字意关联等组织成彩色树种专类园，多作为游憩林

（续）

							三、通道林
类型	观赏部位	应用场合	混色方式	观赏期	彩化层次	视距	典型树种配置
彩色生态林、珍贵彩色林	单带式（背景带或前景带）	林带窄至宽，景观空间单一	单彩、多彩或间彩型	多赏为主	单层、上层、或立体彩化	近至中	主栽银杏、枫香、北美枫香、马褂木、悬铃木、朴树、榉树、娜塔栎、乌桕、无患子、樱花（乔木型）、栾树、白玉兰等，单一树种种植（单彩型），或数个树种（宜不超过5种）分段，规则式重复（多彩型），或分段中引入湿地松、香樟、浙江樟、浙江楠、深山含笑等常绿树种（间色型）
彩色生态林、珍贵彩色林	双带式（前景带+灌木带或背景带+中间带、背景带+灌木带）	林带较窄至宽，略有空间层次	多彩型，分段混色	多赏为主	上层、或立体彩化	近至中	前景带+灌木带：上层主栽银杏、枫香、北美枫香、马褂木、悬铃木、朴树、榉树、娜塔栎等，樱花（乔木型）、栾树、白玉兰等，分段混色；林下配植梅、桃、海棠、月季、紫薇、茶花、火棘、枸骨、杜鹃等，间隔点植、丛植或满铺
			间彩型，分段混色	多赏为主	上层、下层或立体彩化	近至中	背景带+中间带或背景带+灌木带：上层配置同上；中间带：配植乌桕、无患子、三角枫、黄金槐、樱花、桂花等；灌木带：配植梅花、桃花、海棠、月季、紫薇、茶花、火棘、枸骨、杜鹃、木槿等，间隔点植、丛植、带状满铺或组团化重复
		林带窄至宽，略有空间层次	带间混色	多赏为主	上层或下层彩化	近至中	上层为常绿带或彩色带，下层对应为彩色带或常绿（占优势）带，种植方式同上
	多带式（前景带+灌木带+中间带+背景带）	林带较宽，空间层次丰富	多彩或间彩，分段混色或带间混色	多赏	立体彩化	近至中	前景带：主栽树种同上，单色连续为主，种植间距6m以上，林下灌木高度1.5m以下。背景带：主栽树种同上，单色连续或分段混色，30m以上的可采用平原城乡片林的混色方式。中间带、灌木带：配植方式同上，全带可带间混色或各分带组合分段混色